冶金工程专业的教学改革与建设

——以重庆科技学院为例

主　编　吕俊杰
副主编　朱光俊　杨治立

北　京
冶金工业出版社
2013

内 容 简 介

本书汇集重庆科技学院冶金工程专业近几年来在开展质量工程建设方面所取得的最新成果。本书详细介绍了重庆科技学院冶金工程国家特色专业建设点、卓越工程师教育培养计划、国家工程实践教育中心、专业综合改革试点、人才培养模式创新实验区、精品课程、实验教学示范中心、教学团队建设的情况。对国内以应用型人才培养为主的本科高校和以行业背景为特征的工艺性专业的人才培养有指导意义与借鉴作用。

本书适合于全国冶金高校从事冶金教育的教学管理干部和冶金工程专业教学的教师阅读，也可供冶金工程专业、冶金技术专业大学生参考。

图书在版编目（CIP）数据

冶金工程专业的教学改革与建设：以重庆科技学院为例/吕俊杰主编. —北京：冶金工业出版社，2013.3
ISBN 978-7-5024-6220-8

Ⅰ.①冶… Ⅱ.①吕… Ⅲ.①高等学校—冶金工业—教学研究—中国 Ⅳ.①TF-4

中国版本图书馆 CIP 数据核字（2013）第 038683 号

出 版 人 谭学余
地　　址 北京北河沿大街嵩祝院北巷 39 号，邮编 100009
电　　话 (010)64027926 电子信箱 yjcbs@cnmip.com.cn
责任编辑 张熙莹 美术编辑 彭子赫 版式设计 孙跃红
责任校对 石 静 责任印制 张祺鑫
ISBN 978-7-5024-6220-8
冶金工业出版社出版发行；各地新华书店经销；三河市双峰印刷装订有限公司印刷
2013 年 3 月第 1 版，2013 年 3 月第 1 次印刷
169mm×239mm；16.25 印张；316 千字；242 页
45.00 元
冶金工业出版社投稿电话：(010)64027932 投稿信箱：tougao@cnmip.com.cn
冶金工业出版社发行部 电话：(010)64044283 传真：(010)64027893
冶金书店 地址：北京东四西大街 46 号(100010) 电话：(010)65289081(兼传真)
（本书如有印装质量问题，本社发行部负责退换）

编　委　会

建设冶金工程国家特色专业的研究与实践

（代序）

　　重庆科技学院是一所新建的普通本科院校，其人才培养定位为应用型。学校的办学宗旨是"培养人才，发展科学，服务社会"，其根本任务是培养人才，而培养人才的基础是专业建设，专业建设必须突出改革创新为先、质量效益第一的思想，坚持以特色带动一般的原则，坚持高起点、高标准、高要求，抓内涵、练内功、求实效，努力培育专业改革与发展的增长点，把建设特色专业作为实现办学个性化、全面推进素质教育、提高人才培养质量的重要举措。重庆科技学院已有62年的办学历史，几代人的努力，多年的积淀，已使学校具有了一定的办学优势和特色。在当前竞争日趋激烈的条件下，进行特色专业建设，正是为了弘扬学校的优良办学传统与办学特色，促进专业与专业之间、教学与科研之间以及专业内部的有机融合，形成专业整体的办学优势，培育出自己的专业品牌，以特色专业的建设带动全校各专业的整体优化，实现学校跨越式发展。鉴于目前的实际情况，把每一个专业都建成特色专业是不现实的，而必须选择一些办学历史较长，具有一定办学特色和较高办学水平的专业进行重点建设，通过对专业的培养目标、培养模式、课程设置、教学内容、教学方法和教学手段等进行全面系统的研究和改革，通过加强师资队伍建设、实验室和实习基地的建设、教材建设等教学基本条件建设，通过加强学生实践能力、创新精神、创新能力的培养，提高人才培养质量，建成一批反映学校办学水平的特色专业，形成专业建设的"亮点"，以特色专业的示范作用带动专业结构的优化，推动专业建设整体水平的提高。

重庆科技学院的冶金专业建立于 1951 年，长期的办学实践，在师资队伍建设、课程建设、实验室建设及科学研究等方面，取得了显著的成效，社会声誉良好，学科积淀深厚。2007 年冶金工程技术实验室获得中央与地方共建资助，冶金工程专业被授予重庆市首批特色专业建设点；2009 年获批"重庆市冶金工艺类专业应用型本科人才培养模式创新实验区"；2010 年 7 月冶金工程专业被批准为"国家第六批特色专业建设点"；2011 年冶金工程专业成为国家第二批卓越工程师教育计划试点专业；2012 年 4 月成为重庆市本科教学工程"专业综合改革"试点专业。

62 年来，冶金工程专业建立了完备的实验教学体系，利用"中央与地方共建冶金技术实验室专项资金"，进一步加强了冶金工程专业实验室建设。冶金工程专业实验中心已成为区域一流、特色明显、功能齐全的实践教学基地，2011 年建成为重庆市实验教学示范中心，2010 年与重庆钢铁（集团）公司共建冶金与材料工程研究所，通过共建投资 750 万元建成了国内一流的，具有较高水平的冶金技术与装备综合实践教学平台，再现炼铁、炼钢、轧钢等冶金工艺过程，将实验、实习、实训有机融合，是目前国内面向应用型冶金工程师培养的高水平实践教学平台。在该平台上主要完成实习实训环节，同时还可开展大量的学生创新活动、系统工程训练、教师指导下的科研活动以及技术开发；同时还与四川德胜钢铁公司合作建立了省级工程技术中心。

多年来，冶金工程专业坚持突出应用，面向生产第一线培养应用型人才，结合西部地区的矿产资源，立足重庆、扎根西部、辐射全国，培养了大批重实践、踏实肯干的冶金行业高级应用型人才，本、专科、中专毕业生 13000 多名。本专业毕业的学生得到社会的普遍好评，西南地区钢铁冶金企业的绝大多数领导和技术骨干都毕业于我校冶金专业，培养的毕业生在冶金行业有较高的信誉，毕业生需求旺盛，长期以来一次就业率一直保持 100% 以上。

围绕不断提高应用型人才培养质量，在总结国内外应用型人才培养经验的基础上，全面分析了国家经济建设的发展战略和高等教育发展趋势，开展了应用型人才培养的系列教学改革，实施以特色专业建设为突破口的应用型人才培养工程，通过实施特色专业建设，提高了人才培养质量和学生就业竞争力，取得了显著的成效。

准确定位，确立应用型人才培养目标

专科时期的炼铁、炼钢及铁合金专业是我校开办历史最为悠久的专业。长期的办学实践，使我们在师资队伍建设、实验室建设、工程环境建设、教研与科研等方面取得了较大的成就。1994 年，炼铁专业作为教育部全国高工专教学改革试点专业，经过 7 年的建设，2001 年 3 月被教育部命名为全国高等工程专科教育"示范专业"。我们的办学过程一直强调冶金工程的技术应用，注重培养学生的工程实践能力尤其是专业技术解决工程实际问题的能力。培养的学生质量高，动手能力强，受到用人单位如宝钢、首钢、邯钢、重钢、威钢等大中型冶金企业的广泛好评。毕业生长期供不应求，历年就业率保持 100%。然而，不同层次的办学有不同的特点和要求，2004 年冶金工程本科专业开始招生，在目前高等学校办学规模扩大而招生专业名称相同的情况下，对新建的普通本科院校来讲，如何建设冶金工程本科专业，努力办出冶金专业特色，打造冶金品牌本科生是我们一直在认真思考和努力探索的问题。

总结半个世纪来的办学经验，培养具有显著行业特征的应用型人才是冶金工程专业的必然选择。在人才培养的定位上，重点大学的冶金工程专业，如北京科技大学、东北大学、重庆大学等学校培养的毕业生在技术研究与开发方面能力较强。但冶金工业作为一个庞大的基础原材料行业，也需要大量的既有一定的技术研发后劲，又有比较强的技术应用能力的应用型高级工程技术人才。如何培养出满足社会需要的应用型人才，一直是高校面临的重大课题。目前众多冶金企业的生产组织、经营与管理工作中，还需要大量的冶金工程专业人才去充实，这些给冶金工程专业为区域经济建设服务提供了机遇。从服务冶金行业、服务区域经济建设角度，我们在构建人才培养模式上，既要强化学生的基础理论知识，又要注重学生的专业技术应用、解决工程实际问题能力的培养，着力培养学生在冶金领域从事生产、设计、科研及工程管理工作的实际能力，构建应用型人才培养新模式。

创立"双赢式"校企产学研合作育人机制

"双赢式"校企合作机制是高等学校和企业发挥各自优势，资源共享，在师资队伍建设、人才培养、企业科技进步、设备资源利用等方面，以校企双赢为出发点，以提高人才培养质量为重点，以互利合作的方式进行的机制，主要的做法是：

一是依托行业，成立产学研合作工作委员会。

产学研合作工作委员会商议产学研合作工作具体事宜，解决产学研合作工作中存在的问题，产学合作办公室具体负责此项工作。

二是服务企业，开展定向定岗人才培养培训。

开展定向专业人才培养是由企业为学生提供资助，采取学生自主选择的方式，为多家企业进行定向人才培养。人才培养方案和教学内容由企业提出，通过这种合作方式，目前已为重钢、武钢、四川金广等企业培养输送了300余人。

与行业协会联合开展定岗培训。与中国金属学会炼铁分会合作，举办第三期全国高炉炉长、工长培训班。该班的培训宗旨是"掌握应用高炉炼铁新技术，提高炉长工长分析能力、判断能力，提高炉长工长操作水平，培养炼铁实用型人才"。完成了170余人的基层专业技术骨干的专业提升培训，为我国冶金工业提高炼铁技术水平发挥了积极作用。

在企业设置"青年教师实践能力培养基地"和"学生科技创新工作站"，不定期选送相关专业教师和学生到基地和工作站进行实际工作锻炼，切实培养教师的工程实践能力和学生的创新能力。

三是校企合作，打造应用技术研发平台。

2009年共建的"冶金与材料工程研究所"，下设高磷铁矿资源研究室、纯净钢技术研究室、冶金工艺检测技术研究室、压力加工工艺控制技术研究室，该研究所主要针对重钢新区冶炼及加工问题进行攻关。

在与四川德胜钢铁公司的长期合作过程中，冶金专业的人才培养和技术服务工作得到了企业的充分肯定。2010年德胜公司提出与我校开展全方位合作，双方共建省级企业技术中心，学校提供智力支撑，企业设立教授工作站。

中冶赛迪工程技术股份有限公司作为全国勘察设计行业的领军企业，经过反复考察论证后，认为重庆科技学院的应用型人才培养能够为共建实验室提供良好的工程环境，2011年投入1200万元建设"国家钢铁冶炼装备系统集成工程技术研究中心冶金实验室"，双方共同建设和共同管理，拟在炼钢双联脱磷、控轧控冷等方面开展联合攻关。

突出应用特色，优化冶金工程人才培养方案

人才培养方案是实现人才培养目标和基本要求的规划和蓝图，是办学思想、培养目标、培养模式和对学生知识结构要求的具体体现。在总结过去人才培养方案的基础上，冶金工程专业总体改革思路是：加强通识基础，拓宽学科基础，凝练专业主干，灵活专业方向，注重动手能力。主要突出以下几方面特点。

一是加强基础，强化理论应用。

应用型本科教育应是宽基础的专业教育，既不同于现在的普通本

科，又有别于专科教育，其内容应包括与其专业相应的自然科学和工程科学的基础知识、工程技术实践训练和从事工程师职业所必需的知识和技能。拓宽基础课程教学是现代冶金工程教育和增强学生适应性的要求，也是培养应用型本科人才的要求。应用型本科人才的基础理论教学，包括公共基础课程和专业基础课程。公共基础课程要着眼于提高学生适应社会及自身发展的基本能力和基础人文科技素质的培养。公共基础课程包括自然科学基础课程，如高等数学、大学物理、大学化学等；人文、社会科学基础课程，如"两课"、经济管理等；工具类基础课程，如计算机基础、外语、科技文献检索等。专业基础课程主要是培养学生在其专业技术领域中通用的基本知识和基本技能，其口径要宽，主要课程要扎实，形成支撑专业理论体系的坚实支柱，如本专业的物理化学、冶金原理、冶金传输原理、金属学及热处理等课程，以便适应学生将来晋升、转岗和自由择业的需要。专业基础课不仅要为工程能力培养服务，同时也要为部分有志进一步深造的学生打好基础。专业课程主要进行专业深化，提升学生的专业素质，同时要将基础理论与专业理论有机结合，加强基础理论教学内容的应用性部分，把应用性内容渗透到理论教学的全过程。

二是注重实践，强化工程能力培养。

实践教学是应用型本科人才培养过程中的一个重要环节，实践课程在其课程体系构架中占有重要位置。应用型人才应树立强烈的工程意识，具有较强的分析问题、解决实际问题的能力，即工程能力。工程能力的培养主要依靠相关课程的实验、课程设计、各种实习实训以及最后的毕业设计（论文）等实践课程来进行。因此，在实践性教学环节的安排上，要强化能力培养，同时强调理论教学与实践教学的有机结合。实验教学打破按课程开设实验的格局，增设课程综合性实验、专业综合性实验、自主设计性实验及科研创新性实验。课程设计与课程教学内容相结合，毕业设计尽可能地从工程和工业生产中遴选课题，设计内容与参与实习的生产工艺相结合。在设计过程中，注重调研能力的锻炼，并将其作为设计的主要考核指标之一，促进学生深入实际，达到加强工程意识的目的。冶金工程专业的主要实践教学环节包括大学化学集中实验、工程技能训练、机械设计基础课程设计、认识实习、冶金原理实验、冶金传输原理实验、生产实习、专业综合实验、毕业设计（论文）等。通过这些环节对学生进行全方位的训练，可以培养学生综合实验能力、工程实践能力和创新能力。此外，为强调培养学生知识和技术的应用能力，强调培养学生解决实际问题的专业能力，还建议学生在校期间取得与本专业相关的职业技能证书，为求职就业奠定基础。

三是搭建专业平台，强化专业主干课程。

按大专业设置专业基础平台，用新技术和教学改革成果重组整合课程，根据社会需求设置了钢铁冶金和有色金属冶金两个专业方向。采取"5+3"人才培养模式，即前5个学期使用同一教学计划，主要学习公共基础课、专业基础课和公共选修课。后3个学期根据市场对人才的需要，分专业方向进行专业课的学习，钢铁冶金方向学习铁冶金学、钢冶金学、钢铁厂设计原理等专业主干课程；有色冶金则学习重金属冶金学、轻金属冶金学、有色冶金设计与计算等专业主干课程。

强化专业主干课程教学是冶金工程应用型人才培养的必然要求，以钢铁冶金方向为例，必须保证铁冶金学、钢冶金学、连续铸钢等专业主干课程的授课学时，授课内容力求专而精，明显区别于研究型大学的专业主干课程的教学模式。

强化工程背景，建设高素质的师资队伍

冶金工程是一个工艺性专业，为凸显具有较强工程实践能力的应用型人才培养特色，要求全部教师都具有企业实际工作经验或现场实践经历。借助产学研合作的良好运行机制，聘请一批来自企业的工程

师、专家和高级管理人员作为兼职教师。加大具有一定工程背景的高学历、高水平教师的引进力度，为强化新教师的工程实践能力培养，冶金与材料工程学院长期坚持"三半"制度，即新教师的"半年实践经历"、评中职前的"半年实践经历"和评副高前的"半年实践经历"，充分发挥企业兼职教师的指导帮助作用。在为期一年的新教师培养计划中，新教师的"半年实践经历"是培养新教师工程实践能力的重要环节。新教师的"半年实践经历"必须坚持在企业进行，并与企业协商，由企业指定相关工程技术人员具体进行指导。目前冶金与材料工程学院在四川德胜钢铁公司"教师实践能力培养基地"开展的新教师工程实践能力培养取得了较好的成绩。另外，新教师还必须参与协助指导本科生实习工作和专业实验等工作，熟悉冶金工艺流程和提高实验技能，全方位提高新教师的工程实践能力。努力拓宽进修培养渠道，提高骨干教师的学历和学位，在本专业的40岁以下尚未取得博士学位的教师全部攻读博士学位，全面促进教师队伍的业务和学识水平，造就一支具有显著工程实践能力、有较高学术水平和学历层次的高素质的教师队伍。

多年来的专业建设，使冶金工程专业的师资队伍得到锻炼和提高，本专业现有教师30人中，有教授8名、副教授及高工11名，博士10名，硕士25名；5名教师获得宝钢教育优秀教师奖，1名教师被评为市级学术技术带头人后备人选，5名教师被批准为重庆市优秀中青年骨干教师，每年有十多名教师深入到校企合作企业锻炼3~6个月，教师的工程实践能力和科学研究能力明显提高。

加强实践基地建设，建立校内外结合的实践教学平台

应用型人才的培养，必须有稳定的校内实验实训场所和校外实习实训基地。学校巩固重庆钢铁公司、攀枝花钢铁公司等6个原有实习

基地的基础上，加强与企业和研究院所的联系，新建立稳定的校外实践基地，在近5年使本专业的实践基地达到了13个。

2009年学校投入750万元与重钢共建国内具有领先水平的产学研一体化的校内"冶金技术与装备综合实践教学平台"，再现炼铁、炼钢、轧钢等冶金生产过程。该实践教学平台既可以进行技能训练，又可开展课题研究；既可进行实验、实习、实训，又可进行岗位实践；既能承担工程项目和生产任务，又可模拟仿真生产过程；既可为学生按行业要求设计实训项目，使学生亲身体验和深入了解现代化的工艺流程、生产环节、工程项目组织、实施和管理的全过程，又可为社会各界工程技术人员的知识更新、职业培训、新技术推广创造更好的条件。

更新教学内容，编写冶金工程专业的系列教材

冶金科学技术近十年发展很快，涌现了一大批新的生产工艺和技术，如与信息技术融合的高炉专家系统，转炉炼钢的动静态数学模型和动态检测系统，连续铸钢全自动控制技术、电磁搅拌技术等，必须把这些新工艺技术融入到教学过程中，才能提高人才培养质量。

经过几年的建设，使冶金工程专业教学内容，更加贴近当前冶金生产实际。由我校主编了《炼铁学》、《炼钢学》等应用型冶金工程专业本科系列教材11本，作为副主编单位参编《连续铸钢》、《炉外处理》等3本教材。

积极开展科学研究，促进人才培养质量的提高

高等学校不仅是人才培养的基地，也是创新成果的重要发源地。教学与科研是高校的两项基本职能，虽然应用型本科高校多属于教学型院校，但仅有教学没有科研就无法培养学生的创新能力。因此，在

搞好教学工作的前提下，努力提高教师的科研水平显得非常必要。特别是对新教师科研能力的训练过程中，坚持"三进"制度，即进科研团队、进科研平台、进科研项目，充分发挥学科带头人的引导和帮扶作用。在近年来新引进的专任教师中，大多数都具有博士学位，科研基本素养是具备的。但如果不加以正确引导，随着时间的流逝，新引进的专任教师会逐渐丧失科研能力而趋于平庸。从新引进教师科研兴趣出发，本着自愿的原则将他们纳入相关科研团队进行管理，借助已有的科研平台和科研项目，开展科学研究。通过发挥团队成员的各自优势共同申报国家或省部级研究项目，或与企业联合开展针对实际的生产课题进行技术攻关，使新进教师做到"科研不断线，年年有事干"。通过科研也能把学科前沿的研究成果融入教学过程中，进一步提高教学质量，形成科研和教学的相互促进。

2006 年以来，冶金专业教师获得科研项目总计 80 多项，其中国家自然科学基金、重庆市科委和市教委自然基金 20 余项，科研经费 2000 多万元。2006 年获得重庆市科技进步三等奖 1 项；2008 年获得重庆市技术发明三等奖和云南省自然科学一等奖各 1 项；2010 年、2011 年、2012 年获得四川省科技进步三等奖各 1 项；2010 年获得重庆市科技进步二等奖、三等奖各 1 项；2012 年获得重庆市科技进步三等奖 1 项；获得发明专利授权 5 项，并将部分科技成果转化为教学内容，促进了人才培养质量的提高，2011 年"冶金检测与装备工程技术研究中心"批准为重庆市工程技术研究中心。

人才培养效果好，行业辐射影响扩大

冶金工程特色专业人才培养工程的全面实施，学生的工程实践能力和创新能力明显增强，人才培养质量明显提高，毕业生一次就业率长期保持在 97% 以上，名列重庆市高校专业就业率前茅，在我校长期名列第一。许多学生考入重庆大学、东北大学、北京科技大学等"985"、"211"高校攻读硕士学位，考研率逐年提高，2011年达到20.7%，2012年达到25.3%。2011年11月冶金工程专业学生参加第六届国际网络炼钢挑战赛获东亚-大洋洲赛区第3～10名；2012年11月参加第七届国际网络炼钢挑战赛获东亚-大洋洲赛区第3、4、5、6、7、9、10名。我校冶金工程专业为重钢环保搬迁输送了大量优秀毕业生，许多毕业生已成为重钢新区烧结、炼铁、炼钢、精炼、连铸等生产一线的主要生产技术人员。

我校在专业建设的改革与建设成效，2011年7月第十九届全国高等学校冶金工程专业教学研讨会在我校召开，与会代表对我校应用型人才培养给予了一致肯定；由我校自主研发的冶金性能检测成套装置被武汉科技大学、内蒙古科技大学、西南科技大学、贵州师范大学、湖南工业大学和武钢集团、首钢集团等107家企业、高校推广应用，总经费4000余万元。冶金实验教学示范中心已经接待来自国内著名冶金企业、高校的考察队伍1000余人次。2009年10月，我校承办的全国冶金高校书记和校（院）长会，来自全国35所高校的70多位领导参会，与会代表参观中心并予以高度评价。

冶金工程专业人才的特色培养产生了较大的社会影响，冶金工程专业的系列教材被国内10多家冶金高校，如湖南工业大学、辽宁科技学院、贵州师范大学等广泛选用，受到广大读者的好评。教学改革成果先后在《中国冶金教育》、《教育与职业》、《实验室研究与探索》、《扬州大学学报》等刊物上发表了54篇教改论文（其中教育类核心期刊论文15篇），2013年1月17日《中国教育报》第8版以"依托行业突出应用　培养高素质应用型人才——重庆科技学院冶金工程专业特色发展纪实"为题对冶金工程专业的教学改革进行了全面深入的宣传和报道，认为重庆科技学院冶金工程专业的教学改革为应用型人才培养起到了示范和带头作用。

目　　录

第一章 国家级特色专业建设点

第一节 国家级特色专业建设点及其在重庆科技学院的实施

一、国家级特色专业建设点的基本情况

特色专业是指充分体现学校办学定位，在教育目标、师资队伍、课程体系、教学条件和培养质量等方面具有较高的办学水平和鲜明的办学特色，获得社会认同并具有较高社会声誉的专业。特色专业是经过长期建设形成的，是学校办学优势和办学特色的集中体现。国家级特色专业则是指其专业办学条件、专业建设水平、教学管理模式、教学改革成果和人才培养质量等方面在国内具有一定影响和知名度并能够对同类的其他专业建设和发展起到带动和示范作用的专业。

国家级特色专业建设始于2007年，是教育部在"十一五"期间为促进高等学校人才培养与经济社会发展紧密结合而实施的高等学校本科教学质量与教学改革工程的重要内容之一。开展特色专业建设，旨在促进高等学校人才培养工作与社会需求的紧密联系，优化专业结构与布局，形成有效的专业建设机制，引导高校结合自身实际，科学准确定位，发挥办学优势，推进教育改革，强化实践教学，满足国家经济社会发展对多样化、多类型和紧缺型人才的需要。

国家级特色专业的建设目标是通过特色专业建设，探索专业建设实施，丰富专业建设理论，形成专业建设、人才培养与社会经济发展紧密结合的特色专业。

二、国家级特色专业建设点在重庆科技学院的实施

2008年和2010年，重庆科技学院的石油工程专业、冶金工程专业分别获批为国家级特色专业建设点，各专业根据自身的专业特点，紧紧围绕建设目标，按照建设内容，依据学校"行业性、应用型"的办学定位，坚持以社会需求为导向，服务行业发展，与企业合作，培养具有创新精神和实践能力的应用型人才。

重庆科技学院的国家级特色专业确立以人才培养为核心的大教学观，以培养

高素质应用型人才为目标，构建和优化应用型人才培养方案。在人才培养方案的制订上，围绕社会对应用型人才知识、能力和素质的要求兼顾应用学科与专业的交叉，通过对人才需求和潜在的发展状况、相关高等学校本专业建设情况、本校学生在社会的认可度、毕业学生的意见反馈等进行充分的调研和分析，同时积极吸收社会、企业人士参与培养方案的制订和完善工作，使人才培养方案更符合实际，以此构建并不断优化应用型人才培养方案。国家级特色专业率先探索并构建强化学生工程实践能力的理论与实践教学体系，根据应用型人才的本质特征和属性，把传统的"哪些内容我要讲授"（以知识输入为导向）改变为"哪些能力应该是经过教学后学生要获取的"（以知识输出为导向），以培养能力为出发点，进行理论和实践教学改革。在教材建设上，紧密结合人才培养目标，选用与自编相结合，分阶段构建完善的应用型教材体系。同时，借鉴和吸收国外先进教材的经验并不断创新，编著满足需求的本专业系列配套教材。学校实施"高层次人才引进、培养计划"，坚持"引进和培养相结合"的工作思路，通过培养、引进、外聘、与企业联合实施青年教师工程实践能力提升计划等措施，加强以提高教学实践能力为核心的"双师型"师资队伍建设，并向特色专业建设点倾斜，加强特色专业建设点的教学团队、专业带头人建设，实施青年教师现场实践经历和担任辅导员经历计划，逐步形成一支结构合理，教学、科研水平较高，实践能力较强的应用型教师队伍。特色专业建设点加大实践教学改革的力度，以应用能力培养为主线，构建实践教学体系，做到理论与实践并重。以学生为中心，积极探索实践教学内容和方法的改革，围绕学生能力拓展和知识结构开展实践教学，整体优化、系统构建实践教学体系和教学内容，建立了多个稳定的校内外实践实训基地。立足行业实际需求，围绕应用型人才工程实践能力培养需要，采取共建共享模式，与中石油重庆气矿、重钢（集团）公司、美国卡万塔能源公司等企业联合共建了源于现场，而又不拘于现场的石油天然气钻采集输技术与装备、冶金工程技术与装备、化工过程及装备、垃圾焚烧发电技术与装备等校内综合实践教学平台，真实"再现"了现场生产过程，并通过模拟和仿真等方式"再现"现场生产过程中可能出现的安全事故或故障，如石油钻井中的"井喷"、钢铁冶炼中的连铸"漏钢"等，与现场生产实习互为补充，既提高了学生工程实践的效果，也为企业工程技术人员的再培训搭建了平台，着力提高学生的工程实践能力。

第二节　冶金工程国家级特色专业建设点

现以重庆科技学院为例将冶金工程国家级特色专业建设点的任务书介绍如下。

高等学校特色专业建设点

任　务　书

学 校 名 称　<u>重庆科技学院（盖章）</u>

专 业 名 称　　　<u>冶金工程</u>

项 目 编 号　<u>　　　　　　　　　　</u>

负 责 人　　　　<u>吕俊杰</u>

联 系 方 式　<u>023-65023701、13108909895</u>

学 校 归 属　部委院校 ☐　　地方院校 ☑

教育部 财政部 制

二〇一〇年一月

一、简表

专业名称	冶金工程	修业年限		四年
项目编号		学位授予门类		工学
本专业设置时间	2004 年	本专业累计毕业生数		337
首届毕业生时间	2008 年	本专业现有在校生数		590
所在院系		冶金与材料工程学院		
学校近 3 年累计向本专业投入的建设经费（万元）				1590
项目负责人基本情况				
姓　　名	吕俊杰	性　别	男	出生年月	1963.07
学　　位	硕士	学历	研究生	所学专业	冶金工程
毕业院校	北京科技大学	职称	教授	职务	
所在学校通信地址	重庆虎溪大学城重庆科技学院冶金与材料工程学院				
电　　话	办公：023-65023701　　手机：13108909895				
电子信箱	ljj630707@163.com			邮政编码	401331
学校情况				
所在省市	重庆市	学校财务部门审核盖章
银行开户单位	重庆科技学院	
开户银行	工商银行重庆市大坪支行	
银行账号		

二、主要参与人员（限填 10 人）

姓名	学位	技术职称	承　担　工　作
朱光俊	硕士	教授	师资队伍建设与精品课程建设
夏文堂	博士	教授	有色冶金学科建设
雷亚	学士	教授	校外实习基地建设
梁中渝	硕士	教授	钢铁冶金学科建设
万新	硕士	副教授	产学研及实验室建设
杨治立	硕士	副教授	应用型人才培养模式改革
杜长坤	学士	高工	教学质量评价及监控
任正德	硕士	副教授	大学生创新能力培养及实训基地建设
石永敬	博士	讲师	课程体系教学改革
高逸锋	硕士	讲师	教学手段改革与教学资料管理

三、参与共建单位（指校外单位）

单 位	承 担 工 作
北京科技大学	学科建设，联合培养工程硕士研究生
重庆钢铁（集团）公司	产学研合作单位，学生实习就业基地及教师现场锻炼
四川金广实业公司	产学研合作单位，学生实习、就业基地
四川川威钢铁集团公司	产学研合作单位，学生实习、就业及科研基地
攀枝花钢铁集团公司	产学研合作单位，学生实习、就业及科研基地
中冶赛迪工程技术股份有限公司	共建国家钢铁冶炼系统集成工程中心
成都钢铁有限责任公司	产学研合作单位，学生实习、就业及科研基地
四川德胜钢铁公司	共建技术中心及学生科技创新工作站，学生实习、就业基地

四、建设目标

（一）冶金工程专业的总体建设目标

冶金工程专业是 2007 年重庆市的首批特色专业建设点，是 2009 年重庆市冶金工艺类专业应用型本科人才培养模式创新试验区。专业建设的总体目标是以国家加大高等学校学科专业建设力度为契机，以全面提升教学质量为目的，通过引进先进的教育理念，全面开展冶金工程特色专业建设工作，使本专业在人才培养方案和课程体系、教学内容和教材建设、师资队伍建设、实践教学等方面独具特色。结合国家《钢铁产业发展政策》的实施，本着立足重庆、面向西南，服务全国的建设思路，把冶金工程专业建设成为西部一流、在国内具有重要影响力的国家级特色专业，为国内同类型专业的应用型人才的培养起到示范和带头作用。

（二）具体建设目标

1. 构建以工程实践能力培养为核心的应用型人才培养新模式

冶金工业是国家的支柱产业，14 年钢产量居世界第一已经使我国成为钢铁生产大国，学校 59 年的冶金专业办学背景积累了丰富的应用型人才培养经验。本专业培养目标是：培养适应社会发展需要，德、智、体、美全面发展，基础扎实、知识面宽、实践能力强、综合素质高，掌握现代冶金工艺相关基础理论、专业知识和基本技能，善于应用现代信息技术和管理技术，从事冶金工程及相关领域的生产、管理及经营、工程设计，有创新精神的获得工程师基本训练的高级应用型专门人才。冶金工程专业应用型人才培养模式改革坚持"三定"原则，即定"向"在行业，定"性"在应用，定"点"在实践，通过优化理论课程体系，强化实践教学环节，着力培养学生的工程实践能力和创新精神。根据冶金行业发展的特征，广泛调研并与企业研究，共同制定以应用型人才培养为特色的新方案，并在教学过程中不断修订完善。

2. 建设一支具有显著工程实践能力和较高学术水平的师资队伍

通过多年的师资队伍建设，本专业现有专职教师 26 人。其中教授 7 人，副教授、高级工程师 9 人，博士 6 人、硕士 17 人，国外访问学者 3 人，重庆市高校中青年骨干教师 6 人，重庆市学术技术带头人后备人选 1 人。今后在重庆市特色专业建设的基础上，明确专业建设任务，以课程群负责人制为主线，通过引进与培养相结合，构建拥有国内知名专家、学者的年龄、学历、职称、学缘结构合理，治学严谨、德才兼备、协作能力强、产学研结合的具有显著工程实践能力的师资队伍。

3. 建设具有真实工程环境的校内高水平冶金工程实验实训基地

通过学校投入和中央与地方共建项目，已建成冶金基础实验室和冶金工程专业实验室，设备总值已超过 1400 万元。2009 年与重庆钢铁公司共建，投入专项资金 750 万元在校内建成国内独有的具有现代化水平的产学研一体化"冶金技术与装备综合实践教学平台"。今后在中央与地方特色实验室建设和原有实践基地的基础上，强调用真实的工程环境、完整的工艺流程、实际的开发项目，培养学生实践动手能力、创新思维与团队协作意识，争取建成重庆市钢铁冶金重点实验室和冶金工程实验教学示范中心。同时，进一步加强校企合作，建设稳定的大中型钢铁联合企业实习基地，以满足培养高素质应用型人才的需要。

4. 编写出版适应冶金工程应用型人才培养目标的系列教材

本专业在"十一五"期间主编了《冶金原理》、《传输原理》、《冶金热工基础》、《炼铁学》、《炼钢学》、《炼钢厂设计原理》等冶金行业规划教材 9 部，副主编《连续铸钢》、《炉外处理》教材 2 部。结合现有综合实训平台和人才培养模式创新试验区的改革需要，在行业规划教材建设的基础上，重点加强实践环节的教材建设，使应用型特色的冶金专业教材系列更完整。

5. 建立冶金工艺类应用型人才质量的评价体系

背靠冶金行业，以冶金工艺类专业应用型本科人才培养创新试验区为依托，以提高应用型本科人才培养质量为根本，探索工艺性应用型本科人才培养的途径和评价体系。着力于应用型人才的培养，主动为地方社会经济发展、区域经济和行业发展服务，以培养知识、能力和素质全面而协调发展，面向生产、建设、管理、服务一线的高级应用型人才为目标定位，并在地方经济发展战略中彰显自己的特色，为国内应用型冶金工程专业的建设和改革起到示范作用。

6. 创新冶金工艺类专业应用型人才培养的产学研合作机制

通过与冶金企业共建技术中心、研究所，与设计院共建国家工程中心；校企双方共同开展科技攻关和应用技术课题立项，在企业建立学生科技创新工作站等方式，全面实施多形式、多途径的产学研合作，共同培养应用型人才。产生一批有影响的教学科研成果，将本专业建成具有区域特色和行业优势的特色专业。

7. 着力培养学生的创新精神与实践能力

通过设置学生科研助理、参加教师的研究项目、学生进入企业科技创新工作站和建立校院两级学生科技创新基金等方式，组织并鼓励参加大学生"挑战杯"、"创业计划大赛"和各类科技竞赛活动，着力培养学生的创新精神与实践能力。

五、建设方案

冶金专业有 59 年的办学历史，长期的办学过程，在师资队伍建设、课程建设、实验室建设及科学研究等方面，取得了突出的成效，社会声誉良好，学科积淀深厚。2007 年冶金工程技术实验室获得中央与地方共建资助。2007 年冶金工程专业被授予重庆市首批特色专业建设点，2009 年成为重庆市冶金工艺类专业应用型本科人才培养模式创新试验区，从服务冶金行业和区域经济建设出发，将在人才培养模式和课程体系建设、师资队伍建设、实验实训基地建设、教材建设等方面，勇于创新，不断探索，以能力培养为核心，以教学改革为先导，强化师资队伍，改善办学条件，加强产学研合作，经过四年的建设，努力将冶金工程专业建设成服务冶金行业和区域经济建设的特色优势专业。具体建设方案介绍如下。

（一）准确定位，确立应用型人才培养目标

冶金工业作为国家的基础原材料工业，在由钢铁大国向钢铁强国的转变中，需要强有力的技术人才支持。研究型大学冶金工程专业培养的毕业生在技术研究与开发方面能力较强。但冶金工业作为一个庞大的基础原材料行业，也需要大量的既有一定的技术研发后劲，又有比较强的技术应用能力的应用型高级工程技术人才。目前众多冶金企业的生产组织、经营与管理工作中，还需要大量的冶金工程专业人才去充实。《国务院关于推进重庆市统筹城乡改革和发展的意见》（国务院 2009 年 3 号文件），已把重庆的发展上升为国家战略，重庆钢铁公司的环保搬迁总投资 200 多亿元，是重庆市近年来的最大工程项目，其产钢从目前的 350 万吨将增加到 650 万吨。新重钢的产品在保持船板、压力容器钢等传统优势品牌的基础上，将开发一大批高附加值产品，新增 RH 真空处理等精炼手段，为重庆汽车、摩托车支柱产业的发展提供更多高品质产品。产能的提升和新产品的开发，急需一大批钢铁冶金的实用人才。西南铝加工厂铝加工能力居亚洲第一，中国铝业即将在南川建立 80 万吨氧化铝厂。冶金工业已成为重庆的支柱产业，有着大量的冶金工程专业人才需求。这些给冶金工程专业为区域经济建设服务提供了千载难逢的历史机遇。从服务冶金行业、服务区域经济建设角度，我们在构建人才培养模式上，既要强化学生的基础理论知识，又要注重学生的专业技术应用、解决工程实际问题能力的培养，着力培养学生在冶金领域从事生产、设计、科研及管理工作的实际能力，形成应用型人才的新模式。

（二）突出特色，优化冶金工程人才培养方案和课程体系

人才培养方案是实现人才培养目标和基本要求的规划和蓝图，是办学思想、培养目标、培养模式和对学生知识结构要求的具体体现。在总结已有人才培养方案的基础上，冶金工程专业总体改革思路是：加强通识基础，拓宽学科基础，凝练专业主干，灵活专业方向，注重动手能力。主要突出以下几方面特点。

1. 加强基础，强化理论应用

应用型本科教育应是宽基础的专业教育，既不同于现在的普通本科，又有别于专科教育，其内容应包括与其专业相应的自然科学和工程科学的基础知识，工程技术实践训练和从事工程师职业所必需的知识和技能。拓宽基础课程教学是现代冶金工程教育和增强学生适应

性的要求，当然也是我们对培养应用型冶金工程本科人才教育改革的重点之一。在制定冶金工程人才培养计划时，注重加强基础理论教学，包括公共基础课和专业基础课。公共基础课要着眼于提高学生适应社会及自身发展的基本能力和基础人文科技素质的培养。专业基础课主要功能是培养学生在其专业技术领域中通用基本知识和基本技能，以便适应学生将来晋升、转岗和自由择业的需要。专业基础课不仅要为工程能力培养服务，同时也要为部分有志进一步深造的学生打好基础，如本专业的物理化学、冶金原理、冶金传输原理、金属学及热处理等课程。深厚、扎实的基础可以帮助学生在人才市场激烈的竞争中增强适应性，更重要的是为他们进一步学习、发展奠定基础，为部分学生继续深造创造条件。

2. 注重实践，强化工程能力培养

实践教学是应用型本科人才培养过程中的重要环节，实践课程在其课程体系构架中占有重要位置。应用型人才应树立强烈的工程意识，具有较强的分析问题和解决实际问题的能力，即工程能力。工程能力的培养主要依靠相关课程的实验、课程设计、各种实习实训以及最后的毕业设计（论文）等实践课程来进行。因此，在实践教学环节的安排上，要强化能力培养，同时强调理论教学与实践教学的有机结合。实验教学须打破按课程开设实验的格局，增设课程综合性实验、专业综合性实验、自主设计性实验及科研创新性实验。课程设计与课程教学内容相结合，毕业设计尽可能从工程和工业生产中遴选课题，设计内容与参与实习的生产工艺相结合。在设计过程中，注重调研能力的锻炼，并将其作为设计的主要考核指标之一，促进学生深入实际，达到强化工程意识的目的。冶金工程专业的主要实践教学环节包括大学化学集中实验、金工实习、机械基础课程设计、认识实习、计算机辅助设计、专业基础实验、生产实习、冶炼工技能考核、专业综合实验、毕业设计（论文）等。通过这些环节对学生进行全方位的训练，可以培养学生综合实验能力、工程实践能力和创新能力。此外，为强调培养学生知识和技术的应用能力和解决实际问题的专业能力，还要求学生在校期间考取与本专业相关的职业技能证书，为求职就业奠定基础。

3. 搭建专业平台，强化专业主干课程

按大专业设置专业基础平台，用新技术和教学改革成果重组整合课程，根据社会需求设置了钢铁冶金和有色金属冶金两个专业方向。采取"5+3"人才培养模式，即前5个学期使用相同教学计划，主要学习公共基础课、专业基础课和公共选修课。后3个学期根据市场对人才的需要，分专业方向进行专业课的学习，钢铁冶金方向学习铁冶金学、钢冶金学、钢铁厂设计原理等专业主干课程；有色冶金则学习重金属冶金学、轻金属冶金学、有色冶金设计与计算等专业主干课程。

强化专业主干课程教学是冶金工程应用型人才培养的必然要求，以钢铁冶金方向为例，必须保证铁冶金学、钢冶金学等专业主干课程的授课学时，授课内容力求专而精，明显区别于研究型大学的专业主干课程的教学模式。

（三）强化工程背景，建设一支具有显著工程实践能力、有较高学术水平的师资队伍

冶金工程是一个工艺性强的专业，为凸显具有较强工程实践能力的应用型人才培养特色，要求全部教师都具有企业实际工作经验或现场实践经历。借助产学研合作的良好运行

机制，聘请一批来自企业的工程师、专家和高级管理人员作为兼职教师。加大具有一定工程背景的高学历、高水平教师的引进力度，所有新引进的青年教师到现场实践至少半年。努力拓宽进修培养渠道，提高骨干教师的学历和学位，在本专业的建设期内使40岁以下尚未取得博士学位的教师全部按计划攻读博士学位，全面促进教师队伍的业务和学识水平，造就一支具有显著工程实践能力、有较高学术水平和学历层次的高质量的教师队伍。

（四）加强实习实训基地建设，搭建校内外结合的全方位实习实训平台

应用型人才的培养，必须有相应的校内实验实训场所和校外实习实训基地。在巩固重庆钢铁（集团）公司、攀枝花钢铁集团公司等10个现有实习基地的基础上，加强与企业和研究院所的联系，建立稳定的校外实践基地，在建设期内使本专业的校外实习基地达到12个以上。

在原有实验设备的基础上，学校2009年已经投入750万元建立国内独一无二的具有现代化水平的产学研一体化的校内"冶金技术与装备综合实践教学平台"，再现炼铁、炼钢、轧钢等冶金生产过程。该实践教学平台既可以进行技能训练，又可开展课题研究；既可进行实验、实习，又可进行岗位实践；既能承担工程项目和生产任务，又可模拟仿真生产过程；既可为学生按行业要求设计实训项目，使学生亲身体验和深入了解现代化的工艺流程、生产环节、工程项目组织、实施和管理的全过程，又可为社会各界工程技术人员的知识更新、职业培训、新技术推广创造更好的条件。

（五）更新教学内容，编写紧密结合现场生产工艺技术、反映当代最新研究成果、适应冶金工程应用型人才培养目标的系列教材

冶金科学技术近十年发展很快，涌现了一大批新的生产工艺和技术，如与信息技术融合的高炉专家系统，转炉炼钢的动静态数学模型和动态检测系统，连续铸钢全自动控制技术、电磁搅拌技术等，必须把这些新工艺技术融入到教学过程中，才能提高人才培养质量。

经过四年左右的建设，使冶金工程专业教学内容更加贴近当前冶金生产实际。在建设期内，修订主编《炼铁学》、《炼钢学》等应用型冶金工程专业本科系列教材6部，副主编教材2部，并将新主编实验实训教材2部。教材编写内容必须涵盖当代先进的冶金工艺技术。同时，为适应冶金工程应用型人才培养目标，教材中应包含具体生产厂家的生产实例，把"案例教学"形式引入工科专业的教学活动中。

六、进度安排

2010 年

1～3月，根据教育部、财政部相关文件，制定冶金工程特色专业建设点建设与实施方案，申报国家特色专业建设点。

4～8月，组织人员对冶金专业人才培养目标与定位、新的人才培养方案和培养模式进行论证，优化课程体系，更新教学内容和教学方法，修订教学大纲，改革教学内容。将"冶金传输原理"建成为市级精品课程。

9～12月，开展教学改革，切实加强实验、实践教学环节，加强实训基地的建设。引进

具有工程背景的钢铁冶金博士学位的教师 1~2 人。邀请 1~2 名国内外知名专家来校进行学术交流。

年底撰写阶段总结，汇报项目进展情况。

2011 年

完善冶金工程专业人才培养方案和课程体系，深化教学改革，加强教材建设，在选用面向 21 世纪教材的基础上，鼓励教师自编或参编高质量的应用型本科系列教材。

新建实践基地 2 个，部分完成校内冶金工程实习实训基地平台建设。

引进专业带头人或具有工程背景的钢铁冶金博士学位的教师 1~2 人。

申报"钢铁厂设计原理"为市级精品课程，将"冶金传输原理"建成为国家级精品课程。

邀请 1~2 名国内外知名专家来校进行学术交流。

年底撰写阶段总结，汇报项目进展情况。

2012 年

进一步完善人才培养方案和课程体系，深化教学改革，加强教材建设，主编实验实训教材 1~2 部；加强横向联合，巩固教学实习基地，加强与中冶赛迪的工程中心共建；完善已有精品课程。

全面完成校内冶金工程实习实训基地平台建设。

邀请 1~2 名国内外知名专家来校进行学术交流；选派 2~3 名本学科教师参加学术交流。

年底撰写阶段总结，汇报项目进展情况。

2013 年

完成人才培养、师资队伍建设、实验室建设、实训基地、课程体系与教材建设，总结建设经验，完成各项建设任务，全面达到冶金工程特色专业建设目标，完成检查验收的各项工作。

七、预期成果（含主要成果和特色）

经过 4 年时间的建设，取得以下预期成果。

（一）服务冶金行业和区域经济建设，形成应用型人才培养新模式

结合重庆市冶金工艺类专业应用型本科人才培养模式创新实验区项目的实施，坚持人才培养的"三定"原则，即定"向"在行业，定"性"在应用，定"点"在实践。根据行业发展和区域经济建设的需要，优化冶金工程人才培养方案和课程体系，加强基础，强化理论应用，注重实践，强化工程能力培养，搭建专业平台，强化专业主干课程，突出解决学生在冶金领域从事生产、设计、科研及管理工作的实际能力，形成应用型人才的新模式。

（二）建设一支具有显著工程实践能力、有较高学术水平和学历层次的高质量的师资队伍

聘请一批来自企业的工程师、专家和高级管理人员作为兼职教师。加大具有一定工程

背景的高学历、高水平教师的引进力度，新引进的青年教师到现场实践至少半年。冶金工程专业全部教师都具有企业实际工作经验或现场实践经历。

努力拓宽进修培养渠道，提高骨干教师的学历和学位，在本专业的建设期内使本专业教师的高级职称比例达到70%、博士学位教师12人以上，全面提高教师队伍的业务和学识水平，造就一支具有显著工程实践能力、有较高学术水平和学历层次的高质量的师资队伍。

（三）充分利用建成的高水平的冶金工程实验实训平台，构建与应用型人才培养目标相适应的实践教学体系

在全面优化实践教学体系的基础上，重点搭建校内外结合的全方位实习实训平台。加强与企业和研究院所的联系，在建设期内建立稳定的校外实践基地12个以上。利用建成的国内独有的具有现代化水平的产学研一体化的校内"冶金技术与装备综合实践教学平台"，再现炼铁、炼钢、轧钢等冶金生产工艺过程。

（四）出版一批紧密结合生产现场工艺技术、反映最新研究成果、以冶金工程应用型人才培养为特色的系列化教材

在特色专业建设期内，已主编《炼铁学》、《炼钢学》等应用型冶金工程专业本科系列教材6部，同时再出版冶金行业规划实验实训教材2部。

（五）产学研合作，提高人才培养质量，实现产学研的良性互动

依托现有产学研合作，创新产学研合作机制，力争与大型冶金企业如宝钢、武钢、攀钢等建立良好的合作关系，并且与重钢、攀钢、川威、四川德胜等企业续签校企产学合作办学协议，以满足行业发展需要。

（六）建设系列精品课程

在现有精品课程的基础上，力争将"冶金传输原理"建成为国家级精品课程，将"钢铁厂设计原理"、"冶金物理化学基础"等建设成市级精品课程和2～3门的校级精品课程。

（七）长期保持毕业生100%的就业率

建立稳定的毕业生就业基地，使毕业生一次就业率长期保持100%，并带动学校其他相关专业的就业工作。

（八）形成稳定的特色鲜明的学科研究方向，取得一批研究成果

以现有的专业优势研究方向为基础，紧跟国内外先进冶金技术，以应用技术与新技术研究为主，重视应用理论研究，建成重庆市钢铁冶金重点实验室，形成2～3个在西部地区乃至全国知名的高水平科研团队，使本学科整体科技实力有明显提升。力争承担2～3项国家和地方的重大科技项目，取得一批对区域经济发展有影响力的科技成果，形成1～2个稳定的具有明显优势的研究方向。在此基础上，力争在近4年内科研总经费年平均以20%的速度增长。

八、学校支持与保障

重庆科技学院成立以来，学校确立了依托行业办学，特色立校、文化兴校、人才强校的发展战略。因此学校高度重视特色专业建设，成立了"学校本科教学质量与教学改革工程领导小组"，加强对特色专业建设的领导和统筹规划，将按照教育部财政部《高等学校本科教学质量与教学改革工程项目管理暂行办法》和《重庆科技学院特色专业建设管理办法》进行科学管理和定期检查，确保项目建设进度、建设质量和建设效果。

（一）学校制定激励政策

学校特色专业建设，每年给予3万元建设经费。在教师培训、实验室建设方面给予倾斜。作为市级特色专业建设，学校将按照不低于1∶1的配套经费给予支持。在精品课程建设、教学团队建设等方面给予了人力和财力支持，专业的建设经费充足。

（二）学校强力推行人才强校战略

人才在专业发展中起着决定性的作用，以人才资源是第一资源为指导，做好专业师资规划并努力实施。学校制定吸引优秀人才资源政策，创造优秀人才脱颖而出的环境，"引进来"和"送出去"相结合，在较短时间内改善师资结构，提升教师的教学水平和科研能力。

（三）学校加大经费投入，改善教学环境，加强教学改革力度，保障教学过程高质量实施

实验室和实习实训基地是人才培养的保障，以新校区建设为契机，科学规划、合理制订实验室建设方案，实验室布局合理，功能完善，多种渠道争取实验室建设经费，保障实验室建设方案得到实施。加大图书资料的建设力度，学校确保每年用于图书资料建设的经费在250万元以上，保证生均新图书拥有量4册/年以上，各类学术期刊1500种，配备充足的数字图情资源，更大程度地满足教学的要求。

（四）学校建立健全专业教学管理制度，完善教学运行管理机制，为特色专业提供管理的保障

加强日常教学管理，强化过程监控。学校实行校院系两级管理的管理模式，在学校的宏观管理下，充分发挥二级院系的作用，以"全员育人、全过程育人、全方位育人"为指导思想，认真履行学校"培养人才，发展科学，服务社会"的办学宗旨，建立健全教学管理规章制度和教学质量监控体系。聘请校外教育专家和行业专家指导专业建设和课程建设，成立教学督导组，聘请教学及管理经验丰富的老教授和老领导担任教学督导员。采取严格而具体的奖惩措施，保障教学管理规章制度的有效运行。发挥教学督导组在教学管理中的独特作用，在保障教学规章制度有效运行的前提下，根据学校的安排和部署，进行针对性极强的专项督导和检查工作，为学校的管理和决策提供可靠的依据。

（五）学校对冶金工程特色专业建设给予了充分支持

冶金工程是重庆市首批特色专业建设点。因此，学校从政策上和经费上对该专业的建设将给予大力的支持并提供各项条件保障。

政策倾斜：积极支持教育教学改革，人才培养方案改革具有相对的自主性；优先考虑师资的引进和培养；同等条件下优先考虑教改立项，招生计划落实到位。

经费倾斜：教学经费有保证，学校计划在 2009 年已经投入 750 万元的基础上，4 年内拟再投入 1500 万元用于冶金工程专业建设，尤其是实践教学经费、图书资料经费等。

办学条件支持：学校已建成冶金科技大楼，并将其中的 6000 平方米作为冶金工程实验教学中心建设的专用场地。仪器设备购置优先保证，资源网络实现共享。

九、经费预算

序号	支出科目（含配套经费）	金额（万元）	计算根据及理由
1	师资队伍建设	40.0	引进具有博士学位的教师 2~3 名，培养博士学位的教师 2~3 人
2	特色实验室建设	30.0	完善冶金工程实验室建设
3	课程建设	36.0	校级精品课 4 门，每门 1.5 万元；市级 2 门，每门 7.5 万元；国家精品课程 1 门，15 万元
4	特色教材建设	19.0	资助出版规划教材 6 部，每部 3.0 万元，双语课原版教材购置 1.0 万元
5	图书资料费	5.0	购买相关图书、资料，订购期刊
6	教学资源库建设	10.0	课程信息平台建设及相关硬件、软件等的购置
7	其他专业建设费用	20.0	聘请兼职教授，国内学术交流
8	应用型人才培养体系建设	10.0	应用型人才培养调查
	合　计	170.0	
	经费自筹项目的经费来源		自筹经费来源于学校老校区土地置换后的收益

十、学校学术委员会审核意见

冶金工程专业是 2007 年重庆市首批特色专业，是 2009 年重庆市人才培养模式创新试验区。拥有重庆市高校教学示范中心（冶金工程训练中心）、学校的优秀教学团队（冶金工程教学团队）和学校的重点学科，具有良好的行业背景，与重钢、攀钢和川威钢铁集团公司等二十多家企业及其下属公司保持了良好的合作关系，产学研合作成果突出。在钢铁冶金研究方向取得突出成果，在国内处于先进水平。冶金工程应用型人才培养走在国内冶金高校前列，毕业生深受用人单位欢迎，供求比长期高达 1 : 4。

该专业建设点的任务书目标明确，思路清晰，建设方案可操作性强，经费预算合理，符合教育部、财政部的《高等学校本科教学质量与教学改革工程项目经费管理暂行办法》。经学校学术委员会研究，认为该专业符合教育部特色专业建设点申报条件，同意推荐申报国家高等学校特色专业建设点。

（盖 章）　　主任签字：

2010 年 3 月 14 日

十一、学校审核意见

冶金工程专业建设点的任务目标明确，思路清晰，建设方案可操作性强，经费预算合理，同意学校学术委员会意见，推荐申报国家高等学校特色专业建设点。

（盖 章）　　学校领导签字：

2010 年 3 月 15 日

第二章　卓越工程师教育培养计划

第一节　卓越工程师教育培养计划及其
在重庆科技学院的实施

一、卓越工程师教育培养计划的基本情况

教育部"卓越工程师教育培养计划"（简称"卓越计划"），是贯彻落实《国家中长期教育改革和发展规划纲要（2010～2020年）》和《国家中长期人才发展规划纲要（2010～2020年）》的重大改革项目，也是促进我国由工程教育大国迈向工程教育强国的重大举措。计划实施期限从2010年到2020年，主要目标是面向工业化、面向世界、面向未来，培养造就一大批创新能力强、适应经济社会发展需要的高质量各类型工程技术人才，为国家走新型工业化发展道路、建设创新型国家和人才强国战略服务。

"卓越计划"实施的层次包括工科、医科、法律的本科生、硕士研究生、博士研究生三个层次，工科培养现场生产服务型工程师、设计开发型工程师和研究型工程师等多种类型的工程师后备人才。2010年6月23日，教育部在天津召开"卓越工程师教育培养计划"启动会，包括首批有61所高校率先开始试点，2011年9月29日又启动包含重庆科技学院在内的第二批卓越工程师试点学校133所。

"卓越计划"主要要完成五项重点任务：

（1）创立高校与行业企业联合培养人才的新机制。其目的是改变目前高校人才培养和行业企业需求脱节的现象，建立高校和行业企业间的制度化联系。

（2）创建工程教育的人才培养模式。其目的是要改革目前高校人才培养过程中以灌输式和知识传授为主的教学方法，改变学生被动学习的状态，扭转实践环节逐渐弱化的趋势。在教学方法上，强调要推进研究型教学；在学习方法上，强调学生要主动开展研究性学习；在实践环节上，强调要到企业学习一年左右的时间，面向工程实践完成毕业设计，从而提高学生的实践能力和创新能力。

（3）建设高水平工程教育教师队伍。其目的是要改变高校教师队伍工程实践经验不足的状况，通过提高专职教师的工程经验，建设由企业高级工程技术人

员组成的兼职教师队伍，提高工程教育教师队伍的整体素质。

（4）扩大工程教育的多外开放。其目的是要吸收国外的成功经验，为适应企业"走出去"的战略需要，培养一批具有跨文化交流、合作和参与国际竞争能力的工程技术人才。

（5）制定"卓越计划"人才培养标准。其目的是为了满足工业界对工程技术人员职业资格的要求，建立评价人才培养质量的依据和准则。

实施"卓越计划"，就是要进一步完善现行教育体制，形成高校和行业企业联合培养人才的新机制，建立社会主义市场经济条件下的现代高等工程教育体制，这是"卓越计划"最根本的目的和意义，也是"卓越计划"的突破之处。具体表现在行业参与管理、企业参与培养两个方面：通过行业参与管理，使我国的工程教育从目前中央、地方两级管理，转变为中央、地方、行业三方协同管理，学校按通用标准、行业标准及学校标准三级标准培养工程人才；通过企业参与培养，使工程技术人才培养从高校培养转变为高校和企业联合培养，强化培养学生的工程实践能力和创新能力。

二、卓越工程师教育培养计划在重庆科技学院的实施

重庆科技学院 2011 年 9 月入选第二批卓越工程师教育培养计划试点高校，首先在石油工程、冶金工程两个专业开始具体实施。为推动"卓越计划"的顺利实施，学校做了大量工作：修订卓越工程师试点专业的人才培养计划，重构课程体系，改革教学方法，创新工程教育人才培养模式；深化校企合作，申报国家级工程实践教育中心，创立高校与企业联合培养人才的新机制；加强工程教育教师队伍建设；加强国际合作培养，扩大工程教育的对外开放；制定了具有学校特色的"卓越计划"人才培养标准等。

"卓越计划"的主要任务之一就在于建设高校和行业企业联合培养人才的新机制，行业企业深度参与培养过程是"卓越计划"最显著的特点之一。随着经济社会的发展，技术创新的速度越来越快，企业掌握着先进的技术装备和生产工艺，具有工程的实践条件和环境。工程技术人才培养如果没有企业的参与，就难以满足产业界对人才的需求，企业环境是培养工程人才的重要因素。《教育部关于实施卓越工程师培养计划的若干意见》（教高〔2011〕1 号）指出："卓越计划"本科及以上层次学生，要有一年左右的时间在企业学习，学习企业的先进技术和先进企业文化，深入开展工程实践活动，参与企业技术创新和工程开发，培养学生的职业精神和职业道德。

作为一所行业属性的高校，重庆科技学院办学 60 多年来与大中型企业建立良好合作关系，办学规模达两万人，硬件设施良好，在行业和地方形成较大的社会影响。然而，"卓越计划"人才培养涵盖不同层次的企业，企业对工程型人才

的需求也是多样的。为进一步发挥企业在工程人才培养中的作用，让学生真正融入企业，培养适应企业需求的工程人才，学院合理确定"卓越计划"人才培养的层次和类型，找准定位，依据自身特色优势，积极开展与企业的合作，通过与企业、事业等用人单位建立人力资源共享机制，广泛开辟产、学、研合作，技术合作等途径，冶金工程专业与重庆钢铁股份有限公司、四川德胜集团有限责任公司、四川达州钢铁集团公司、四川金广实业有限公司等一批优秀企业建立了深度合作关系。

"卓越计划"要求高校依托企业建立工程实践教育中心来实现校、企联合培养目标。学校作为共建高校，与重庆钢铁股份有限公司联合申报的国家级工程实践教育中心已获得批准，使学校成为第一批国家级工程实践教育中心建设单位之一。目前，重庆科技学院正积极参与重钢国家级工程实践教育中心的建设和运行工作，并以此综合平台为依托，落实试点专业企业培养方案，切实提升学生的工程素养，培养学生的工程实践能力。

第二节 冶金工程专业卓越工程师教育计划

2010 年 10 月重庆科技学院启动国家卓越工程师教育计划申报工作，决定获批国家特色专业建设点的石油工程、冶金工程专业为向教育部申报的第二批卓越工程师教育计划试点专业，经过校内外反复的讨论，于 2011 年 4 月由重庆市教委正式向教育部提出试点申请。2011 年 9 月 29 日教育部发文教高函〔2011〕17号重庆科技学院成为国家第二批卓越工程师教育计划试点学校，2012 年 2 月 14日教育部发文教高函〔2012〕7 号重庆科技学院石油工程、冶金工程专业成为国家第二批卓越工程师教育计划试点专业。

现以重庆科技学院冶金工程专业为例，将"卓越工程师教育培养计划"的培养标准及方案和企业培养方案介绍如下。

"卓越工程师教育培养计划"
冶金工程专业本科培养标准及方案

一、专业简介

（一）历史沿革

1951 年重工业部决定，西南工业管理局冶金专修科成立，设置炼钢专业并招生，1952 年 11 月学校更名为重庆钢铁工业学校，1958 年炼铁专业招生。1985 年 1 月重庆钢铁高等专科学校成立，设置有炼铁、炼钢及铁合金 2 个专科专业。1988 年为适应社会需求，与北京科技大学联合培养钢铁冶金专业本科生一届，2004 年 5 月重庆科技学院成立，当年开始冶金工程本科专业招生。经过 60 年来的建设与发展，形成了一套较为完整的教学、科研体系。2007 年冶金工程专业被授予"重庆市首批特色专业建设点"，冶金工程的专业研究方向分为钢铁冶金、有色金属冶金，其中钢铁冶金为校级重点学科。2009 年获批"重庆市冶金工艺类专业应用型本科人才培养模式创新实验区"；2010 年 7 月冶金工程专业被批准为"国家第六批特色专业建设点"。

（二）行业优势

冶金工业是国家的基础原材料工业，中国 6 亿吨钢的生产对冶金专业人才的需求旺盛，依托强大的行业背景，突出应用型人才培养成为我们的必然选择。冶金工程专业根据专业人才培养目标及社会对人才的需求，改革课程体系和教学方法，多层次办学，服务于社会。在教学安排中，合理调整理论教学和实践教学的比例，落实实践性环节，按工程教育的规律科学安排计划进度，突出应用能力培养。加强校企联合，重视实习基地的建设，强化与企业的联合互动培训机制，实现双赢。在长期的办学实践中，在企业安排学生各类实践环节非常顺利，建立了重庆钢铁股份有限公司、攀钢集团有限公司、四川达州钢铁（集团）有限责任公司、四川金广集团有限公司、四川德胜集团钢铁公司、川威钢铁集团有限公司、中冶赛迪工程技术股份有限公司等实习基地。

（三）平台优势

60 年来，冶金工程专业建立了完备的专业实验教学体系，利用"中央与地方共建冶金技术实验室专项资金",进一步加强了冶金工程专业实验室建设,冶金工程专业实验室已成为区域一流、特色明显、功能齐全的实践教学基地,2009年建成为校级实验教学示范中心,该中心完全能满足卓越工程师教育培养计划的需要。2010年与重庆钢铁集团公司共建冶金与材料工程研究所,通过共建投资750万元建成了国内一流的,具有较高水平的冶金技术与装备综合实践教学平台,再现炼铁、炼钢、轧钢等冶金工艺过程,将实验、实习、实训有机融合,是目前国内面向应用型冶金工程师培养的唯一一个高水平实践教学平台。在该平台上主要完成实习实训环节,同时还可开展大量的学生创新活动、系统工程训练、教师指导下的科研活动以及技术开发;同时还与四川德胜钢铁公司合作建立了省级工程技术中心。

（四）师资队伍

冶金工程专业现有专任教师30人,教师中有教授（教授级高工）6人,副教授（高级工程师）9人、重庆市中青年骨干教师4人,重庆市学术技术带头人后备人选1人,有出国半年以上经历的教师2人。教师中研究生以上学历比例占90%,其中,博士3人,在读博士6人。拥有一支学术水平高、结构合理、德才兼备的师资队伍,其中有5年以上现场工作经历的教师12名,80%以上的教师是"双师型"教师（既是讲师,又是工程师）,为卓越工程师教育计划的实施提供了工程型师资队伍。

（五）社会影响

60年来,本专业坚持突出应用,面向生产第一线培养应用型人才,结合西部地区的矿产资源,立足重庆、扎根西部、辐射全国,培养了大批重实践、扎实肯干的冶金行业高级应用型人才,本、专科、中专毕业生12000多名。本专业毕业的学生得到社会的普遍好评,西南地区钢铁冶金企业的绝大多数领导和技术骨干都毕业于我校冶金专业,培养的毕业生在冶金界有较高的信誉,毕业生需求旺盛,近几年来一次就业率一直保持97%以上。

二、培养目标

培养适应社会和冶金行业发展需要,德、智、体、美全面发展,基础扎实、知识面宽、视野开阔、发展潜力大、创新意识强、工程能力突出、综合素质高,掌握冶金工程基础理论、生产工艺与设备及冶金工程设计方面的专门知识与关键技术,具备分析、解决冶金生产过程中存在的工程问题的能力,从事冶金工程及相关领域的生产、管理及经营、工程设计和技术开发,具有良好沟通和组织协调能力的应用型高级专门人才。

三、培养模式

本科阶段设置工学学士，作为工程学科人才培养和工程师培养共同的基础层次，培养现场工程师。学制四年，学校培养阶段累计约 3 年，在企业的实践培养阶段累计约 1 年。

学校制定"卓越工程师教育培养计划"整体培养方案，鼓励卓越计划学生来源的多样性。参与卓越计划的学生，从冶金与材料工程学院内专业中遴选，做到本科阶段本专业的学生自愿参加（按当年招生总人数的 20% 左右，每年招生的卓越计划班规模为 30 ~ 40 人），组成冶金工程专业卓越工程师教育培养班（简称"卓越计划班"），并按照冶金工程专业卓越计划班人才培养方案（限钢铁冶金方向）进行培养。

四、培养标准的知识能力描述

根据冶金工程领域知识和能力的要求，结合冶金工程需要的工程素质和工程实践能力，工程型工程师必须具备钢铁冶金的基本理论、生产工艺、分析解决冶金生产中的问题以及冶金工程设计方面知识、能力、素养，完成对冶金工程卓越工程师的培养。

（1）具备从事钢铁冶金的基本理论、生产工艺、分析解决冶金生产中的问题以及冶金工程设计的一般性和专门的工程技术知识，了解本专业的发展现状和趋势：

1）掌握与冶金工程相关的自然科学、数学、工程、企业管理知识，并具有创造性地将这些知识应用于冶金工程设计、分析解决生产问题的潜力：

①掌握数学、外语、计算机信息技术及软件使用、文献检索、专业研究方法等知识，了解相关知识的发展现状和趋势。

②掌握文学、历史学、哲学、思想道德、政治学、艺术、法律、社会学、心理学等知识，了解相关知识的发展现状和趋势。

③掌握物理学、化学、物理化学、冶金原理、冶金传输原理、冶金企业设计等知识，了解相关知识的发展现状和趋势。

④掌握工程制图、工程力学、系统工程、金属学与热处理、机械设计、电工电子、环境工程、安全工程等知识，了解相关知识的发展现状和趋势。

⑤掌握管理学、企业管理、项目管理、经济管理、市场分析等知识，了解相关知识的发展现状和趋势。

2）对冶金工程领域的理论和方法有专门的了解和掌握：

①掌握冶金工程政策法规，了解冶金行业政策法规标准的发展现状和趋势。

②掌握冶金工程设计的基本原理、方法，了解冶金企业总图要求。

③掌握冶金工程生产工艺设计的基本原理、方法，了解冶金生产工艺技术的发展现状和趋势。

④掌握冶金企业资源配置的基本原理、方法，了解生产企业资源配置的发展现状和趋势。

⑤掌握冶金工程实际生产中的过程控制及处理问题的基本原理、方法，了解冶金过程控制的发展现状和趋势。

（2）通过深入冶金企业工程实践和学习，了解冶金企业的规划设计、产品结构、生产工艺技术、设备条件、资源配置、冶金生产过程管理的新技术和需求，具有综合运用多学科知识、技术和现代工程工具，分析解决冶金工程领域工程实际应用问题的能力。

1）具有编制冶金生产工艺的能力，得到具体、优化地描述冶金实际生产过程问题的训练。

2）具有制定冶金工程技术标准以及企业技术条件等的能力。

3）具有调查分析冶金企业实际生产状况的能力。可独立完成分析工作，并形成结论和建议。

4）具有运用冶金工程专业知识理论优化相关工艺过程、确定工艺参数以及关键环节、形成方案的能力。

5）具有控制冶金生产过程的能力。运用工艺过程的相关理论方法，可独立且优化完成包括过程的动力及原辅材料消耗等的计算，形成优化成本的方案。

6）具有冶金实验以及数据分析的能力。可运用实验方法和数据处理的理论方法，独立且优化地完成实验设计、操作、结果分析等环节，为产品开发和质量提升提供合理的数据支持。

7）具有应用计算机技术及软件解决冶金工程实际问题的能力，包括计算、计算机辅助设计、信息管理、模拟仿真、在线控制等。

8）具有应对冶金生产异常与处理事故的基本能力。

9）具有较强的创新意识、创造性思维能力，并在编制冶金生产工艺、制定冶金企业产品标准、调查分析冶金企业实际生产、优化实际生产过程、控制生产过程、实验以及数据分析、应用计算机及信息技术解决冶金工程实际问题的过程中得以体现。

10）初步具备工程应用能力。累计完成1年左右的工程实践和学习，达到以上所述综合能力，在冶金企业能够独立完成相关的技术工作。

（3）具备较好的表达能力、交往能力、团队管理和国际化能力：

1）具有较好的文字和语言表达能力：

①具有进行冶金工程项目、工作、工程文件（项目投标书、论证书、任务书、计划书、方案设计书、可行性分析报告等）的编纂、解释、说明的能力。

②具有较好的应用图形、图表方式表达和交流观点、方案的能力。

③具有较好的利用多媒体手段展示思想、观念的能力。

④具有较好的使用冶金工程专业技术语言，运用母语或外语，在跨文化环境下进行沟通与表达的能力，尤其是具有与现场工作人员进行沟通，并能从中汲取企业文化内涵的能力。

2）具有较好的人际交往能力：

①具有个人和社会人际交往的技巧，能够控制自我并了解、理解他人需求和意愿，适应社会与环境，自信、灵活地处理不断变化的人际环境的能力。

②具有冶金领域背景下的国际视野和跨文化环境下与他人交流、竞争与合作的初步能力。

3）具有较好的组织协调、团队合作、团队管理能力：

①具备团队合作精神，特别是冶金工程设计及冶金实际生产工作中的协调、管理、竞争与合作能力，能够在团队中发挥积极作用。

②能够使用合适的管理体系，形成管理计划和预算，组织任务、人力和资源，确保工作进度。

4）具有自主学习能力与获取新知识、追踪本学科发展的能力：

①可以应用各种手段获取资料、信息，跟踪本领域最新技术发展趋势，能够收集、分析、判断、选择国内外相关技术信息。

②为保持和增强职业能力，检查自身的发展需求，制订并实施继续职业发展计划。

③可以适应发展的要求，不断拓展知识、继续学习。

5）具有国际化视野，适应钢铁生产国际化的能力。根据国际化能力培养的要求，通过大学英语、炉外精炼双语课程、冶金专业英语、英语口语强化训练、外教学术讲座、与韩国昌原大学互派交换生和国外聘请冶金专家来院工作等方式推进卓越计划学生的国际化能力培养，适应经济全球化和钢铁生产国际化的需要。

（4）具备良好的思想修养、职业道德，体现对职业、社会、环境的责任：

1）具有较好的政治素养、思想素养、道德品质、法制意识、诚信意识、团体意识。遵守所属岗位的职业行为准则，并在法律和制度的框架下工作。

2）具有较好的文化素养、文学艺术修养、现代意识、人际交往意识。

3）具有较好的专业素养，包括科学素养和管理素养，科学素养包括科学思维方法、科学研究方法、求实创新意识等。管理素养包括管理意识、综合分析与管理决策素养、沟通表达与写作能力、竞争与合作能力。

4）具有良好的质量、安全、服务和环保意识，懂得冶金工程问题对全球环境和社会的影响，自愿承担改善健康、安全、环境质量的责任，遵循以人为本、绿色冶金、服务社会的工作理念。

5）具有较好的身心素养，包括身体素质、心理素质。

五、培养标准的实现矩阵

"培养标准的实现矩阵"是将冶金工程专业的"卓越工程师教育培养计划"培养标准所规定的知识和能力目标落实到相对具体的教学环节上，具体见表1。

表1 培养标准的实现矩阵

培 养 要 求			实 现 途 径
知识要求		工具性知识	数学、外语、计算机信息技术、文献检索、专业外语、专业研究方法等系列课程及实践环节、学术讲座
		人文社会科学知识	文学、历史学、哲学、思想道德、政治理论、艺术、法律基础、心理学等系列课程及实践环节、学术讲座
		自然科学知识	大学物理、大学化学、冶金物理化学基础、冶金原理、冶金传输原理、企业管理等系列课程及实践环节、学术讲座
		工程技术知识	机械制图、工程力学、金属学与热处理、机械设计基础、电工电子、冶金环保与节能、冶金资源与环境等系列课程及实践环节、学术讲座、新技术课程
		经济与管理知识	工程伦理学、企业管理、项目管理、经济管理、市场分析等系列课程及实践环节、学术讲座、新技术课程
		专业知识	铁冶金学、钢冶金学、有色冶金学概论、钢铁厂设计、炼铁原料、炉外精炼、连续铸钢、学术讲座、铁合金冶金学、冶金工艺矿物学、冶金环保与节能、冶金流程工程学、冶金资源与环境、冶金行业法律法规、钢铁冶金典型工程实例、冶金专业综合实验、新技术课程
能力要求	获取知识能力	获取信息能力	文献检索训练
		继续学习能力	在知识传授的系列课程及实践训练、能力培养的途径中获得
	应用知识能力	制定冶金生产工艺的能力	在实际冶金生产、设计和参与解决实际问题的项目中获得训练
		制定冶金工程技术标准的能力	通过冶金行业政策、法规、标准制定的课程设计和参与相关项目活动中获得训练

续表1

培养要求		实 现 途 径
能力要求	应用知识能力	
	调查分析冶金企业实际生产的能力	通过钢铁冶金课程设计、实验、在企业实践和学习中获得训练
	优化实际生产过程的能力	通过钢铁冶金课程设计、专业综合实验、在企业实践和学习中获得训练
	控制生产过程的能力	通过钢铁冶金课程设计、实验、在企业实践和学习中获得训练
	实验以及数据分析的能力	通过钢铁冶金课程设计、专业综合实验、在企业实践和学习中获得训练
	应用计算机信息技术及软件解决冶金工程实际问题的能力	应用计算机及相关软件进行冶金生产实际问题的计算、毕业设计的计算机绘图、模拟仿真计算、网络炼钢等
	工程应用能力	结合工程项目、冶金工艺实训以及实际生产，设定问题，提出方案
	应急处置能力	通过安全管理与事故应急处置课程设计、实验、在企业实践和学习中获得训练
	创新能力	将创新能力训练放在知识传授和知识应用能力训练的整个过程中实现
	表达能力、交往能力和团队管理能力	
	文字和语言表达能力	设置文字和语言表达课程（科技论文写作）、讲座，通过课程设计文本、实验报告、实习报告的写作、展示、讲座、答辩等形式进行训练
	人际交往能力	以团队的形式组织课程设计、实验、实习、社会实践等活动，训练人际交往能力
	组织协调、团队合作、团队管理能力	采取科研团队的形式，变换成员角色，训练组织协调、团队合作、团队管理能力
	国际化能力	大学英语、双语课程、冶金专业英语、外教讲座、英语口语强化、互派交换生
素养要求	思想道德素养	"两课"系列课程及实践训练
	文化素养	人文社会科学系列课程及实践训练
	专业素养	知识要求中的系列课程及能力要求的实践训练中获得
	身心素养	体育系列课程及社会实践

六、培养方案

培养方案的指导思想是树立"面向工业界、面向未来、面向世界"的工程教育理念，以社会需求为导向，以实际工程为背景，以工程技术为主线，着力提高学生的工程意识、工程素质和工程实践能力。

（一）课程设置框架说明

1. 课程设置基本框架

本培养方案以学生工程实践能力的培养为核心，以工程技术为主线，突出提高学生的工程意识、工程素质和工程实践能力的培养，课程设置划分为通识教育、专业教育和综合教育三个层次。通识教育与专业教育以第一课堂为主要形式实施，综合教育以第二课堂为主要形式实施。培养方案重点涉及了包括工程基础课程群、专业平台课程群、冶金工程专业课程群、工程应用类课程、科研训练、企业实践等教育内容，使学生有兴趣、有研究、有实践地学习本专业领域的知识，逐步、系统地提高学生工程实践能力以及创新能力与科学研究能力。其中：

（1）通识教育。按照工程人才培养的要求而设置，并为推进全面素质教育奠定基础，包括公共基础课程及相关的实践教学课程和公共选修课程。专业教育课程包括专业平台课、专业方向限选课、专业方向任选课及其相关的实践教学课程。

在通识教育的公共基础课程中包括有：1）人文社会科学课程，主要有：思想道德修养与法律基础、中国近现代史纲要、马克思主义基本原理、毛泽东思想和中国特色社会主义理论体系概论、形势与政策、军事理论、大学英语、大学英语技能拓展综合实践、企业管理、体育；2）自然科学课程，主要有：高等数学、大学物理、大学物理实验、线性代数、概率论与数理统计、大学计算机基础、计算机语言程序设计以及由人文科学与艺术、社会科学等系列构成的公共选修课程。一方面满足对学生思想品德、身心健康、人文科学与艺术、社会活动能力等各个方面素质培养的要求，另一方面满足工程建设对环境保护、可持续发展方针、政策、法规知识的要求，使学生能正确认识工程对于客观世界和社会的影响，理解工程专业及其服务于社会、职业和环境的责任。既培养冶金工程领域工程人才必备的自然科学、工程技术、经济管理学科基础理论知识与实践能力，又培养学生具有较强的计算机应用能力、良好的中外文沟通、表达与写作能力、获取信息能力，基本工程与科研素养以及良好的国际视野和国际竞争能力。

（2）专业教育。专业平台课中有：大学化学、机械制图、电工电子学基础、

PLC 系统及应用、机械设计基础、工程力学、冶金工程导论、冶金物理化学基础、冶金原理、冶金传输原理、金属学及热处理等课程。专业方向限选课有：铁冶金学、钢冶金学、炼铁原料、钢铁厂设计原理、炉外精炼、连续铸钢；专业方向任选课有：环境保护及资源综合利用、冶金过程检测及自动控制、材料制备及检测、工程伦理学、计算机在冶金中的应用、冶金节能与环保、科技论文写作、冶金新技术、铁合金冶金学、轧制概论、冶金工艺矿物学、冶金实验研究方法、冶金行业法律法规、冶金流程工程学、冶金专业英语、耐火材料、采选概论、有色冶金概论、冶金工程综合研修、钢铁冶金典型工程实例、科技文献检索与利用、钢的品种与质量等课程。

通过这些课程和企业实习实践、毕业设计，使学生深入掌握专业领域的工程理论和应用知识，培养学生该专业方向所必需的工程实践和科学研究能力。培养工程人才具备在冶金学科专业领域中必要的基础知识和能力，建立科学思维方式、研究方法，实现冶金背景下冶金工程专业特色的目的。同时使学生在冶金专业平台教育的基础上，建立冶金系统工程的整体知识框架，了解冶金工程的集成系统知识，形成专业知识复合，逐步形成从冶金工程政策、规划、设计、施工建设、装备制造、安装到实际生产、全程运行管理整个过程的系统性、综合性和创造性的思维品质，以及发现问题、解决问题的能力。

（3）综合教育。共有思想政治教育、科技创新教育、特色文化教育、身心健康教育、职业教育等 5 个模块，分为必修课程和选修课程两类，学生必须修满五个模块中的 14 学分才能毕业。综合教育在第二课堂实施，在人才培养中起着开阔视野、强化能力、提高素质的作用。

主要课程见表 2。

表 2　主要课程设置一览表

教育层次	课程类别	主 要 课 程
通识教育	人文社会科学及相关实践课程	思想道德修养与法律基础、中国近现代史纲要、马克思主义基本原理、毛泽东思想和中国特色社会主义理论体系概论、形势与政策、大学英语、体育、企业管理、军事理论、军政训练、大学英语技能拓展综合实践
	自然科学基础课程	高等数学、大学物理、大学物理实验、线性代数、概率论与数理统计、大学计算机基础、计算机语言程序设计等
	公共选修课程	文管类公选课程、艺术类限选课程
专业教育	专业平台课程	大学化学、机械制图、电工电子学基础、PLC 系统及应用、机械设计基础、工程力学、冶金工程导论、冶金物理化学基础、冶金原理、冶金传输原理、金属学及热处理
	专业限选课程	炼铁原料、铁冶金学、钢冶金学、钢铁厂设计原理、连续铸钢、炉外精炼等

续表2

教育层次	课程类别	主 要 课 程
专业教育	专业任选课程	冶金资源综合利用、冶金工艺矿物学、科技论文写作、铁合金冶金学、钢的品种与质量、冶金流程工程学、计算机在冶金中的应用、冶金专业综合实验、耐火材料、冶金节能与环保、冶金过程检测及自动控制、材料制备及检测、工程伦理学、冶金专业英语、冶金实验研究方法、冶金新技术、冶金行业法律法规、采选概论、有色冶金概论、冶金工程综合研修、钢铁冶金典型工程实例、科技文献检索与利用课程
	工程应用	机械设计基础课程设计、冶金工程设计
	工程实践	认识实习、炼铁生产实习、炼钢生产实习、冶金工艺实训、毕业设计
综合教育 (第二课堂)	思想政治教育	思想政治实践、法纪教育
	科技创新教育	大学生科技创新活动、学术讲座活动、专业技能竞赛、专业资格认证
	特色文化教育	和谐文化教育、中华传统节日文化活动、企业文化教育、艺术活动
	身心健康教育	生理健康教育、心理健康教育、体育活动、安全教育
	职业教育	职业生涯规划、就业指导、创业教育

2. 课程设置说明

（1）学分分布。总学分189学分。理论课程占75.9%，实践课程占24.1%，其中必修课程中通识教育68学分，占总学分比例为36.0%；专业平台课39.5学分，占总学分比例为20.9%；专业必选课17学分，占总学分比例为9.0%；专业任选修课11学分占5.8%；公共选修课8学分占4.2%，培养计划进一步强化了实践能力培养，除校内的实验、课程设计等实践性课程外，还安排了累计约1年的企业（企业及校企联合培养实践基地）实习及工程实践训练，包括认识实习、生产实习、工艺实训和毕业设计。

（2）主要课程设置和要求。构建以培养冶金工程设计、产品开发和生产组织管理能力为出发点的工程师的知识体系、能力结构。重点加强外语、计算机等基本技能课程，工程技术基础课程，冶金工程专业基础课程，冶金工程专业方向课程群等工程应用类课程。其中，特别强化了工程实践类课程的教育。

（3）英语课程。通过大学英语、专业英语、专业课程的双语教学，学生应具有以英语书面和口语顺利进行日常交流和冶金工程技术与学术交流的能力，特别是快速阅读、听力、口头和书面表达能力。学生毕业及获得学士学位必须分别通过相应的英语水平考试。

（4）计算机类课程。在学习大学计算机基础及实践课程的基础上，要求深入学习一门高级语言程序设计课程，掌握程序设计的基本方法和利用计算机解决问题的基本思想；通过后续计算机选修等课程的学习，具有计算机技术应用能力，包括能熟练运用计算机通过程序设计等手段解决冶金工程设计和冶金生产过程模拟等问题的能力以及迅速获取相关计算机新知识的能力。

（5）工程科学基础类课程。通过工程基础类课程的学习，使学生具有综合应用各种科学知识解释工程问题、建立冶金工程数学物理模型并进行求解的基本能力。通过工程与科研训练等课程。使学生从总体上建立工程和工程系统的概念，了解冶金工程系统的构成、冶金工程设计、冶金生产运行、设备维护的一般过程、工程系统对环境和社会可持续发展的影响等，并掌握一般的工程方法。

（6）冶金专业平台课程。通过冶金工程规划与布局、企业生产中的物流运输组织、运输安全基本理论与工程实践课程，实现冶金工程特色教育目的。

（7）冶金专业方向课程群。冶金学科专业方向课程群紧密结合冶金前沿技术与工艺实训实践，如"高炉模拟—工艺实训"、"转炉模拟—工艺实训"、"连铸模拟—工艺实训"等组合实习项目，边讲边实践（现场实习实训时间 14 周）。通过综合性系列课程的学习，使学生建立冶金实际生产过程的整体概念，了解冶金系统的生产、设备运行和管理的基本理论和前沿技术，培养学生在掌握冶金关键技术的同时，具有进行冶金工程系统规划、设计和管理的能力。

（8）工程应用类课程。在综合掌握冶金工程系统理论的基础上，熟练掌握冶金生产过程的关键技术，具有进行冶金工程技术设计、施工图设计、生产过程控制、技术开发和综合管理的能力。

（9）具备企业工作工程经历教师及主讲课程。按照每一届学生有 6 门专业课，由具备 5 年以上在企业工作的工程经历的教师主讲的要求安排课程，具体见表 3。

表 3　具备条件的教师及专业课程

教师姓名	职称	工程经历	课程名称	备注
高艳宏	讲师/博士	曾在辽宁陵源钢铁公司工作 5 年	铁冶金学/炼铁原料	专职
周书才	副教授/博士	曾在攀钢集团长城特殊钢公司工作 5 年	连铸铸钢	专职
王令福	高工	曾在重庆钢铁公司工作 10 年	钢铁厂设计原理	专职
夏文堂	教授/博士	曾在河北冶金研究院工作 8 年	有色冶金概论/冶金工程导论	专职
任正德	副教授	曾在重庆钢铁研究所工作多年	钢冶金学/炉外精炼	专职
石永敏	讲师/博士	曾在辽宁北台钢铁公司炼铁厂工作 5 年	钢铁厂设计原理	专职
吕俊杰	教授	曾在中冶赛迪工程技术股份有限公司和五九研究所工作	铁合金冶金学/钢铁厂设计原理	专职

（二）实践类课程

按梯级能力培养构建实践教学环节：

（1）基本动手能力的培养：大学化学实验、大学物理实验、冶金物理化学基础实验、冶金原理实验、冶金传输原理实验、专业综合实验等。

（2）基本实践能力的训练：机械设计基础课程设计、大学计算机基础实践、大学英语实践、工程技能训练、冶金工程设计、社会实践等。

（3）专业实践能力的强化：认识实习、炼铁生产实习、炼钢生产实习、冶金工艺实训。

（4）综合应用能力的提高：毕业设计（论文）。

实践教学体系包括多种形式，总体上分为第一课堂的实践教学和第二课堂的实践训练，占总学分的比例不少于30%。

第一课堂的实践教学分为课程设计、实验、实习和毕业设计四大类。与理论课程相结合的实践教学有课程设计、实验环节、企业实践和学习环节；独立的实践教学有综合设计、综合实验、在企业的认知学习和生产实践学习、毕业设计等。在校内进行的实验，充分利用校内基础实验室和专业实验室完成；企业实践，累计达到1年。

第二课堂的实践训练包括书面写作训练、口头表达训练、科研训练、大学生创新性计划项目、学科竞赛、社会实践等。

通过实践类课程的训练，加强学生了解工程实际、综合运用多学科知识、各种技术和现代工具，通过实验、分析、计算等手段解决实际工程问题的能力。

实践体系的基本内容见表4。

表4　实践体系的基本内容

项　目			周　数	地　点
第一课堂的实践教学	与理论课程相结合的实践教学	实验环节	按课程教学大纲安排	实验中心
		课程设计	1	校企共建综合实践平台
		工程技能训练	3	工训中心
	独立的实践教学	冶金专业综合实验	2	校企共建综合实践平台
		认识实习	2	冶金企业
		冶金生产实习与冶金工艺实训	9	冶金企业

续表4

项　目		周　数	地　点
第一课堂的实践教学	独立的实践教学 冶金工程设计	3	冶金企业
	独立的实践教学 毕业设计（论文）	18	冶金企业
第二课堂的实践训练	书面写作训练	2	校内、冶金企业
	口头表达训练	2	校内、冶金企业
	科研训练	2	校内、冶金企业
	学科竞赛	灵活安排	校内
	社会实践	2	校外

七、课程体系和教学内容的改革

（一）指导思想

从提高冶金工程专业人才培养质量，实现专业培养标准的角度，在坚持人文精神与科学精神融合，通识教育与专业教育整合，个性培养与社会责任并重的同时，进一步强调学生能力和素质的培养，充分发挥课程教学在卓越工程师培养中的重要作用。

（二）总体思路

以社会对现代冶金工程专业人才的需求为导向，以实际的冶金工程环境为背景，以工程技术为主线，强调对学生工程实践能力、工程设计能力与工程创新能力的培养，培养本专业应用型、高素质、满足未来需要的从事冶金生产技术开发与组织管理、设备维护、运行的优秀工程技术人才。

（三）改革重点

1. 大力改革、整合和优化课程体系

将原物理化学结合冶金专业的应用新开设为"冶金物理化学基础"，既讲原来的物理化学的基本理论，更加注重在冶金生产上的应用。专业课程按钢铁生产工艺流程设系列课程，将原来的任选课"连续铸钢"设置为专业必修课程，新增加"PLC系统及应用"使之更加与钢铁生产实际相吻合。

2. 重视和加强实践教学和企业学习环节

在课程体系的安排上，按照"理论—实践—再理论—再实践"的教学规律，在"铁冶金学"课程结束后安排"炼铁生产实习"，再上"钢冶金学"，课程结束后又进行"炼钢生产实习";实现了从理论到实践,再到理论,又再到实践的循环;部分专业课程(铁冶金学和钢冶金学)留出 4~6 学时和专业课程(钢铁厂设计原理)聘请现场工程技术人员来结合现场生产实际进行讲授,突出工程实践应用,强化与现场实景的结合。

3. 在专业平台上精心设计教学内容

与重庆钢铁股份公司共建,专项投入 750 万元建成了国内一流的,具有较高水平的冶金技术与装备综合实践教学平台,在该平台上开展专业综合实验与实习实训,加强学生实践动手能力的培养。

4. 构建与国际接轨的课程体系

从冶金生产国际化要求,钢铁生产从采矿到成材一条线,课程体系的设置有采选概论、炼铁原料、铁冶金学、钢冶金学、炉外精炼、连续铸钢、轧制概论系列课程。按学科设课,改变过去因人设课的做法。根据国际工程教育发展的趋势,开设工程伦理学、冶金工程综合研修、网络炼钢等课程或实践环节。

5. 校企合作开发课程和进行教材建设

结合重钢环保搬迁,打造 1000 亿新重钢战略,冶金工程专业人才培养要凸显为地方经济发展服务的能力,人才的培养必须为区域经济更加紧密结合,在教学过程中,已与重庆钢铁集团公司、中冶赛迪工程技术股份有限公司签订协议,共同在《冶金工程实习实训教程》、《冶金工程设计教程》等合作开展教材建设,并已正式列入冶金工业出版社的冶金行业"十二五"教材建设规划。

6. 重视毕业设计(论文)环节

校企联合开展毕业设计,选自来自现场的工程设计题目,参与企业技改和新建项目的设计,开展真刀真枪的毕业设计(论文),聘请现场有丰富工程实践经验的高级工程师担任指导教师,与学校的指导教师实行"双导师制"共同指导,同时加强毕业答辩工作,重点考查学生应用所学知识解决工程设计问题的能力,通过这些环节着力提高学生的工程实践能力。

八、冶金工程专业卓越工程师人才培养的保障措施

(一)健全组织机构

学校成立以校长严欣平为组长,教学副校长郑航太教授、教务处处长施金良教授为副组长,学校财务处、学生处、人事处及相关学院等部门负责人为成员的学校卓越工程师教育领导小组。学院成立冶金工程专业卓越工程师教育培养计划执行组,项目组成员如下:

组长　朱光俊(冶金与材料工程学院院长)

副组长　符春林（冶金与材料工程学院副院长）、吕俊杰（专业负责人、国家冶金工程特色专业建设点负责人）

成员　杜长坤（冶金与材料工程学院总支书记）、任正德（冶金与材料工程学院副院长）、吴明全（冶金与材料工程学院总支副书记）、杨治立（冶金工程系主任）、万新（冶金工程系副主任）、夏文堂（冶金工程系书记）、张明远（冶金与材料工程实验中心主任）、罗建（重庆钢铁股份有限公司人力资源部部长）、许中平（四川达州钢铁集团公司人力资源部部长）、罗勇（中冶赛迪工程技术股份有限公司组织与人力资源部部长）、刘青川（四川德胜钢铁集团有限公司人力资源总监）

落实成员分工，明确责任：朱光俊：项目协调；符春林：日常教学运行管理；吕俊杰：项目建设负责人；杜长坤：校外实践基地建设与协调；任正德：大学生科技创新工作；吴明全：大学生思想政治教育与日常管理，导师制的实施；杨治立：卓越实验班人才培养方案的制订与应用型人才培养模式改革；万新：产学研合作育人及实践平台建设；夏文堂：有色冶金方向的课程和实践教学改革与实施；张明远：校内实践教学基地、平台的运行与管理。

企业领导和人力资源管理部门负责人负责协调落实企业实践教学计划、安排住宿、提供学习条件和选派落实实践教学人员，企业工程技术人员负责学生在企业的岗位实习指导、课程设计指导、毕业设计指导；大学生在各企业实践和学生毕业设计（论文）工作的具体落实和协调见企业培养方案。

（二）加强实践能力培养平台建设

包括校内外两大平台建设：

（1）完善校内基础工程能力与创新能力培养平台（基础实验—专业实验—综合设计—创新创业训练）。

（2）校外实践培养平台与体系（社会考察—专业实习—工程设计—岗位体验—顶岗实习）。

形成综合实验基地—科研创新平台—学科性公司（创业实战）—企业实践（实习、挂职、设计）四位一体的工程人才培养网络和实践体系，通过实践平台的实习、工艺实训来提高学生的工程实践能力。

（三）着力加强工程教育师资队伍建设

（1）选派既具有扎实的专业理论知识，又具有工程经历教师担任课程和指导教师。

（2）有计划地分批选送35岁以下的本专业教师到国内企业实习挂职半年以上，年轻教师现场实践经历累计达不到一年以上不能晋升高一级专业技术职务。

（3）从企业优先引进具有工程实践经验的高学历人才到学校任教。

（4）提高承担卓越工程师培养计划教学任务的课时标准，制定并细化考核工作量的倾斜政策；在职务聘任、考核和教师出国进修学习方面出台具体的可操作性规定予以落实。

（四）建立学校和企业联合培养机制

邀请企业工程技术人员参加，与他们共同制订冶金工程专业卓越工程师教育的培养目标，细化人才培养的规格和要求；共同建设课程体系和改革教学内容，在专业课程、实践环节等共同商定教学内容、指导方法、考核方式、标准；共同实施卓越计划班的人才培养过程，企业派工程技术人员参与人才培养（高级工程师担任部分专业课和开展专题讲座，工程师参与实习指导），联合指导实习、联合指导毕业设计；定期研讨卓越工程师人才的评价体系与评价方法，共同评价培养质量。从企业选配的教师数量满足每届卓越计划班30～40人学生的指导要求，详见企业培养方案企业兼职教师队伍一览表。

为了保证过程的实施，与冶金企业（重庆钢铁股份有限公司、四川达州钢铁集团有限责任公司、四川德胜钢铁集团有限责任公司、四川三洲核能公司）签订实施卓越工程师教育培养协议（具体内容见附件），协议内容包括：（1）联合培养的宗旨、互利互惠的原则；（2）合作方各自的职责与义务；（3）共同完成的课程与实践环节；（4）学生学习期间全程指导与管理考核方式；（5）企业实习期间的待遇与管理；（6）企业教师的考核与聘请条件及待遇。

（五）经费保障

学校出台正式文件决定为卓越工程师教育计划的实施提供专项资金，每个专业每年30万元，继续对冶金工程国家特色专业建设点每年拨款20万元；继续对重庆市冶金工艺类专业应用型本科人才培养模式创新实验区每年拨款5万元用于支持冶金工程专业的建设与改革。同时对冶金工程专业的教学改革、课程建设、教材建设、师资培训、校企联合培养、交换生选派（国际化培养）增加投入和政策支持。

"卓越工程师培养计划"
冶金工程专业本科企业培养方案

一、企业培养目标

企业学习是本专业本科生培养中不可或缺的重要教学环节。通过企业学习培养学生的动手能力以及理论与实践相结合的能力，使学生熟悉冶金企业的总图及各厂的组成，掌握钢铁冶金的工艺和加工方法，熟悉各种冶金主要设备的结构类型和构造、主要技术经济指标、操作管理规程等；培养学生初步掌握钢铁冶金的主体岗位生产操作技能；学习冶金企业生产组织和全面质量管理知识；训练学生观察、分析及解决实际问题的能力；培养与企业良好的沟通能力及协作能力，为毕业后进入企业工作打下良好基础，并在实践过程中完成有关设计及教学任务。

二、企业培养标准

企业培养标准如下：

（1）具有选用适当的理论和实践方法解决冶金生产中的实际问题的能力，以及进行科学研究，开发新技术、新工艺、新材料的初步能力。

1）了解市场、用户的需求变化以及技术发展，能够编制适合冶金实际生产过程的策划和改进方案。

2）能够参与冶金生产过程解决方案的改进、设计，考虑到冶金生产的投资成本、工艺适用性、安全性、可靠性、冶金产品质量以及对环境的影响，找出、评估和选择完成冶金生产任务的技术、工艺和方法，确定解决方案。

3）能参与制订实施计划。

4）能实施解决方案，完成冶金生产任务，并参与相关评价。

5）能参与改进建议的提出，并主动从结果反馈中学习。

6）具有较强的创新意识，具有进行冶金生产工艺的设计开发、技术改造与创造的初步能力。

（2）参与项目及工程管理。

1）具有一定的质量、环境、职业健康安全和法律意识，在法律法规定的范畴内，按确定的相关标准和程序要求开展工作。

2）使用合适的管理方法、管理计划和预算，组织任务、人力和资源。

3）具备应对危机与突发事件的初步能力，能够发现质量标准、程序和预算的变化，并采取恰当的行动。

4）参与管理、协调工作团队，确保工作进度。

5）参与评估项目，提出改进措施。

（3）有效的沟通与交流能力。

1）能够使用技术语言，在跨文化环境下进行沟通与表达。

2）能够进行冶金工程行业文件的编纂，如：可行性分析报告、项目任务书、投标书等，并可进行说明、阐释。

3）具备较强的人际交往能力，能够控制自我并了解、理解他人需求和意愿。

4）具备较强的适应能力，能自信、灵活地处理新的和不断变化的人际环境和工作环境。

5）能够跟踪本领域最新技术发展趋势，具备收集、分析、判断、选择国内外相关技术信息的能力。

6）具有团队合作精神，并具有一定的协调、管理、竞争与合作的能力。

（4）具备良好的职业道德，体现对职业、社会、环境的责任。

1）掌握一定的职业健康安全和环境的法律法规及标准知识，恪守职业道德规范和所属职业体系的职业行为准则。

2）具有良好的质量、安全、服务和环保意识，能承担有关健康、安全、福利等事务的责任。

3）具有检查自身的发展需求、制定并实施自身职业发展计划的能力。

三、企业培养计划

企业学习采取校企联合指导的方式，学习时间累计约 1 年。培养方案学校与企业联合研讨确定，由校企双方共同组成的联合培养机构共同实施。企业学习阶段主要包括的学习环节有课程学习、企业认识实习、企业的生产实践学习，在这些学习过程中，将一些课程的学习也穿插进行。

（一）专业课程学习

对一些与实际结合紧密地课程，如铁冶金学、钢冶金学、钢铁厂设计原理等课程，通过在学校学习基本理论，到企业聘请相关的企业工程技术人员进行现场的教学和指导，使学生能够对所学知识融会贯通。具体安排见表 1。

表1　专业课程安排

序号	理论课程名称/总学时	现场教学学时	企业名称	拟聘企业任课教师
1	铁冶金学/56	4	重庆钢铁股份公司	王永贵、赵四清
2	钢冶金学/56	6	重庆钢铁股份公司	张其新、胡刚
3	钢铁厂设计原理/48	聘请企业技术人员承担	中冶赛迪工程技术股份有限公司	邹忠平、阮晓丰

（二）认识实习

认识实习是学生在学习专业基础课和专业课之前的现场感知学习，通过学习使学生初步了解钢铁冶金企业的总图运输及各冶金分厂的组成，原料准备、炼铁、炼钢的生产流程、工艺、所用设备及技术经济指标等，增强学生对专业的感性认识，为后续专业课的顺利学习打下基础。实习以现场参观及教学为主。实习内容主要由具有工程师资格的现场人员指导完成，学校教师进行必要的协助和教学。

（三）生产实习及工艺实训

生产实习在学生学完有关专业基础课和部分专业课后进行。其目的是使学生熟悉冶金企业的总图、运输、各厂的组成、作用和联系；培养学生初步掌握钢铁冶金等主体岗位的生产操作技能；学习冶金企业生产组织和全面质量管理知识；通过适量的生产劳动和生产实践，加深理论与实践相结合的能力，培养学生热爱劳动的观念；培养学生分析和解决生产实际问题的能力；在进一步巩固和加深对所学理论知识的理解的同时，为后续专业课程的教学奠定坚实的实践基础。学习以现场轮岗为主，辅以必要的实践教学。学习内容主要由具有工程师资格以上的现场人员指导完成，学校教师进行必要的协助和教学。拟聘请参与现场实习、实训指导的教师见表2。

表2　企业实习、实训指导教师及指导内容

实习、实训环节名称	实习、实训兼职教师	兼职教师工作单位	专业技术职务	指导内容
炼铁生产实习	王永贵	重庆钢铁股份有限公司炼铁厂	高工	炼铁岗位
炼铁生产实习	钱正华	重庆钢铁股份有限公司炼铁厂	工程师	炼铁岗位
炼铁生产实习	赵四清	重庆钢铁股份有限公司炼铁厂	工程师	炼铁岗位
炼铁生产实习	李翔时	四川达州钢铁集团公司炼铁厂	高工	炼铁岗位

实习、实训 环节名称	实习、实训 兼职教师	兼职教师工作单位	专业技 术职务	指导内容
炼铁生产实习	李学文	四川达州钢铁集团公司炼铁厂	高工	炼铁岗位
炼铁生产实习	严礼祥	四川达州钢铁集团公司炼铁厂	工程师	炼铁岗位
炼钢生产实习	张其新	重庆钢铁股份有限公司炼钢厂	高工	炼钢岗位
炼钢生产实习	胡　兵	重庆钢铁股份有限公司炼钢厂	高工	炼钢岗位
炼钢生产实习	高祝兵	重庆钢铁股份有限公司炼钢厂	工程师	炉外精炼岗位
炼钢生产实习	袁广英	重庆钢铁股份有限公司炼钢厂	工程师	连铸岗位
炼钢生产实习	邱达全	四川达州钢铁集团公司炼钢厂	高工	炼钢岗位
炼钢生产实习	郭亨平	四川德胜钢铁集团公司炼钢厂	高工	炼钢岗位
炼钢生产实习	尹　文	四川德胜钢铁集团公司炼钢厂	工程师	炼钢岗位
炼钢生产实习	陈　濯	四川三洲核能公司电炉钢厂	工程师	炼钢岗位
冶金工艺实训	谢　超	四川德胜钢铁集团公司炼钢厂	高工	炼铁工艺实训
冶金工艺实训	周远华	重庆钢铁股份有限公司	教授级高工	炼钢工艺实训
冶金工艺实训	陈　勇	四川三洲核能公司电炉钢厂	高工	炼钢工艺实训

（四）冶金工程设计

根据现场实际问题，结合认识实习及生产实践学习的收获及存在的问题，制定冶金工程设计内容，由具有高级工程师资格的现场人员和学校专业教师指导完成。

（五）毕业设计（论文）

毕业设计是考核学生综合运用所学专业知识及基础知识进行综合设计的能力的实践教学环节，毕业设计题目和内容选择现场实际问题，由具有高级工程师资格的现场人员和学校专业教师指导完成。

四、企业培养内容

（一）了解企业文化

了解培养企业的文化背景，发展状况、产品结构、社会影响，该企业的总图布置及车间组成、工艺布置、产品大纲、生产工艺流程和生产设备，特别是典型产品的生产工艺。学习实践单位的技术文件，包括相关的工艺操作规程、设计图纸和企业的技术条件等。

（二）钢铁冶金岗位培养

1. 炼铁

（1）炼铁原料的加工处理。铁矿石破碎、筛分、混匀的方法及设备，筛分流程；铁矿石焙烧工艺和设备；铁矿石选矿指标、方法、处理工艺和流程。

（2）烧结与球团车间。配料计算及热平衡计算；配料工艺及设备；混料工艺及设备；烧结、球团工艺及设备；除尘、污水处理工艺及设备；烧结矿、球团矿的质量检验。

（3）高炉冶炼系统。高炉操作制度、炼铁工艺流程；高炉本体结构；炉顶装料系统，炉后供料系统，送风系统，喷吹燃料设备，煤气除尘系统，渣、铁处理系统，风口平台与出铁场；炉前机械设备；铁水处理设备。

2. 炼钢

（1）转炉炼钢：

1）转炉设备。转炉炉体的结构形式、内衬的结构；耳轴和托圈的作用以及与转炉连接的方式；倾动机构的作用、组成以及对倾动机构的要求等。供氧系统的组成以及在转炉炼钢中的作用；氧枪的结构形式以及氧枪的更换方式等。金属料和散装料的输送系统。转炉废气的处理及处理产物的利用。

2）转炉炼钢工艺。转炉炼钢的吹炼过程以及在吹炼过程中元素的行为；转炉炼钢的物料平衡以及热平衡计算；转炉炼钢的装入制度、供氧制度、造渣制度、温度控制、终点控制、脱氧及出钢、合金化等；生产的组织调度以及吹炼过程的自动控制过程；相关经济技术指标。转炉炼钢的实践知识，如钢水温度、碳含量的经验判断法、炉况异常的处理方法。

（2）电弧炉炼钢：

1）电弧炉炼钢设备。电弧炉的炉体结构、电极夹持器、（导电）横臂以及电极升降装置、炉体倾动机构、炉顶加料系统等。电弧炉炉用变压器的功率特性、电弧炉的控制系统等。辅助设备，如水冷挂渣炉壁、炉门冷却水框等；渣车和出钢平车以及渣罐和钢包的配置等；电弧炉的液压系统、水冷系统和辅助热源的供应系统等。

2）电弧炉炼钢工艺。电弧炉炼钢的配料工艺、配电制度、造渣制度，合金化操作以及出钢等；不同钢水条件下的合金收得率及合金用量的计算等；炉况异常的处理方法以及根据渣况及其他经验判断钢水的温度、碳和磷的含量等；电弧炉内衬和炉盖的砌筑工艺；生产组织；国内外钢铁企业的电弧炉炼钢新技术等。

（3）连续铸钢：

1）连铸设备。浇注设备；成型及冷却设备；拉坯矫直设备；切坯设备；出坯精整设备；循环水、风、电的动力设备；烘烤装置；润滑、吹氩、保护渣的添加装置以及起重设备等。

2）连铸工艺。连铸准备、浇注温度及拉坯速度确定、二冷水制度、保护浇铸、连铸的生产计划和调度工作；连铸工艺参数与连铸坯质量控制的关系；国内外的连铸新技术等。

（4）炉外处理。炉外处理的种类及其作用；不同炉外处理方法的设备特点、基本功能、操作工艺；炉外处理与炼钢、连铸的合理匹配和车间的工艺布置；典型钢种的质量要求，采用的炉外处理方法和生产工艺；使用的原、辅材料的作用与要求；炉外处理自动化的作用及内容概要。

（三）企业培养所参与的企业及时间安排

企业培养具体内容及时间安排见表3。

表3　企业学习所参与的企业及时间安排

分类		学习内容	依托基地	认识实习（2周）	生产实习实训（9周）	冶金工程设计（3周）	毕业设计（18周）
钢铁冶金	炼铁	实践单位的基本情况；炼铁原料的加工处理；烧结与球团工艺；高炉冶炼系统及工艺流程	重庆钢铁股份有限公司、四川德胜钢铁集团公司、四川达州钢铁集团公司、中冶赛迪工程技术股份有限公司、四川三洲核能公司	0.5周	3周	3周	18周
	炼钢	转炉及电弧炉炼钢的设备及工艺制度；吹炼过程中元素的行为；物料平衡及热平衡计算；生产的组织调度；相关经济技术指标。钢水温度、碳含量的经验判断法、炉况异常的处理方法等		0.5周	3周	3周	
	连铸	连铸设备及工艺制度；连铸新技术等		0.5周	2周	3周	
	炉外处理	铁水预处理的设备及工艺；不同炉外精炼方法的设备特点、基本功能、操作工艺等		0.5周	1周	3周	

注：冶金工程设计在炼铁、炼钢、连铸、炉外处理四个冶金工序中，学生仅选择其一做3周的单元设计。

（四）企业培养阶段对企业教师的要求

担任卓越工程师教育计划的企业教师应该具有丰富的工程实践经验，较高的学术水平，一定的专业影响；担任课程教学和毕业设计指导的教师应该是工龄15年以上的高级工程师；担任现场实习指导的教师应该具有较丰富工程实践经验，至少是有8年以上现场工作经历的工程师或高级工程师，同时现场教师的数量能够与去该企业实践的学生人数相匹配，每名指导教师参与联合毕业设计指导的人数不超过4人。主要指导教师见表4。

表4　主要指导教师

姓名	工作单位	专业技术职务	从事相关专业及岗位	承担的工作
周远华	重庆钢铁股份有限公司技术中心	教授级高工	钢铁冶金/钢铁产品质量控制	实习实训
王永贵	重庆钢铁股份有限公司炼铁厂	高工	钢铁冶金/炼铁	专业课程教学、实习指导、设计指导
赵四清	重庆钢铁股份有限公司炼铁厂	工程师	钢铁冶金/炼铁	实习指导
马利	重庆钢铁股份有限公司炼铁厂	工程师	钢铁冶金/炼铁	实习指导
张奇新	重庆钢铁股份有限公司炼钢厂	高工	钢铁冶金/转炉炼钢	专业课程教学、实习、毕业设计
胡兵	重庆钢铁股份有限公司炼钢厂	高工	钢铁冶金/转炉炼钢	实习指导、毕业设计
高祝兵	重庆钢铁股份有限公司炼钢厂	工程师	钢铁冶金/炉外精炼	实习指导
袁广英	重庆钢铁股份有限公司炼钢厂	工程师	钢铁冶金/连铸	实习指导
谢超	四川德胜钢铁集团公司炼钢厂	高工	钢铁冶金/炼钢	实习指导、毕业设计
郭亨平	四川德胜钢铁集团公司炼钢厂	高工	钢铁冶金/炼钢	实习指导、毕业设计
尹文	四川德胜钢铁集团公司炼钢厂	工程师	钢铁冶金/炼钢	实习指导
刘青川	四川德胜钢铁集团公司炼铁厂	高工	钢铁冶金/炼铁原料	专业课程教学、实习、毕业设计
毛小兵	四川德胜钢铁集团公司炼铁厂	高工	钢铁冶金/炼铁	实习、毕业设计

姓名	工 作 单 位	专业技术职务	从事相关专业及岗位	承担的工作
邱达全	四川达州钢铁集团公司炼钢厂	高工	钢铁冶金/转炉炼钢	专业课程教学、实习、毕业设计
李翔时	四川达州钢铁集团公司炼铁厂	高工	钢铁冶金/炼铁	专业课程教学、实习、毕业设计
严礼祥	四川达州钢铁集团公司炼铁厂	工程师	钢铁冶金/炼铁	实习指导
陈　勇	四川三洲核能公司电炉钢厂	高工	钢铁冶金/炼钢	实习指导、毕业设计
陈　濯	四川三洲核能公司电炉钢厂	工程师	钢铁冶金/炼钢	实习指导
邹忠平	中冶赛迪工程技术股份有限公司	教授级高工	钢铁冶金/炼铁设计	专业课程教学、毕业设计
阮晓丰	中冶赛迪工程技术股份有限公司	教授级高工	钢铁冶金/炼钢设计	专业课程教学、毕业设计
余维江	中冶赛迪工程技术股份有限公司	教授级高工	钢铁冶金/钢铁厂总图设计	专业课程教学、毕业设计

（五）企业学习阶段的工程实践条件

企业学习阶段所参与的企业，均具有较先进的生产技术条件，行业中规模较大，经营管理规范；能够满足学生在学习过程中接触先进的生产工艺、技术和设备条件；参与企业的技术力量均较强，拥有很多既有丰富的理论知识，又有丰富生产实践经验的技术人员，能够满足学生在企业学习过程中的理论和实践指导条件；这些企业与学校具有多年的合作基础，关系密切，企业领导重视，能够实现校企合作的无缝联结。

五、企业学习阶段对学生的基本要求

（1）学生必须按照学习大纲要求，全面了解学习单位，掌握主要产品的工艺、产品质量和设备情况，并收集在线生产技术数据。通过轮岗掌握各种工作岗位的工作特点及操作技能，并随时记录与总结所学知识。实习结束时，按时提交相应的实习报告并进行答辩。

（2）学习期间，要服从学校与企业双方指导老师和实习单位有关部门的统一安排。自觉遵守企业各项规章制度，按规定穿戴好劳保用品，劳动中要严格遵守操作规程，注意人身及设备安全。下班后要自觉学习有关资料，不懂的问题相互讨论，并及时向技术员和老师寻求帮助。不允许出现任何影响校企关系的行为。

（3）企业对学生进行安全、保密和知识产权的教育，按在职职工进行管理，购买企业相应保险，为学生实践提供必要的生活和学习条件，并对学生的在企业实践实施进行考评与打分。

六、企业介绍

（一）重庆钢铁股份有限公司

重庆钢铁股份有限公司是一家有着百年历史的大型钢铁联合企业。重钢120年的发展历程，见证了中国民族工业发展的巨变沧桑，传承着中国钢铁工业的血脉。其前身是1890年中国晚清政府创办的汉阳铁厂，1938年3月在抗战的烽火硝烟中，由武汉逆长江而上，西迁内陆重庆。新中国诞生后，"北有鞍钢，南有重钢"的产业布局，充分证明了重钢在国民经济恢复时期的重要地位。重钢轧制出新中国第一根钢轨，铺筑了新中国第一条铁路——成渝铁路在内的全国10多条铁路干线；新中国品种钢和军工钢生产基地在重钢建成；新中国第一台立式方坯连铸机和弧形板坯连铸机在重钢投运；"七五"期间重钢建成了中国第一条中厚钢板控轧控冷示范生产线。重钢向全国20多个省市、100多个单位输送了8000多名领导人和技术骨干，为中国钢铁工业的发展发挥出巨大作用。

重钢公司实行母子公司管理体制，现有子公司28家，其中全资16家，控股12家。现有在岗职工26000余人，资产总额近400亿元，是重庆市属最大国有工业企业。重庆钢铁股份公司分别在香港联交所和上海证交所上市。

重钢以钢铁生产为主业，注重规模与效益的结合，以品牌优势占领大市场，以生产精品钢材产品服务社会为目标，以不断提升产品质量为手段，在注重环境质量和社会效益的同时，发展壮大企业规模。经过多年的打造，"十一五"末形成以4100mm、2700mm、1780mm三条轧机生产线产品为主导，年产钢650万吨的长江上游钢材精品生产基地和中国重要的船舶用钢生产基地。重钢主要产品20g锅炉板和16MnR容器板是国家金牌产品，锅炉压力容器用钢板和船体结构用钢板是"中国名牌产品"，造船板获得英国、德国、美国、韩国等9国船级社认证。

重钢公司以钢铁主业为产业发展轴心，精心培育非钢产业，主辅并重，扩大经济增长板块。非钢重点产业中的环境产业、矿山资源开发和多金属综合利用等，已具备强劲的发展势头。其中环境产业已成为垃圾焚烧发电国家标准制订单位。非钢产业年销售收入，占重钢年销售总收入的30%左右。

"十一五"期间，为统筹城市规划发展和环境质量改善，推进企业可持续发展，启动实施定位为重庆市"十一五"规划发展"一号工程"的重钢环保搬迁改造工程，以此大幅提升工艺技术和管理水平，突出品牌优势，以科技创新和装备大型化推进流程再造，以优利产品雄踞市场，以紧凑化和准连续化的现代冶金流程凸显出在钢铁行业的示范效应；在"十二五"期间，按照重庆市重化工产业规划，坚持持续发展理念，建设特钢精品基地，进一步打造现代物流基地，延伸产业价值链，实现钢铁主业规模与效益的再度跨越，迈进1000亿元级企业。

承担的主要任务是：卓越计划班学生的认识实习、炼铁生产实习、炼钢生产实习与冶金工艺实训、专业课程（铁冶金学和钢冶金学）的现场内容的兼职授课、联合开展专业教材建设，承担部分学生的毕业设计联合指导。

（二）四川德胜集团钢铁有限公司

德胜集团始建于1997年，是一家以黑色金属冶炼及压延加工为主业，集矿产、煤化工、水泥制造、物流仓储、房地产、旅游、国际贸易等多元产业为一体协调发展的大型民营企业集团。

德胜集团是全国民营企业500强之一，先后获得全国就业和社会保障先进民营企业、全国优秀民营科技企业、全国私营企业纳税百强等称号，被四川省政府、云南省政府分别列为重点培育的"百亿工程"优势资源类企业和重点扶持的十大工业企业。

德胜集团所属钢铁和煤炭化工、水泥制造等产业分布在川、滇两省，生产工艺和技术装备达到国内先进水平。集团坚持走节能减排、资源综合利用、发展循环经济的可持续发展道路，以信息化带动工业化，促进集团快速发展。已通过ISO9001质量管理体系、ISO10012测量管理体系、ISO14001环境管理体系和GB/T 28001职业健康安全管理体系认证。主导产品生铁、连铸钢坯、碳结圆钢、混凝土用热轧带肋钢筋、高速线材、冶金焦炭等销往全国各地并出口越南、韩国等国家。"德威"牌系列产品是"四川省名牌"、"云南省名牌"产品。

德胜集团在做精做优钢铁产业的同时，稳步推进发展战略转型，完善产业合理布局，用国际视野的大手笔，大力发展物流、国际贸易、房地产、生态旅游和非物质文化等非钢产业，着力打造新经济增长点。

德胜集团将继续全面贯彻落实科学发展观，秉承"坚强、德仁、负责、高效"的企业精神，按照集团"十二五"发展规划，将集团建设成为在国内国际极具竞争力的大型现代企业集团。

承担的主要任务是：卓越计划班学生的认识实习、炼铁生产实习、转炉炼钢生产实习与冶金工艺实训、承担部分学生的毕业设计联合指导。

（三）四川达州钢铁集团有限责任公司

四川省达州钢铁集团有限责任公司始建于 1958 年，位于襄渝铁路、达成铁路、达万铁路交汇的一级枢纽站达州火车站侧，东邻武汉、南靠重庆、西接成都、北望西安，紧邻达州机场和 210 国道以及达渝高速公路，是国家大型企业，中国制造企业 500 强第 335 名，黑色冶金及压延加工业 72 名，四川省 30 户"迅速做强做大类"大企业大集团之一和首批循环经济试点企业。公司拥有资产总额 42 亿元，占地面积 280 万平方米，经营范围为热轧带肋钢筋、圆钢、线材、螺盘、焦炭以及煤化工产品和工业用氧等冶金产品生产、销售、冶金设计制造、汽车运输等产业。公司拥有煤矿、铁矿、焦化、烧结、炼铁、炼钢、连铸以及 18 架平立交替连续式轧钢生产线和高速线材生产线等行业一流装备水平的生产线。企业每年上交的税收占达州市本级财政收入的 50% 以上，为革命老区的社会稳定和经济建设作出了重大贡献。

承担的主要任务是：卓越计划班学生的认识实习、炼铁生产实习、转炉炼钢生产实习与冶金工艺实训、承担部分学生的毕业设计联合指导。

（四）四川三洲川化机核能设备制造有限公司

四川三洲川化机核能设备制造有限公司位于成都市工业重镇——青白江区，是一家服务于核电、军工、石化等行业的大型骨干企业。主要产品包括核电站主管道、大口径厚壁不锈钢管道（离心铸造、静态铸造、锻制、轧制）、铸件、管配件（弯头、三通、异径管等）、核级压力容器、热交换器、核级锻件等。

公司是较早通过质量体系认证的企业，拥有 ISO9001：2000 质量体系认证及 GJB9001A—2001 认证；拥有国家核安全局颁发的"民用核承压设备制造资格许可证"（成套主管道及预制、核 2 级热交换器、核 3 级压力容器、核级锻件），是国内唯一一家具有成套主管道制造业绩的企业。公司生产、检测设备门类齐全，质量体系与国际接轨，已经成为国内核电站和实验反应堆的合格供应商。

公司是国内核电装备骨干企业中第一家成套完成百万千瓦级核电机组主管道制造的企业，也是四川省重大装备"1+8"工程的骨干企业。"百万千瓦级大型压水堆核电站一回路主管道制造技术"先后获得了国家四部委联合颁发的"九五"国家重点科技攻关计划（重大装备）优秀技术成果奖、四川省科技进步一等奖、2005 年度国家科技进步二等奖，2006 年进入四川省专用设备制造业最佳效益 30 强企业。公司长期与法国法马通公司（阿海珐）、中国核动力研究设计院、上海核工业研究设计院、清华大学、中国中原对外工程公司等国际、国内大型企业集团、科研院所保持着密切的协作关系。与此同时，公司常年聘有外国专家对公司进行技术支持。

公司先后承担了岭澳一期 2 号机组、清华大学高温气冷堆、北京原子能研究院快中子堆、NP 堆及军品等制造任务，提供了大量的主管道、辅助管路系统、独立热交换器、空气热交换器及主换热器等主要单元设备，制造的产品受到业主和军方一致认可和好评。近几年，公司又承担了岭澳核电站二期 3 号、4 号机组、巴基斯坦恰希玛核电站、红沿河核电站等工程全部主管道的制造任务。岭澳二期 3 号机组成套主管道已于 2008 年 2 月正式启运交付岭澳核电站，恰希玛核电站二期工程成套主管道也于 2008 年 8 月正式启运交付巴基斯坦恰希玛核电站。

岭澳二期 3 号机组成套主管道的成功交付标志着国内首套百万千瓦核电站机组成套主管道的成功制造，标志着主管道的制造从原材料到冶炼、锻造、加工及预制实现了真正意义上的完全国产化，这不仅填补了国内空白，也是国内核电装备制造领域内的又一里程碑，结束了我国核电站主管道长期依赖进口的历史。

恰希玛工程的成功交付，标志着主管道制造又上了一个新的台阶，公司不仅能按法国 RCC-M （2000+2002 增补）标准生产，也能按美国 ASME 标准生产出合格的主管道产品，为公司面积国际市场开拓了广阔的前景。

公司生产的甲醇合成塔、20 万吨、30 万吨合成氨一段转化炉、CO_2 再生塔再沸器等产品也赢得了石油化工行业的美誉。

为了满足国内核电行业的飞速发展，目前，公司已进行了全面的技术改造，新建 25 吨 AOD 炉冶炼系统、Co60 探伤室、新型清洁厂房及大型加工设备，形成了年产 4 套百万千瓦核电机主管道的制造能力。

承担的主要任务是：卓越计划班学生的电炉炼钢生产实习与冶金工艺实训、承担部分学生的毕业设计联合指导。

（五）中冶赛迪工程技术股份有限公司

中冶赛迪工程技术股份有限公司（CISDI）是世界 500 强企业中国冶金科工集团有限公司旗下的国有大型科技型企业，是以市场为导向，以设计为龙头，工艺、设备、三电相结合的技术服务和基于核心产品系统集成的钢铁工程技术公司，其主营业务及相关资质由始建于 1949 年的中国综合实力最强之一的钢铁设计院——中冶集团重庆钢铁设计研究总院转入，公司自 2003 年成立以来在全国勘察设计企业营业收入百强排名中一直位列前五强。公司注册资本为 11.43 亿元。

中冶赛迪总部坐落在重庆市主城区中心地带，是重庆市园林式单位。在 2000 余名员工中，拥有国家工程设计大师 2 人，享受国务院政府特殊津贴专家 43 人，高级专业技术人员 700 余人，各类职业资格获得者 500 余人，技术实力雄厚，工作环境和研究开发条件优良。

中冶赛迪为国内外钢铁行业客户提供整体解决方案以及工程咨询、工程设计、工程总承包等技术服务，以总包设计上海宝钢和独立自主设计攀枝花钢铁基地而扬名中外。

中冶赛迪具有承担大型钢铁联合企业的总体设计能力，在工程咨询、全厂规划、原料场、大型高炉、大型转炉/电炉、炉外精炼、板坯连铸机、热轧带钢轧机、宽中厚板轧机、炉卷轧机、可逆式冷轧机、冷连轧机、长材轧机、钢管轧机、板带后处理线、工业炉、自动化系统集成、工业水处理、工民建筑、燃气储柜等方面优势突出，业绩显著。目前正承担着宝钢、攀钢、鞍钢、武钢、太钢、本钢等大型钢铁企业以及巴西、日本、印度、西班牙、美国、俄罗斯、沙特、越南等国外钢厂的多项工程。

中冶赛迪注重技术研发和自主创新，建有国家钢铁冶炼装备系统集成工程技术研究中心、博士后科研工作站，还建有专门的研发中心和中试、制造基地，每年直接投入技术研发的费用占营业收入的4%，掌握大批具有自主知识产权的核心技术，先后有200多项成果获国家及部、省级奖励，获专利授权300余项。

承担的主要任务是：承担卓越计划班学生专业课程（钢铁厂设计原理）的授课、承担部分学生的毕业设计联合指导。

第三章 国家工程实践教育中心

第一节 国家工程实践教育中心及其
在重庆科技学院的实施

一、国家工程实践教育中心的基本情况

为贯彻落实党中央提出的走中国特色新型工业化道路、建设创新型国家、建设人力资源强国等战略部署，贯彻落实《国家中长期教育改革和发展规划纲要（2010~2020年）》提出的创立高校与科研院所、行业、企业联合培养人才的新机制和组织实施卓越工程师教育培养计划（以下简称卓越计划）的要求，教育部于2010年6月正式启动实施了卓越计划，旨在主动服务国家战略要求、主动服务行业企业需求。教育和行业部门联合制订行业专业标准，面向工业界、面向世界、面向未来，培养造就一大批创新能力强、适应经济社会发展需要的高质量各类型工程技术人才。

卓越计划遵循"行业指导、校企合作、分类实施、形式多样"的原则，核心是校企联合培养人才，重点是提升高校学生工程实践能力。工程实践教育中心是开展工程实践能力培养的重要依托，在企业联合建设工程实践教育中心是卓越计划的重大改革举措。高校和企业积极参与卓越计划，共有194所高校和980家企事业单位联合申报了国家级工程实践教育中心。经过有关行业专家论证，2012年6月教育部等23个部门决定批准中国建筑工程总公司等626家企事业单位为首批国家级工程实践教育中心建设单位。

国家级工程实践教育中心主要任务是：校企联合制订工程实践教学目标，校企联合制订工程实践教学方案，校企联合组织实施工程实践教学过程，校企联合评价工程实践教学质量。

国家级工程实践教育中心重点工作：

（1）建立健全组织管理体系。要由企事业单位有关部门领导担任中心主要负责人，由共建高校协助管理。要探索建立可持续发展的管理模式和运行机制，建立工程实践教学运行、学生安全管理、生活保障等有关规章制度。

（2）改革工程实践教育模式。遵循工程的集成与创新特征，以强化工程实

践能力、工程设计能力与工程创新能力为核心，构建工程实践教育新模式。充分利用企事业单位真实的工程环境，组织现场授课，学习新技术新装备，组织实训实习，参与研发工作，以企业问题做毕业设计，以工程环境和企业文化育人等。

（3）建设专兼结合指导教师队伍。应由高校教师和企事业单位的专业技术人员、管理人员共同组成中心的指导教师队伍。要采取有效措施，调动指导教师的积极性。要开展指导教师培训，不断提高指导教师队伍的整体水平。

（4）建立开放共享机制。除承担共建高校的学生校外实践教育任务外，中心还应向其他高校开放，根据企业接纳能力接收其他高校的学生进入中心学习。要主动发布实践教学内容、可容纳学生数量等有关信息，做好服务工作。

（5）保护企事业单位和大学生的合法权益。高校组织学生进入国家级工程实践教育中心学习之前，要由高校、企业、学生三方签订联合培养协议，规定学生在中心学习期间三方的责任与义务。中心应加强对实践学生的安全、保密、知识产权保护等教育，做好相关的管理工作。要提供充分的安全保护与劳动保护设备，保护大学生的身体健康与安全。

二、国家工程实践教育中心在重庆科技学院的实施

2010 年 12 月，重庆科技学院按照教育部高教司的要求在实施国家卓越工程师教育计划试点的石油工程专业、冶金工程专业分别联合中国石油集团川庆钻探工程有限公司川东钻探公司、中国石油西南油气田分公司重庆气矿、重庆钢铁股份有限公司三家企业共建申报国家工程实践教育中心，2012 年 6 月 7 日教育部联合 23 部委发文教高〔2012〕8 号决定批准了含重庆钢铁股份有限公司在内的 626 家企事业单位为首批国家级工程实践教育中心建设单位。

2012 年 12 月 28 日，重庆科技学院在多次与重庆钢铁股份公司商讨国家工程实践教育中心建设方案的基础上，在重庆钢铁股份公司长寿新区举行了国家工程实践教育中心的揭牌仪式。

第二节　重庆钢铁股份有限公司
国家工程实践教育中心

现以重庆钢铁股份有限公司国家工程实践教育中心为例，将国家级工程实践教育中心建设方案介绍如下。

国家级工程实践教育中心建设方案

教育中心名称　　国家级工程实践教育中心

申　报　单　位　　重庆钢铁股份有限公司

共　建　高　校　　重庆科技学院

中　心　负　责　人　　邓　强

中　心　联　系　人　　吕俊杰

联　系　电　话　　13108909895

传　　　　真　　023-65023706

电　子　邮　件　　ljj630707@163.com

通　信　地　址　　重庆科技学院冶金与材料工程学院

邮　政　编　码　　401331

填　报　时　间　　2010 年 12 月

为了实施好教育部提出的卓越工程师教育培养计划，贯彻落实《教育部等部门关于建设国家级工程实践教育中心的通知》（教高〔2012〕8号）文件精神，结合重庆钢铁股份公司与重庆科技学院的实际，特制定重庆科技学院重钢工程实践教育中心建设实施方案。

一、指导思想

贯彻落实教育部卓越工程师培养计划及有关文件精神，借鉴世界先进国家高等工程教育的成功经验，借助学校的产学研联盟和合作单位的优势资源，以冶金工程国家级特色专业建设点和重庆市冶金工程实验教学中心为依托，改革工程实践教育模式，跟踪现代工程技术领域不断出现的新技术、新方法，积极探索和构建符合高素质人才成长要求的教学体系，结合重庆钢铁集团公司的企业文化、行业特色，探索创建重钢集团与我校的联合培养人才的新机制，加强工程实践教育，培养造就冶金行业需要的高素质工程技术人才。

二、建设原则

在工程实践教育中心的建设过程中，按照"一个核心，两条主线，三大机制，四个层次"进行建设。

一个核心——工程实践教育中心平台建设、教学改革、管理机制等各项工作都围绕着紧密结合冶金行业和西部地区人才需求的学生能力培养为核心，精心培养应用型高素质"卓越工程师"人才。

两条主线——以两条主线支撑"四个层次"的实验与工程实践教学体系。一条主线是密切结合实际工业生产过程与实际工程项目，以"中心"为主，承担从工程认知、工程基础训练、工程综合训练到综合创新的任务。第二条主线是紧密结合各教学院系的基础与专业实验教学，建好辐射面广的跨专业综合实验与研究性创新性实验的实验教学体系，即"通过跨专业的综合实验和创新实验教学，培养学生工程实践能力和创新能力"。

三大机制——通过与重钢集团公司共同的研究与实践，建立"资源共享，协议约定，互利共赢"的运行机制、"产权明晰，共建共管；资源优化，特色鲜明"的资产管理机制、"人才互聘、学术交流，联合攻关；专业对接，成果共享，技术共用"的科研合作机制。

四个层次——工程实践教育中心的培养方案将遵行"顶层设计，分层实施，基础扎实，综合创新"的原则，通过改革，实现"层次化与模块化"的教学体系，保证课程的链状性、延展性、灵活性和模块化特点，将课程体系划分为四个层次：工程认知层、技能训练层、综合应用层和创新研究层。让学生完成从理论设计、仿真模拟、冶炼、轧钢、检测的全过程，得到钢铁产品及系统开发的全面锻炼。

三、组织机构

重钢集团国家级工程实践教育中心是重庆科技学院联合重钢共同组建的面向全社会，以实践教学工作为主的实践平台，采取的是企业与高校联合管理运行模式，实行中心主任负责制。

（一）领导小组

组长：邓强（重庆钢铁（集团）公司副总经理）、严欣平（重庆科技学院校长）。

副组长：孙毅杰（重庆钢铁股份公司副总经理）、干勤（重庆科技学院副校长）。

成员：鲁德昌（重庆钢铁股份公司炼铁专业副总工程师）、陈文满（重庆钢铁股份公司炼钢专业副总工程师）、罗健（重庆钢铁股份公司人力资源处处长）、朱光俊（重庆科技学院冶金与材料工程学院院长）、杨治明（重庆科技学院教务处副处长）、符春林（重庆科技学院冶金与材料工程学院副院长）、吕俊杰（重庆科技学院冶金工程特色专业负责人）、冉光秀（重庆钢铁股份公司人力资源处培训科长）、杨治立（重庆科技学院冶金系主任）。

领导小组职责是：研究国家工程实践教育中心的经费、场地、管理制度，审定年度工作计划，协调解决国家工程实践中心建设过程中的各种问题。

（二）重庆科技学院重庆钢铁公司工程实践教育中心

挂牌成立重庆科技学院重庆钢铁公司工程实践教育中心，中心下设主任，由重庆钢铁股份公司人力资源处处长担任，负责工程实践教育中心的建设与管理工作。副主任由重庆钢铁股份公司人力资源处分管培训领导与重庆科技学院冶金学院院长担任。中心设置以下机构：

（1）行政办公室。由重钢企业配备办公室主任1人，行政职员2人，协助中心主任、副主任完成各项日常行政管理工作。

（2）工程训练基地办公室。配备办公室主任1人，职员2人。负责工程训练基地的建设规划与具体实施。

（三）重庆科技学院重庆钢铁公司工程实践教育中心教学指导委员会

指导委员会由相关领域专家、学者组成。指导委员会的主要职责是对中心的发展方向、技术路线和技术发展动态提供咨询、建议，做出评价并提出改进意见，参与年度工作、开放课题评审等。指导委员会成员见表1。

表1　教学指导委员会组成人员名单

姓名	性别	职称/学位	专业/研究方向	单　位
周　宏	男	教授级高工/硕士	冶金工程	重钢集团公司
鲁德昌	男	高工/学士	冶金工程	重庆钢铁股份公司
陈文满	男	教授级高工/硕士	冶金工程	重庆钢铁股份公司
熊银成	男	高工/硕士	冶金工程	重钢集团公司
梁　庆	男	高工/硕士	冶金工程	重钢集团公司
朱光俊	女	教授/硕士	冶金工程	重庆科技学院
杨治明	男	副教授/硕士	冶金工程	重庆科技学院
吕俊杰	男	教授/硕士	冶金工程	重庆科技学院
符春林	男	教授/博士	材料学	重庆科技学院
杨治立	男	教授/硕士	冶金工程	重庆科技学院
万　新	男	教授/硕士	冶金工程	重庆科技学院
张明远	男	高工/学士	冶金工程	重庆科技学院
周书才	男	副教授/博士	冶金工程	重庆科技学院

四、建设内容

(一) 工程实践条件建设

重钢集团国家级工程实践教育中心现拥有各类专业技术人员3000余人，各类高层次人才1100余人，各类先进仪器、设备8000多台套，涉及研究领域近20个。

中心将立足冶金行业和西部地区，注重多学科交叉，建设综合型实践教学体系。按照多学科交叉融合思想，合纵连横建设开放平台、构建开放实践教学体系、及时更新实践教学内容，建设多专业综合型实验教学平台和实践教学体系，促进学生创新思维的发散和多向性发展，为学生创造了良好的科研、实验、生产实习环境。

建成冶金生产工艺及设备大型的校外实践教学基地。

1. 冶金生产工艺及设备实践教学基地

在重钢集团公司指导下，并提供部分生产设备和加工工艺基础上，将教师多年科学研究开发的成果结合现代冶金设备生产的新工艺、新技术和新理念，组织师生自主设计完成大型现代钢铁生产综合实践基地，精心设计、完整再现一条新的钢铁生产线，构成一个比较完整的钢铁产品流程制造生产系统。

2. 冶金设备剖析平台

冶金设备剖析平台由冶金工程和材料成型与控制工程（钢铁生产典型设备及专利成果实物剖析）等创新实践实验室构成。精选现代先进典型钢铁冶炼工艺设备、轧钢设备、控制仪表及拆装工具，供学生拆装和测绘，通过亲自动手，掌握炉子构造、设备特点、钢材轧制加工等基础知识，了解冶金炉型、轧机性能、钢材产品等创新演变过程和冶金发展史，培养分析设备和对设备的应用与操作能力，并提出改进产品的设计方案。

3. 模型制作实践平台

模型制作实践平台配备常用加工设备、冶金产品检测设备、工具及仪器，供学生亲自动手将其创新设计做成模型或实物，以验证设计的可靠性并分析存在的问题。主要由学校工程训练中心金工车间和模型制作实验室构成。主要设备有金属加工设备和木工设备、塑料加工设备、激光雕刻机、冶金产品加工设备。

4. 检测控制实验平台

检测控制实验平台主要由冶金炉渣和熔体虚拟测控实验室和冶金产品质量检测实验室构成，配备常用检测设备及仪器，由学生自行确定实验方法，设计实验方案，自组实验装置，以测试冶金熔体及冶金炉渣的各种性能，分析影响产品性能的主要因素，提出改进设计的措施。

（二）师资队伍建设

通过工程实践教育中心师资队伍建设，建立一支专兼职相结合，结构合理，层次优化，满足冶金工程专业卓越工程师教育人才培养的高水平教师队伍。

（1）打造专兼职队伍。工程实践教育中心是重庆科技学院联合重钢共同组建的工程实践教学平台。中心教师将由热心从事实验教学，具有奉献精神和相应学科专业的高级管理人员担任。实验教学队伍由重庆科技学院工程实践能力强、熟悉冶金生产工艺、具有硕士学位或中级职称及其以上教师和重钢现场技术人员组成，专兼职相结合，以专职实验、实训教师和实验指导人员为主。

（2）建立"校内专业教师＋企业工程师联合指导学生生产实习"的"1+1"实践教学模式，围绕培养应用型高级专门人才的目标，通过人才互聘互动，造就了一支结构合理、素质优良、业务精湛的工程训练的教师队伍。

（3）梯队建设。通过自身培养和引进年轻的博士，结合国家、教育部和重庆市的人才计划，通过3~5年的建设与发展，形成一支市级教学名师1~2人，优秀教授5~6人，年轻博士10~12人的群体，使冶金工程团队真正成为培养高质量人才，开展教学和科学研究，进行高水平国内合作与交流的重要基地。

（4）利用学校产学研联合办学的制度优势，坚持实行"育青苗"计划，精心为中心的每位青年教师挑选重钢及合作单位（如中冶赛迪工程技术股份有限公司）的高层次人才担任其工程导师，培养"双前沿"、"双师型"教师。借助工程导师的指导和帮助，青年教师能深入企业的技术中心和研究院所，承担研发任务寻求科研课题。不仅自身经费充足，科研任务饱满，成果累累，还密切产学研合作关系，把握企业脉搏，为教学改革积累经验。

（5）建立完善的激励机制。在现有的分配制度上，增加开设新训练（实验）项目的指导人员相应激励措施。同时学校和企业对教师和实验技术人员及训练教学指导人员职称评定和晋级采取特殊的政策，以稳定现有人员并吸引其他人员来参与工程实训等教学工作。

（6）鼓励职工继续深造，提高专业水平。根据"关于申报国家级实践工程实践教育中心的通知"第十三条文件精神，在职工程师参加硕士研究生或博士学位研究生考试，同等条件下可被优先录取；在职工程师参加在职攻读工程硕士专业学位研究生联考，在有关政策上给予倾斜支持。重钢公司可委托具有博士招生资格的"卓越计划"高校在职培养博士层次的工程人才，受托高校可向教育部申请专门的招生指标。

（7）积极支持教师进行科学研究和参加各种学术交流，为相关人员的论文版面费、会议注册费、差旅费等提供经费资助，组织骨干人员定期赴国外著名高等学府考察学习及到国内著名冶金高校（北京科技大学、东北大学、上海大学等）进修；参加国家级、省级实践教学研究研讨会。

（三）教材建设

冶金工程专业人才培养要凸显为地方经济发展服务的能力，人才的培养必须为区域经济更加紧密结合，在国家工程实践教育中心建设过程中，结合重钢环保搬迁，打造1000亿新重钢战略，与重庆钢铁集团公司、中冶赛迪工程技术股份有限公司加强合作，共同在《冶金工程实习实训教程》、《冶金工程设计教程》等合作开展教材建设，且将教材列入冶金工业出版社的冶金行业"十二五"教材建设规划，共同开发校企合作共同育人，凸显工程实践能力培养的实习实训教材。

（四）制度建设

加强制度建设，完善管理办法，拟在以下方面出台相应的规章制度，不断提高国家工程中心的管理水平，建设国内一流国家工程实践教育中心。其制度见表2。

表2　国家工程实践中心的各项规章制度

序号	名　称	完成进度
1	国家工程实践中心管理办法	2013 年 2 月
2	国家工程中心工程实践管理办法	2013 年 2 月
3	国家工程实践中心实习工作组织流程	2013 年 2 月
4	国家工程实践中心实习教学运行管理细则	2013 年 2 月
5	国家工程实践教育中心学生企业工程实践考核评价与成绩评定试行办法	2013 年 2 月
6	国家工程实践教育中心经费保障及管理办法	2013 年 6 月
7	国家工程实践教育中心师资配备及聘任条件	2013 年 6 月
8	国家工程实践教育中心师资队伍建设规划	2013 年 6 月
9	校内卓越工程师教育计划实施师资建设措施	2014 年 6 月
10	国家工程实践中心后勤管理制度	2013 年 6 月

五、建设措施与运行方式

为了建设一流国内工程实践教育中心，培养高质量的冶金工程专业卓越工程师教育人才，拟采取以下建设措施和管理运行方式。

（一）建设措施

充分利用重钢集团公司等单位的多种资源，构建开放式、社会化的工程实践环境。通过整合、优化科研院所与大型企业的学科资源、人才资源和设备资源，共同设置专业、联合申报工程技术中心、共建共享专业实验室、互聘高层次人才、联合开展科技攻关等途径，初步建成了优质科教资源优化配置、区域高效联动、特色十分鲜明的多学科、多层次的开放互动育人大平台。同时积极更新实践教学内容，大力加强学生工程实践能力和科技创新能力的培养。

（1）与重钢共同讨论课程体系设置和主干课程的内容，优化修订人才培养方案，突出"卓越工程师"教育的培养目标，建立知识、能力交叉融合的工程实践教学体系，积极更新实践教学内容，强化学生的工程实践能力、工程设计能力和工程创新能力培养，培养造就一批创新能力强、适应于经济社会发展的高质量工程技术人才。

（2）紧密结合冶金行业和区域经济发展，精心设计，进一步完善已经在校内建成的能再现典型钢铁生产流程的工艺、装备以及关键技术，及有实验教学功能的生产系统，成为机、电、冶多学科交叉融合和多专业共享的综合创新型实践教学平台。

（3）强化重钢集团国家级工程实践教育中心的工程训练的中心地位，建立长期稳定的工程训练基地，探索出"校内专业教师＋企业工程师联合指导学生生产实习"的"1+1"实践教学模式，建设一支能"把握当代学科发展前沿"、"把握现代钢铁生产前沿"的"双前沿"、"双师型"教师队伍。围绕培养应用型高级专门人才的目标，每年聘请5~6名现场经验丰富的企业人员作兼职教师，对学生实习和毕业设计进行指导，则学校每月给兼职人员500~1000元的生活补贴；学校教师到中心工作，学校从经费上给予保障，同时以横向项目合作的形式为企业解决生产实际问题。通过人才互聘互动，造就一支结构合理、素质优良、业务精湛的工程训练的教师队伍。

（4）学校通过重钢集团国家级工程实践教育中心实现与重钢公司的科研互动，带动教学科研的全面发展。中心将针对重钢集团公司及冶金行业的需求，联合承担科技攻关、产品开发任务，一方面积极争取国家和重庆市的纵向科研立项，另一方面采取谁受益谁付费的原则，由学校或企业承担研究经费。通过与工程实践丰富的企业工程师一起承担科研项目，使中心教师积累丰富工程实践经验，并注重将科研成果和经验融于教学，部分科研成果和科研产品通过成果转化为教学资源，促进中心教学科研的全面发展。

（5）根据冶金行业及人才需求状况，提出"以专业对接主导产业"的调整理念，以培养重庆及西部地区紧缺而现行教育难以提供的有设计、开发能力的冶金行业高技术创新性人才为教学目标的团队工作思路。调查、分析重钢集团、四川德胜钢铁公司、川威钢铁集团、四川达钢集团、贵州水城钢铁集团、攀钢集团、四川金广实业等为龙头的几十家钢铁生产企业的发展思路和对人才在知识能力的需求，找出现行课程、实验、教学方法的与企业需求脱节的不足，确定西部冶金行业发展的方向，培养区域经济发展所需要的冶金工程、材料成型与控制工程、机械设计及自动化等方面工程技术人员，为西部冶金行业的发展提供智力支撑和人才保障。

（6）改革考核方式，实行开放式、全程化的课程考核。全面改革"一张试卷"定成绩的传统考核方法，体现"注重过程"的理念。建立一种多环节、全方位、立体化的考核体系，建立健全考核机制，采取灵活的考核方式，工程实践环节考核包括实物模型、专利申请书、研究论文、研究报告等综合评定学生成绩，督促学生注重综合素质的提高。

（7）推行以学生为主的课题式创新实践教学。课题主要来自重钢集团公司以及西部地区冶金单位的工程实际需求，学生组织团队进行申报，由校企双方的专家共同评审，每年从中心建设费用中划拨专项经费5万~10万元资助5~10个项目，最终形成专利、技术报告、研究论文或实物装置等成果，让学生直接参与到课题研究中去，教师甘当学生的"指导者"、"辅导者"与"帮手"。学生随时预约工程实践与创新设计，体现以调动学生积极性为核心的现代教育理念。

（8）为企业提供进修、培训和学历提高的平台。支持重钢公司开展现场操作人员继续教育，通过在企业办培训班的方式，每年为企业培训员工 100～150 人次，提高在职职工的理论和实践水平，协助企业掌握新技术、新装备。充分利用国家级工程实践教育中心提升企业在职工程师的学历，并在招生政策上给予倾斜支持。

（二）运行方式

中心将面向学生在实践训练内容、时间、过程等方面全面开放：

（1）中心参与制订培养方案，形成以培养能力为主、与专业培养相适应的实验教学体系，有与之相适应的实验教学计划以及实验资料，这是开放性实践教学的内涵。

（2）定期公布中心可提供课程、实习岗位、指导教师等相关信息。充分调动学生的积极性与主动性，在教师指导下，由学生按教学要求，自行选择实验项目、内容，独自设计方案，完成实验。学生是开放性实验教学的主体。

（3）组织企业高级职称以上的技术人员和高级管理人员到学校担任兼职教师，开设企业课程，指导学生实习实训和毕业设计。

（4）实验教学效果测评的开放性。对学生实验课程成绩的考核，重点考核学生对已学课程知识掌握的程度和其实验技能的运用程度。对实验教学质量的评估也采取开放性，不但让学生、教师和专家评估组进行测评，还要走出校园面向社会，了解社会对现代人才实践能力的要求，并运用追踪调查了解用人单位对毕业生各种能力的评价。这种运用学校内部和社会各界对实验教学效果的开放性效益评估是进行实验教学调查、改革的重要科学决策依据。

根据中心的设备状况和开课情况，以不同的方式，对各层次的学生开放。

（三）管理机制

重钢公司国家级工程实践教育中心是重庆科技学院联合重钢企业共同组建的面向全社会，以实践教学工作为主的实践平台，采取的是企业与高校联合管理运行模式，实行中心主任负责制。重庆科技学院和重钢公司有专门的管理人员负责工程实践教育中心的建设和管理。

（1）以培养高素质应用型"卓越工程师"人才为核心。工程实践教育中心作为实践教育、训练平台，将紧紧针对大学生培养过程中工程意识、工程技能欠缺等问题，紧密结合社会需求，使整个培养过程以工程实践为重、学科交叉融合。充分利用和挖掘良好的教学条件，依托冶金学院、信息学院、机械学院、化工学院等学院的学科优势，结合重钢集团公司的企业文化、产品特色，跟踪现代工程技术领域不断出现的新技术、新方法，积极探索和构建符合高素质人才成长要求的教学体系。紧密结合冶金行业和区域需求的学生能力培养要求，努力培养应用型的"卓越工程师"人才。

（2）通过学校与企业的合作，强化资源整合。通过与重庆科技学院共同的研究与实践，建立"资源共享，协议约定，互利共赢"的运行机制，"以人为本，人才互聘；学科对接，协调统筹"的人才共享机制；"产权明晰，共建共管；资源优化，特色鲜明"的资产管理机制；"学术交流，联合攻关；成果共享，技术共用"的科研合作机制，实现联合办学纵深发展、人才互聘互用、实践教学与科研平台的共享、科技合作广结硕果的良好局面，有力地保障工程实践教育中心各项工作的顺利实施。

（3）以项目为纽带，强化政产学研用合作。中心将与重庆科技学院合作，通过共同承担国家重大工程技术项目如高磷铁矿脱磷、纯净钢冶炼等，研发新技术，积极开展技术转化、技术咨询、技术培训和技术服务等活动，推动技术成果的转化、转移，形成政产学研用合作的组织形式，促进相关新技术的工程试验、示范工程建设和成套技术的转移和辐射。

（4）建立开放流动，优胜劣汰的用人机制。中心采取开放式管理模式，以重钢企业现有人员为基础，并进行重组而改建。根据发展需要和机构的设置，确定各级岗位后，实行公开竞争上岗。上岗人员一律实行岗位合同制，实行年度考评、聘期考核相结合的考核机制，优胜劣汰。

同时，吸收或接纳兼职人员，包括博士研究生、高级访问学者、客座研究人员，以及合作单位根据合作项目的需要派到实验室的短期研究人员等。

六、经费保障

（一）经费筹措

中心运行经费主要从学校每年产学研联盟单位项目经费、社会技术服务经费、科技成果转化、师资队伍培养专项经费中提供。

建设总投资经费预算 500 万元，学校自筹资金 200 万元，企业自筹 100 万元，政府资助 200 万元。

（二）经费预算

经费预算见表 3。

建立国家工程实践教育中心专用账户，先期投入 100 万元，用于场地、办公条件、图书资料、差旅等，根据国家工程实践教育中心领导小组会议要求，定期讨论建设方案、进度及经费开支计划。

表3　经费预算

序号	建 设 项 目	预算经费/万元
1	冶金生产工艺实践教学基地建设与完善	100
2	冶金设备剖析平台	50
3	冶金控制检测实验平台	100
4	国家工程实践教育中心教学改革与建设	50
5	课程建设	50
6	管理制度建设	20
7	调研、差旅费用	30
8	图书资料、信息化平台建设	60
9	其他费用（劳务、奖励）	40
合　　计		500

（三）工作具体要求

（1）建立国家工程实践教育中心网络平台，将管理方案、制度、办法上网。具体由重庆科技学院冶金学院负责，教务处实践教学科协调完成。

（2）建立工程实践教育中心相关的财务制度，落实专门人员负责经费的使用与管理。

（3）定期完成国家工程实践教育中心年度工作报告，并在国家工程实践教育中心领导小组会议上通报工作及经费使用情况。

（4）每年召开一次国家工程实践教育中心领导小组会议，协调解决国家工程实践教育中心建设中的各种问题。

（5）接受上级教育主管部门的相关指导与检查。

第四章 专业综合改革试点

第一节 专业综合改革试点及其
在重庆科技学院的实施

一、专业综合改革试点建设目标

专业是高校人才培养的载体，是高校推进教育教学改革、提高教育教学质量的立足点，其建设水平和绩效决定着高校的人才培养质量和特色。实施"专业综合改革试点"项目，旨在充分发挥高校的积极性、主动性、创造性，结合办学定位、学科特色和服务面向等，明确专业培养目标和建设重点，优化人才培养方案。按照准确定位、注重内涵、突出优势、强化特色的原则，通过自主设计建设方案，推进培养模式、教学团队、课程教材、教学方式、教学管理等专业发展重要环节的综合改革，促进人才培养水平的整体提升，形成一批教育观念先进、改革成效显著、特色更加鲜明的专业点，引领示范本校其他专业或同类型高校相关专业的改革建设。

"专业综合改革试点"项目支持的专业领域主要包括：国家战略需求与区域经济社会发展所需的紧缺人才专业；参与"卓越工程师培养计划"、"卓越医生教育培养计划"、"卓越法律人才教育培养计划"、"卓越农林人才教育培养计划"等的相关专业；节能环保、新一代信息技术、生物、高端装备制造、新能源、新材料、新能源汽车等战略性新兴产业相关专业；农林、水利、地矿、石油等行业相关专业；为革命老区、民族地区、边疆地区等经济社会发展提供人才培养的相关专业及学校的优势特色专业。

二、专业综合改革试点建设内容

（一）教学团队建设

高校专业建设的关键是师资队伍建设。围绕专业核心课程群，以优秀教师为带头人，建立热爱本科教学、改革意识强、结构合理、教学质量高的优秀教学团队。教学团队要有先进的教学理念和明确的教学改革目标，切实可行的实施方案，健全的团队运行机制和激励机制，尤其要有健全的中青年教师培训机制。

（二）课程与教学师资建设

瞄准专业发展前沿，面向经济社会发展需求，借鉴国内外课程改革成果，充分利用现代信息技术，更新完善教育内容，优化课程设置，形成具有鲜明特色的专业核心课程群。要加强协同开发，促进开放共享，形成与人才培养目标、人才培养方案和创新人才培养模式相适应的优质教学资源。

（三）教学方式方法改革

深化教学研究、更新教学观念，注重因材施教、改进教学方式，依托信息技术、完善教学手段，产生一批具有鲜明专业特色的教学改革成果。积极探索启发式、探究式、讨论式、参与式教学，充分调动学生的学习积极性，激励学生自主学习。促进科研与教学互动，及时把科研成果转化为教学内容。支持本科生参与科研活动，早进课题、早进实验室、早进团队。

（四）强化实践教学环节

综合专业特点和人才培养需求，增加实践教学比重，确保专业实践教学必要的学分（学时）。改革实践教学内容，改善实践教学条件，创新实践教学模式，增加综合性、设计性实验，倡导自主性、协作性实验。配齐配强实验室人员，鼓励高水平教师承担实践教学。加强实验室、实习实训基地和实践教学共享平台建设。

（五）教学管理改革

更新教学管理理念，加强教学过程管理，形成有利于支撑综合改革试点专业建设，有利于教学团队静心教学、潜心育人，有利于学生全面发展和个性发展相辅相成的管理制度和评价办法。建立健全严格的教学管理制度，鼓励在专业建设的重要领域进行探索实验。

第二节　冶金工程专业综合改革试点

2012年3月，根据教育部及重庆市教委的要求，重庆科技学院石油工程、冶金工程专业率先向重庆市提出申请申报"十二五""本科教学工程"专业综合改革试点。

2012年4月，重庆市教委发文（渝教高〔2012〕20号）批准了重庆科技学院石油工程、冶金工程为重庆市首批专业综合改革试点专业。具体情况见表4-1。

表 4-1　重庆市高等学校"专业综合改革试点"基本情况

专业名称	冶金工程	建设内容	A、B、D、E、F
所在院系	冶金与材料工程学院		
修业年限	4 年	学位授予门类	工学学士学位
本专业设置时间	2004 年	本专业累计毕业生数	455
首届毕业生时间	2008 年	本专业现有在校生数	695
学校近 3 年累计向本专业投入的建设经费/万元	1570	近 3 年平均就业率	98.3%

项目负责人基本情况

姓名	吕俊杰	性别	男	出生年月	1963.07
学位	硕士	学历	研究生	所学专业	冶金工程
毕业院校	北京科技大学	职称	教授	职务	
所在学校通信地址	重庆市沙区大学城：重庆科技学院冶金与材料工程学院				
电话	办公：023-65023736　　手机：13108909895				
电子信箱	ljj630707@163.com		邮政编码	401331	

主要教学成果及改革的目标和特色	**一、冶金工程专业获得的主要教学成果** 2004 年以来，冶金工程专业建设取得了一批教学成果，主要有： （1）教学成果奖 4 项：其中，2009 年国家级教学成果二等奖 1 项；2004 年和 2008 年重庆市高等教育教学成果二等奖 1 项、三等奖 2 项。 （2）质量工程项目：国家冶金工程特色专业建设点；国家第二批卓越工程师教育计划试点专业；冶金工艺类专业重庆市人才培养模式创新实验区、冶金工程市级教学团队、"冶金传输原理"市级精品课程、冶金工程市级实验教学示范中心等国家级、重庆市级质量工程 6 项。 （3）公开出版了教材《炼铁学》、《炼钢学》、《冶金原理》等 13 部，形成了冶金工程专业应用型人才培养的系列教材。系列应用型教材已被湖南工业大学、辽宁科技学院、贵州师范大学等多所高校选用。 （4）承担省部级（重庆市教委、中国冶金教育学会）教改项目 6 项，其中重点项目 3 项，已完成结题 4 项。2006 年重庆市项目"面向市场突出特色——冶金工程品牌专业建设的研究与实践"和 2009 年中国冶金教育学会项目"钢铁冶金学科培育及应用型冶金工程特色专业建设的研究与实践"的研究成果已校内推广应用。 （5）发表教研、教改论文 46 篇（其中发表教育教学类核心期刊论文 12 篇）。内容主要涉及专业建设，人才培养模式改革，课程建设与教学内容改革、教学方法改革，课程考核与评价研究，毕业设计改革等。

主要教学成果及改革的目标和特色	二、专业综合改革目标和特色
	（一）预期目标
	经过综合改革，到2016年，形成一支结构合理，师德师风好，学术造诣较高，教学、科研能力强的冶金工程教学团队。建成专业核心课程群3个；与企业共同开发新课程3门，与企业专家共同编写出版冶金工程专业应用的专业教材5本；开发网络共享课程6门，网络自主学习课程3~5门；实现所有课程信息化上网；建成冶金工程专业优质教学资源库；改革课程考核方式。建成冶金工程实践教学项目资源库，实现全部专业实验室开放。与重庆钢铁（集团）有限责任公司、四川德胜钢铁有限公司合作，建成2个国家级工程实践教育中心。修订和完善专业建设与管理制度，形成有利于教师乐教敬业、教书育人，有利于学生成长成才，有利于调动各种资源要素并形成合力的教学管理体制和机制，不断完善"三定"原则，即定"向"在行业，定"性"在应用，定"点"在实践的产学研结合的人才培养模式，探索出一套冶金工程本科教育与冶金材料工程硕士专业学位研究生教育在能力和素质上的衔接机制，使冶金工程专业在冶金行业应用型本科院校中发挥示范和带头作用。获得重庆市和国家级教学成果奖各1项。
	（二）预期专业特色
	（1）以全面提升教学质量为目的，通过引进先进的教育理念，全面开展冶金工程特色专业综合改革试点和卓越工程师教育计划的实施工作，使本专业在人才培养方案和课程体系、教学内容和教材建设、教学团队建设、实践教学改革、产学研合作和学生工程能力培养等方面独具特色。
	（2）利用行业优势，突出应用型人才培养，着力提高学生的工程实践能力，使98%以上的毕业生在钢铁及有色冶金行业的大中型企业就业。
	（3）探索产学研合作育人机制，完善"三定"原则，即定"向"在行业，定"性"在应用，定"点"在实践的人才培养模式，实现冶金工程本科教育与冶金材料领域工程硕士专业学位研究生教育在能力和素质上的衔接。
	（4）结合国家《钢铁产业发展政策》的实施，本着立足重庆、面向西南，辐射全国的建设思路，把冶金工程专业建设成为西部一流、在国内具有重要影响力的国家级特色专业和卓越工程师教育计划试点专业，为国内同类专业的应用型人才培养起到示范和带头作用

现以重庆科技学院冶金工程专业为例，将高等学校"专业综合改革试点"项目任务书介绍如下。

高等学校"专业综合改革试点"项目

任　务　书

学 校 名 称　　<u>重庆科技学院（盖章）</u>

专 业 名 称　　　<u>冶金工程</u>

建 设 内 容　　<u>A、B、D、E、F</u>

负 责 人　　　<u>吕俊杰</u>

联 系 方 式　　<u>13108909895</u>

学 校 归 属　　部委院校 □　　地方院校 ☑

教育部 财政部 制

二〇一一年十二月

一、简表

专业名称	冶金工程	建设内容	A、B、D、E、F
所在院系	重庆科技学院冶金与材料工程学院		
修业年限	4 年	学位授予门类	工学
本专业设置时间	2004 年 5 月	本专业累计毕业生数	455
首届毕业生时间	2008 年 7 月	本专业现有在校生数	695
学校近 3 年累计向本专业投入的建设经费/万元			1570

项目负责人基本情况					
姓名	吕俊杰	性别	男	出生年月	1963.07
学位	硕士	学历	研究生	所学专业	冶金工程
毕业院校	北京科技大学	职称	教授	职务	
所在学校通信地址	重庆大学城：重庆科技学院冶金与材料工程学院				
电话	办公：023-65023736　　手机：13108909895				
电子信箱	ljj630707@163.com			邮政编码	401331
主要教学成果	（1）主持的冶金工程专业获批 2010 年国家第六批特色专业建设点； （2）主持的冶金工程专业获批 2012 年国家第二批卓越工程师教育计划试点专业； （3）主持的冶金工程教学团队获批 2011 年重庆市市级教学团队； （4）主持的冶金工程专业获批 2007 年重庆市特色专业建设点； （5）主研的"冶金传输原理"获 2010 年重庆市市级本科精品课程； （6）主研的冶金工程实验中心获批 2011 年重庆市实验教学示范中心； （7）主研的冶金工艺类专业应用型本科人才培养模式创新实验区获批 2009 年重庆市人才培养模式创新实验区； （8）出版《铁合金冶炼技术操作》教材；主持省部级教改项目 4 项；发表教改教研论文 25 篇，其中核心期刊论文 8 篇。				

二、主要参与人员

姓名	学位	技术职称	承担工作
朱光俊	硕士	教授/院长	与企业合作的总联络人，方案实施的学院总协调
杨治立	硕士	教授/系主任	实践教学体系改革，企业合作教育
符春林	博士	教授/副院长	组织人才培养方案编写，课程改革与建设
夏文堂	博士	教授/系支部书记	优质教学资源库建设，课程信息化上网

续表

姓名	学位	技术职称	承 担 工 作
杜长坤	学士	高工/总支书记	教师、学生思想教育，师资队伍建设
施金良	博士	教授/副校长	冶金技术与装备综合实训平台完善，冶金技术与检测过程中心建设
柏　伟	硕士	教授/教务处长	教学资源协调，课程建设指导
杨治明	硕士	副教授/教务副处长	教学资源协调，实践教学指导
尹建国	博士	副教授	人才培养方案编写，课程实施组织
吴明全	硕士	副教授/总支副书记	学生教育管理，就业指导，科技创新组织
任正德	硕士	副教授/副院长	推进科研与教学内容的结合，学生科技创新实施
万　新	硕士	教授/系副主任	产学研合作基地及教材建设
张明远	硕士	高工/冶金实验中心主任	冶金工程实验教学示范中心建设
雷　亚	学士	教授级高工/原副校长	产学研合作基地及教材建设
高逸锋	硕士	讲师/院办主任	教学实施组织
李军良	学士	副教授/人事处长	教学团队建设
向晓春	硕士	副教授/学生处长	学生教育管理、就业指导
蒋明萱	硕士	副教授/计划财务处长	建设资金保障
别祖杰	学士	副教授/信息中心副主任	课程信息化系统建设
何小松	硕士	讲师/教育技术科科长	课程信息化上网技术指导
都进学	硕士	副教授/校团委书记	学生科技创新政策支持与指导

三、参与共建单位（指校外单位）

单　位	承 担 工 作
北京科技大学	学科建设，联合培养冶金专业工程硕士研究生
重庆钢铁（集团）有限责任公司	产学研合作单位，共建国家工程实践教育中心、共建冶金与材料工程研究所、人才培养方案修订、校内实践基地建设、《钢的品种与质量》编写、实践教学督导、共同培养师资队伍、学生实习、就业基地及教师现场锻炼
四川金广实业有限公司	产学研合作单位，人才培养方案修订、实践教学大纲审核、特色实验教材审核、共同出版特色教材、冶金工程设计案例编写、《冶金工程新技术》编写、学生实习、就业基地

续表

单　位	承　担　工　作
武汉钢铁（集团）公司	产学研合作单位，学生实习、就业及科研基地，人才培养方案修订、实践教学大纲审核、特色实验教材审核、共同开发实验项目、开发特色课程、共同出版特色教材、生产实习教学考核、毕业设计、冶金工程设计案例编写、实践教学督导
攀枝花钢铁（集团）公司	产学研合作单位，人才培养方案修订、实践教学大纲审核、特色实验教材审核、共建钒钛资源研究所、共同培养师资队伍、毕业实习教学考核、毕业设计指导、实践教学督导学生实习、就业及科研基地
中冶赛迪工程技术股份有限公司	共建国家冶炼系统集成工程中心冶金实验室、人才培养方案修订、《钢铁厂设计原理》教材编写、冶金单元设计及毕业设计督导、共同培养师资队伍
成都钢钒有限责任公司	产学研合作单位，学生生产实习、教学考核、共同开发冶金工程实践教学项目资源库、共同进行核心课程群建设、实践教学督导、学生实习、就业及科研基地
四川德胜钢铁有限公司	共建大学生科技创新工作站，共建国家级工程实践教育中心、人才培养方案修订、实践教学大纲审核、特色实验教材审核、就业基地
重庆天泰铝业有限公司	共建有色冶金研究所、人才培养方案修订、校外实践基地建设、学生实习（有色方向）、就业及科研基地
重庆华浩冶炼有限公司	人才培养方案修订、校外实践基地建设、学生实习（有色方向）、就业及科研基地

四、建设目标

（一）冶金工程专业的总体建设目标

冶金工程专业是 2010 年国家第六批特色专业建设点和 2012 年国家第二批卓越工程师教育计划试点专业。专业建设的总体目标是以国家加大高等学校学科专业建设力度为契机，以全面提升教学质量为目的，通过引进先进的教育理念，全面开展冶金工程专业综合改革与卓越工程师教育计划实施工作。经过建设与改革，到 2014 年，建成一支结构合理，师德师风好，学术造诣高，教学、科研能力强的由学校与企业共同组成的冶金工程教学团队。与企业共同制定人才培养方案，与企业协同开发新课程 3 门，与企业专家共同编写出版冶金工程应用的专业教材 5 本；开发网络共享课程 6 门，网络自主学习课程 3~5 门；实现所有课程信息化上网；建成专业核心课程群 3 个；建成冶金工程专业优质教学资源库；改革课程考核方式。建成冶金工程实践教学项目资源库，实现全部专业实验室开放。与重庆钢铁集团公司、四川德胜钢铁公司合作，建成 2 个国家工程实践教育中心。修订和完善专业建设与管理制度，形成有利于教师乐教敬业、教书育人，有利于学生成长成才，有利于调动各种资源要素并形成合力的教学管理体制和机制，不断完善"三定"，即定"向"在行业，定"性"在应用，定"点"在实践的产学研结合的人才培养模式，探索出一套冶金工程本科教育与冶金材料领域工程硕士专业学位研究生教育在能力和素质上的衔接机制，使冶金工程专业在行业应用型本科院校中发挥示范作用。获得重庆市和国家级教学成果奖各 1 项。

（二）具体目标

1. 团队建设

通过教学团队的建设，以此带动特色专业人才培养目标的实现、课程体系和教学内容、教学资源和实践教学的改革，积极推进人才队伍建设，形成校内校外两支固定的师资队伍。校内师资队伍数量由目前 30 人增加到 40 人，博士比例由 20% 上升到 35%，教授由 23% 上升到 30%，具有国外教育、培训经历的教师由 15% 增加到 30% 以上。省部级学术技术带头人、中青年学术骨干比例达到 30% 以上。此外，每位 30 岁以下的专任教师在冶金企业中的工程实践时间在半年以上。

实施教学能力提升计划，形成一支学历、职称、年龄和学缘结构合理、学术造诣较高、工程应用研究能力和工程实践能力强，教学水平高，师德高尚，热爱教育事业的高素质教师队伍。

2. 课程与教学资源建设

优化课程体系，建成特色鲜明的专业核心课程群 3 个；与企业协同开发新课程 3 门，与企业工程技术人员共同编写出版冶金工程应用的专业教材 5 本；开发网络共享课程 6 门，网络自主学习课程 3~5 门；将所有课程信息化上网；吸收国内外开放课程资源，整合建成冶金工程专业优质教学资源库。结合现有综合实训平台和人才培养模式创新试验区的改革需要，在行业规划教材建设的基础上，重点加强实践环节的教材建设，编著有鲜明特色的实习实训教材 2 本，使应用型特色的冶金专业教材系列更完整。

3. 教学手段与教学方法改革

采用多媒体等先进教学手段开展教学以及变更传统考试模式，采取多种灵活考核方法等进行教学方法改革探索，注重企业参与，按照冶金工程问题、钢铁生产案例和钢铁设计工程项目等组织教学内容，着力推行多种研究性学习方法，包括基于问题的探究式学习、基于案例的讨论式学习（如铁冶金学、钢冶金学课程）、基于项目的参与式学习（如钢铁厂设计原理课程）。

4. 实践教学改革

进一步完善校内冶金技术与装备综合实践教学平台，完成与重钢、四川德胜共建国家级工程实践教育中心，实施好卓越工程师计划的工程实践能力培养；构建基于学校与企业"双主体"的冶金工程专业的实践教学体系和质量保障体系；在中央与地方特色实验室建设和原有实践基地的基础上，强调用真实的工程环境、完整的工艺流程、实际的开发项目，培养学生实践动手能力、创新思维与团队合作意识，力争建成重庆市钢铁冶金重点实验室和国家冶金工程实验教学示范中心。同时，进一步加强校企合作，建设稳定的大中型钢铁联合企业实习基地，以满足培养高素质应用型人才的需要。

5. 教学管理改革

建立教育教学质量监控体系，制订相应的教学质量规定，是实现教学过程全面质量管理，保证教育教学质量的有效措施。坚持以人为本的管理理念，规范人才培养全过程，完善质量保障体系和教学评价办法，修订和完善专业建设与管理制度，形成有利于校企深度融合、教师乐教敬业、教书育人，有利于学生成长成才，有利于调动各种资源要素在专业综合改革试点中发挥作用并形成合力的教学管理体制和机制。

6. 建立冶金工艺类专业应用型人才质量的评价体系

依托冶金行业，以冶金工程专业实施卓越工程师教育计划为契机，以提高应用型本科人才培养质量为根本，探索工艺性应用型本科人才培养的途径和评价体系。着力于应用型人才的培养，主动为地方社会经济发展、区域经济和行业发展服务，以培养知识、能力和素质全面而协调发展，面向生产、建设、管理、服务一线的高级应用型人才为目标定位，并在地方经济发展战略中彰显自己的特色，为国内应用型冶金工程专业的建设和改革起到示范作用。

7. 创新冶金工艺类专业应用型人才培养的产学研合作机制

通过与冶金企业共建技术中心、研究所，与设计院共建国家工程中心，校企双方共同开展科技攻关和应用技术课题立项，在企业建立学生科技创新工作站等方式，全面实施多形式、多途径的产学研合作，共同培养应用型人才。产生一批有影响的教学科研成果，将本专业建成具有区域特色和行业优势的特色专业。

8. 着力培养学生的创新精神与实践能力

通过创新创业实验设置学生科研助理、参加教师的研究项目、学生进入企业科技创新工作站和建立校、院两级学生科技创新基金等方式，组织并鼓励参加大学生"挑战杯"、"网络炼钢大赛"和各类科技竞赛活动，着力培养学生的创新精神与实践能力。

五、建设方案

冶金专业有60余年的办学历史，长期的办学实践，在师资队伍建设、课程建设、实验室建设及科学研究等方面，取得了突出的成效，社会声誉良好，学科积淀深厚。2007年，冶金工程技术实验室获得中央与地方共建资助；2010年，冶金工程专业被批准为国家第六批特色专业建设点和2012年成为国家卓越工程师教育培养计划试点。从服务冶金行业和区域经济建设出发，将在人才培养模式和课程体系建设、师资队伍建设、实验实训基地建设、教材建设等方面，勇于创新，不断探索，以能力培养为核心，以教学改革为先导，强化师资队伍，加强产学研合作，经过四年的建设，努力将冶金工程专业建设成服务冶金行业和区域经济建设的特色优势专业。

（一）建设思路

冶金工程专业综合改革坚持以学科建设为龙头，教学团队建设为重点，以课程建设、校企合作与实践基地建设和教学手段方法改革为基础，以提高学生工程实践能力培养为目标，以提高教师师德师风、教学能力和激发学生学习兴趣与动力为抓手，健全和完善教学管理制度，形成有利于教师乐教敬业、教书育人，有利于学生成长成才，有利于调动各种资源要素并形成合力的教学管理体制和机制，坚持走"产学研"合作的育人之路，突出应用型人才培养，全面提高冶金工程专业人才培养质量。

（二）建设内容

1. 团队建设

师资队伍建设是实施冶金工程专业综合改革试点的关键环节。学校将通过产学研合作平台加强教师工程应用能力培训、在职攻读博士、外出进修考察（包括到国内外著名高校和企业进修）、引进高层次人才等多种途径，建设一支博士学位教师占35%以上，学术造诣较高、工程实践经验丰富、工程科研能力强、教学效果好、成果显著、队伍稳定、年龄、学历、学缘和知识结构合理、专兼职相结合的优良的教师队伍。依托科研创新团队加强教学团队建设，激励教师与研究方向相近的科研创新团队共同探讨合作的结合点，形成共同的研究方向，组成有竞争力的科研团队。同时，在合作中发挥自己专业特长形成新的研究方向，完善教学团队资助考核制度，引导科研成果进入教学内容。充分利用学校选拔优秀中青年骨干教师公派出国深造的政策，动员和鼓励优秀中青年教师到国外知名冶金高校和国际知名钢铁企业研修。加强与国内外知名冶金高校和企业博士后工作站合作，力争未来3年，每年引进博士1~3人；引进教授1~2人。同时柔性引进5名冶金企业技术专家担任兼职教授（或讲座教授）。关心冶金工程专业7位在读博士的学业，加强与培养学校及导师的沟通，确保其中4~5人能在2014年底获得博士学位。以绩效工资改革为契机，进一步完善岗位职责与考核评价机制，激发教师的积极性。体现多劳多得、优劳优酬的原则，完善教师分类管理和分类评价办法，明确不同类型教师的岗位职责和任职条件，尤其是明确教学建设与教学改革职责，制定聘用、考核、晋升、奖惩办法，建立科学的评价体系。

鼓励青年教师完成四种经历，即国外进修经历、冶金企业现场工程实践经历、学生工作（辅导员）经历、实验室建设经历，提升专业教师的综合实力。落实对青年教师的培养，健全老中青传帮带机制；实行新开课、开新课试讲制度；实施助教制度，加强助教、助研、助管工作。重视教师教学技能的训练，全面提升师资队伍整体水平。加强教学管理、实践教学和辅导员队伍的建设，激发全员育人的积极性和创造性。

2. 课程与教学资源建设

（1）建设核心课程群。围绕培养学生专业核心能力这一中心目标，将课程性质相同、关联性较强的专业课组建成钢铁冶金、有色冶金和冶金基础3个特色鲜明的专业核心课程群，实施教授负责制。钢铁冶金课程群包括：铁冶金学、钢冶金学、钢铁厂设计原理等课程。有色冶金课程群包括：重金属冶金学、轻金属冶金学、有色冶金设计原理等课程。冶金基础课程群包括：冶金物理化学、冶金传输原理、冶金原理等课程。

（2）与企业工程技术人员共同开发课程。充分发挥产学研合作优势，促进教学内容的不断更新。面向企业，吸收4~6名教授或工程专家参与课程资源建设和教材编写工作。以生产需求为目标，以科研项目和技术服务为支撑，将最新的成果及时融入教材，淘汰传统教材中实用性不强和过时的内容，完成3~5门专业课程教材改革建设。

（3）网络共享课程建设。充分利用现代信息技术，建立网络共享课程和自主学习课程。将网络共享课程和学生自主学习课程建设作为课程建设的重要内容，使学习过程具有交互性、共享性、开放性、协作性和自主性等要求。将冶金工程专业全部必修课程实现信息化上网。集中优势教学资源，以重庆市精品课程（大学物理、冶金传输原理、金属学及热处理）和专业主干课程为基础，建成6门以上网络共享课程，以公选课、专业任选课为基础，建成3~5门网络自主学习课程。

3．教学手段与教学方法改革

大力推进启发式、讨论式、交互式等教学方法，加强所有专业平台课和专业任选课的启发式教学设计和教案的编写。充分利用信息技术，推进多媒体课件的制作与使用，重点开发冶金工程专业平台课和专业任选课的CAI课件，建立网上学习系统。完善课程组的建设，开发工程案例教学内容，所有专业平台课、任选课多媒体课件重要知识点全部实现结合工程背景讲解。提高实践环节成绩在课程考核中的比重，提高学生学习兴趣和学习能力。开展考核方式改革，改变一门课程一次考核为灵活安排考核时间，课程考核方式多样化。以深入实施导师制为契机，改革科技创新学分认定办法，加大学生参与科技活动的资助力度，引导学生加入教师科研团队，实施本科生科研助理制，让学生早进课题、早进实验室、早进团队，引导学生主动积极地参与科技创新活动，不断提升学生的工程实践能力和科技创新能力。

4．实践教学环节

实践教学是应用型本科人才培养过程中的重要环节，实践课程在其课程体系构架中占有重要位置。应用型人才应树立强烈的工程意识，具有较强的分析问题和解决实际问题的能力，即工程能力。工程能力的培养主要依靠相关课程的实验、课程设计、各种实习实训以及最后的毕业设计（论文）等实践课程来进行。因此，在实践教学环节的安排上，要强化能力培养，同时强调理论教学与实践教学的有机结合。实验教学须打破按课程开设实验的格局，增设课程综合性实验、专业综合性实验、自主设计性实验及科研创新性实验。课程设计与课程教学内容相结合，毕业设计尽可能地从工程和工业生产中遴选课题，设计内容与参与实习的生产工艺相结合。在设计过程中，注重调研能力的锻炼，并将其作为设计的主要考核指标之一，促进学生深入实际，达到强化工程意识的目的。冶金工程专业的主要实践教学环节包括"大学化学集中实验"、"金工实习"、"机械基础课程设计"、"认识实习"、"计算机辅助设计"、"专业基础实验"、"生产实习"、"冶炼工技能考核"、"专业综合实验"、"毕业设计（论文）"等。通过这些环节对学生进行全方位的训练，可以培养学生综合实验能力、工程实践能力和创新能力。此外，为强调培养学生知识和技术的应用能力和解决实际问题的专业能力，还要求学生在校期间考取与本专业相关的职业技能证书，为求职就业奠定基础。

（1）深化实验教学改革，修订人才培养方案，构建提高学生工程能力的实践教学体系：

1）深化实验教学改革，强化学生实践教学环节。依托校内外实践教学平台，对实践教学内容、方法和管理进行改革，在实验项目设置上重点体现实验的典型性、先进性和综合性，增加综合性实验、设计性实验和选修实验，以开放和预约相结合的方式，为学生实验提供便利条件和技术指导，提高学生的动手能力和科学研究兴趣；加强实验教师队伍的培训，改革实验教学方法，提高实验指导的科学性；完善实践教学考核体系，探索建立学校与企业相结合的管理制度，保障实践教学改革的可操作性。

2）校企共同制定培养方案，修订实践教学培养体系。依托校内冶金综合实践教学平台、2个校企共建的国家级工程实践教育中心和14个产学研合作基地，与企业共同修订人才培养方案，形成冶金工程实践教学的通用标准，建立和完善校内冶金技术与装备综合实践教学平台，用真实工程环境培养应用型人才。

3）加强工程设计训练，提高学生工程能力。以"国际网络炼钢大赛"、冶金工程单元设计、毕业设计（论文）等为载体，在基础课（物理实验、大学化学）、专业基础课（计算机基础、机械设计基础）和专业课（铁冶金学、钢冶金学、钢铁厂设计原理、炉外精炼、连续铸钢和专业综合训练）等10门课程中开发建设实践教学学习库，采用案例教学、理论教学与小组设计相结合的方式，使学生联系生产实际，不断提高学生的工程意识和工程设计能力。

（2）构建基于"双主体"的"基本技能与科技创新相结合、学做研结合、内外结合"教学模式。建立"研究方法训练—大学生研究训练—专业实验与科技创新"逐层递进的创新实践平台。

1）研究方法训练，为学生开启探索求知的大门。开设研究方法训练课程，在教学中，引导学生查阅文献，了解某一课题的研究背景、前人的研究成果、该领域的现状和发展趋势等，激发学生的求知欲和兴趣，为学生进一步开展研究奠定基础。

2）开展科学研究训练，激发学生的创新意识。工程中心和实验室均向本科生开放，鼓励学生尽早进入实验室；鼓励学生参与创新性的研究课题，形成研究型学习实践团队，有目的有计划地培养学生的开发和创新能力；学生通过查阅文献、开题和中期汇报等环节，了解多种学术观点，追踪本学科领域最新研究进展，逐步提高自主学习和独立研究的能力，激发学习兴趣；实际操作仪器与设备，增强实际动手操作能力、实践能力以及对设备的使用能力。

3）校企共同搭建研究型创新实践教学平台，实施科技创新计划。根据人才培养方案、科技创新计划和各类科技竞赛，校企共同建立的冶金与材料工程研究所、有色冶金研究所，由研究所定期发布学生科技创新题目，结合教师教学绩效改革和修订科技创新学分制认定办法，引导学生积极申报创新项目。同时鼓励教师与冶金行业专家合作将工程领域最新成果和理论融入课堂以充实教学内容，传递给学生最新的知识和信息；鼓励学生将专业实践与教师的科研课题相结合，引导学生在所学知识领域中发现问题、解决问题，提高学生的实验动手能力和科研创新能力。

（3）构建校企共同参与的实践教学考核与质量监控和保障体系：

1）校企共同成立实践教学督导组。由冶金企业专家、学院院长、系主任、专业负责人、专业骨干教师、学生辅导员共同组成的"校企合作"实践教学督导组，制订教学督导制度，负责对教学活动质量、教学管理工作的科学规范等进行督导，及时发现问题，提出整改建议并监督整改；聘请合作企业专家参与教师教学能力评价，强化教师的职业能力和职业道德的督导，完善由专家组（含企业专家）、同行、学生、冶金企业等四方组成的教学质量监控和评价体系，建立教学信息定期反馈制度，及时修正、改进教学现状，指导教学改革与实践。

2）校企共同实施实践教学。学生在企业开展实习、毕业设计、社会实践和科技创新，形成以企业岗位工作人员任兼职教师，主要负责学生日常考核的"过程控制体系"的管理模式。学校将实践教学内容分解成若干个任务节点，分别制定学生、学校教师、企业指导教师的任务，并由企业指导教师和学校教师依据任务对学生进行考核，考核合格由企业和学校联合签发"冶炼工技能上岗证书"。

3）校企共同制订校内外实践教学平台的相关管理制度，全过程参与人才培养。加强校内实践教学基地建设，营造真实工程环境、职业氛围和文化氛围，按照企业生产要求建设标准化的安全、卫生、环保等生产环境；在校内实践教学基地引入钢铁冶金或有色冶金的企业化管理模式，制定场地使用规定、指导人员管理、学生实训管理和设备管理规定等。

5. 教学管理

坚持以人为本的管理理念，规范人才培养全过程，完善人才培养质量保障体系。健全和完善教学评价办法，开展对教师教学水平、学生学习能力和管理水平（包括资源利用率）的评价，形成校企深度融合、教师乐教敬业、教书育人，有利于学生成长成才，有利于调动各种资源要素在专业综合改革试点中发挥作用并形成合力的教学管理体制和机制，不断提高人才培养质量和专业建设水平。

建立完善教学管理制度。以目标管理为主，过程管理为辅，完善学分制管理，在规范人才培养各环节的基础上，探索制定并实施专业导师制、教师挂牌上课制、素质拓展学分制、本科生科研助理制、专业核心课程教授负责制、教授为低年级授课制、集体备课等特色管理制度。完善学院制管理，进一步下放教学管理权限，提高二级学院的管理权力。吸收师生和企业代表共同参与教学管理，建立科学、规范、高效的管理运行机制，促进教学内容的及时更新、促进教学方法的改革、促进育人质量的提高。

（三）建设措施

（1）学校成立冶金工程专业综合改革领导小组，学院成立指导小组。统筹和协调综合改革中的各种问题，审议冶金工程专业人才培养方案，保障专业综合改革的实施。领导小组组长由校长担任；副组长由教学副校长和合作企业专家担任；成员由学院领导、教学管理人员、教师和学生代表、企业代表组成。建立冶金工程专业人才培养方案定期修订制度，保证企业专家和学生在人才培养的顶层设计中的作用。

（2）利用重庆市开展绩效工资分配改革和学校开展第二轮岗位聘任的契机，完善教职工考核和分配办法，激励教职工投身专业综合改革的积极性。

（3）进一步完善学院制改革，充分发挥校、院两级在专业改革建设中的积极性、主动性和创造性。

（4）制定激励、约束政策，调动人的积极性，修订完善《冶金工程专业教学科研业绩奖励办法》；教学研究成果应用到人才培养中，根据应用情况给研究人员奖励；每年根据专业综合改革工作任务的完成情况，对团队成员发放奖励。

六、进度安排

冶金工程专业综合改革试点的建设方案按照渝教高〔2012〕3号文件的要求，建设周期为四年，分四阶段进行建设。

第一阶段：2012年3月~2013年3月。综合改革方案设计与部署。主要包括：教学团队建设、专业核心课程群建设、网络自主学习课程建设、教材建设、实践教学体系、教学方式方法改革等。

（1）成立冶金工程专业综合改革领导小组，明确工作内容及目标；根据教育部、重庆市的相关文件，制定冶金工程专业综合改革试点建设与实施方案，申报重庆市及国家的专业综合改革试点。

（2）拟定专业人才标准，修订培养方案，构建科学的课程教学计划，完成教学大纲的编写。

（3）推行导师制，构建基于"学校与企业双主体"的"以实验与工艺技能训练为基础，以设计为主线，以工程训练、科研训练、社会实践和科技创新为依托"的实践教学体系。

（4）确定核心课程群负责人，明确建设目标任务，启动网络共享课程和自主学习课程信息化上网工作，"冶金工程概论"申报精品视频公开课。

（5）开展教学方式方法改革，开发冶金工程专业平台课CAI课件和实践教学学习库。

（6）开发实验室开放平台；建设国家工程实践教学中心。

（7）引进高层次人才1~3人，其中具有工程背景的1~2人，选送2~4名教师到企业锻炼或出国留学，落实青年教师培养制度。

（8）建立健全教学管理制度，初步形成科学、规范、高效的运行管理机制。改革绩效分配制度，完善岗位职责与考核评价机制。

第二阶段：2013年4月~2014年3月。初步完成专业核心课程群及网络自主学习课程建设的基本架构；完成设计性、综合性和创新性实践项目开发；完成实践教学学习库建设和实践教材初稿。

（1）构建基于"学校与企业双主体"的"基本技能与科技创新相结合、学做研结合、内外结合"教学模式。建立"科研方法训练—大学生研究训练—专业实验与科技创新"逐层递进的创新实践平台。

（2）构建基于"学校与企业双主体"的实践教学考核与质量监控和保障体系。制定教学评价办法，开展对教师教学水平、学生学习能力和管理水平的评价。

（3）核心课程群建设任务基本完成，公开出版2~3本专业特色教材；建成5门以上网络共享课程，2门以上网络自主学习课程。

（4）开发冶金工程专业平台课和专业任选课的CAI课件，建立网上学习系统；开展课程考核方式改革；实施科技创新学分制。

（5）开发设计性、综合性和创新性实践项目，完成实践教学学习资源库，出版特色实习实训教材2本。

（6）引进高层次人才2人，其中具有工程背景的1人，选送1~3名教师到企业锻炼或出国留学，落实青年教师培养制度。

第三阶段：**2014年4月~2015年3月。完成3门专业核心课程群及6门网络自主学习课程建设；完善实践教学体系；出版特色理论与实践教材。完成师资队伍建设和教学方式方法改革目标。**

（1）冶金工程专业全部必修课程实现信息化上网。公开出版3~5本专业特色教材；建成3门以上网络共享课程，3门网络自主学习课程；将"冶金传输原理"建成为国家级精品课程。

（2）完成专业课多媒体课件的制作，完善课程组的建设，开发工程案例教学内容建设和教案编写，全面实施启发式、讨论式、交互式教学方法。

（3）完善校内冶金工程实习实训基地平台建设，将市级冶金实验教学示范中心建成国家级实验教学示范中心。

（4）引进高层次人才1~2人，其中具有工程背景的1人，选送1~3名教师到企业锻炼或出国留学，落实青年教师培养制度。

第四阶段：**2015年4月~2016年3月。**完成人才培养、师资队伍建设、实验室建设、实践基地、课程体系与教材建设，全面完成各项建设任务，全面达到冶金工程专业综合改革的建设目标。总结专业综合改革试点的成功经验，撰写和提交专业综合改革试点建设成果报告，撰写发表论文，进行成果的交流、推广和宣传，结题验收。

七、预期成果（含主要成果和特色）

（一）预期主要成果

经过专业综合改革，取得以下预期成果。

1. 团队建设成果

聘请一批来自企业的高级工程师、专家和高级管理人员作为兼职教师。加大具有一定工程背景的高学历、高水平教师的引进力度，新引进的青年教师到现场实践至少半年。冶金工程专业全部教师都具有企业实际工作经验或现场实践经历。通过引进与培养相结合，构建拥有国内知名专家、学者的年龄、学历、职称、学缘结构合理，治学严谨、德才兼备、协作能力强、产学研结合的具有显著工程实践能力的师资队伍。使本专业教师的高级职称比例达到70%、博士学位教师达到35%以上。

2. 实践教学成果

（1）充分利用建成的高水平的冶金工程实验实训平台，构建与应用型人才培养目标相适应的实践教学体系，在全面优化实践教学体系的基础上，重点构建校内外结合的全方位实习实训平台。加强与企业和研究院所的联系，在建设期内建立稳定的校外实践基地14个以上。

（2）构建"学校与企业双主体"的冶金工程专业的实践教学体系、实践创新平台及质量监控保障体系，形成"教、学、研、做"一体化教学方式，逐步实现了"探究式学习"为核心的学习方式的变革。

（3）建成2个与企业共建的国家级工程实践教育中心，形成高效的运行机制，成为集工程感知、技能训练、综合应用和创新研究为一体的教学层次分明、理论与实践相互促进的工程实践教育中心。

（4）将现有冶金工程实验教学市级示范中心建成国家级实验教学示范中心。

（5）建设实践教学学习库、案例库和数字资源库，依托校内外实践教学平台，实现知识中心向实践中心的转变；出版有鲜明的特色实习实训教材 2 本。

（6）学生在国际"网络炼钢"大赛、大学生"挑战杯"等各类比赛中获奖 10 项以上，年发表论文 5 篇以上，申请专利 2 项以上，校级以上优秀毕业设计达到毕业学生总数的 5%以上，参与教师科研课题的学生达到 40%以上。

3. 课程资源建设成果

建成 3 个特色鲜明的专业核心课程群；校企合作，共同开发特色课程 3 门以上，出版特色专业教材 5 本。所有课程全部信息化上网，整合形成冶金工程专业优质教学资源库。同时出版冶金行业规划实验实训教材 2 部。

4. 教学管理成果

完善质量保证体系和教学评价办法，形成校企深度融合、教师乐教敬业、教书育人，有利于学生成长成才，有利于调动各种资源要素在专业综合改革试点中发挥作用并形成合力的教学管理体制和机制，完善"三定"原则，即定"向"在行业，定"性"在应用，定"点"在实践的产学研人才培养模式，全面提高冶金工程本科生人才培养质量。力争获得重庆市和国家级优秀教学成果奖各 1 项。

5. 人才培养的效果

通过专业综合改革试点，立足西部，为区域经济建设服务，使本专业在国内同类专业中更具有优势和特色，用冶金工程专业的核心课程群体系和特色教学模式，应用型特色冶金人才培养质量的稳步提高，使更多的毕业生能够更加适应经济建设和社会发展的需要。使毕业生一次就业率长期保持在 98%以上，并带动学校其他相关专业的就业工作。

6. 科学研究的成果

以现有的专业优势研究方向为基础，紧跟国内外先进冶金技术，以应用技术与新技术研究为主，重视应用理论研究，建成重庆市钢铁冶金重点实验室，形成 2～3 个在西部地区乃至全国知名的高水平科研团队，使本学科整体科技实力有明显提升。力争承担 2～3 项国家和地方的重大科技项目，取得一批对区域经济发展有影响力的科技成果，形成 2～3 个稳定的具有明显优势的研究方向。

（二）特色

（1）全面开展冶金工程特色专业综合改革试点和卓越工程师教育培养计划的实施工作，使本专业在人才培养方案和课程体系、教学内容和教材建设、教学团队建设、实践基地建设、产学研合作和学生工程能力培养等方面独具特色。

（2）利用行业优势，突出应用型人才培养，着力提高学生的工程实践能力，使 98%以上的毕业生在钢铁及有色冶金行业的大中型企业就业。

（3）探索产学研合作育人机制，实现冶金工程本科教育与冶金材料领域工程硕士专业学位研究生教育在能力和素质上的衔接。

（4）结合国家《钢铁产业发展政策》的实施，本着立足重庆、面向西南、辐射全国的建设思路，把冶金工程专业建设成为西部一流、在国内具有重要影响力的国家级特色专业和卓越工程师教育培养计划试点专业，为国内同类专业的应用型人才培养起到示范和带头作用。

八、学校支持与保障

学校高度重视专业建设与改革，从人、财、物等各个方面为"专业综合改革试点"项目的顺利推进提供支持和保障。

（一）组织保障

学校成立了以校长为组长的"本科教学质量与教学改革工程领导小组"和专业综合改革试点领导小组，加强对质量工程建设和专业综合改革试点项目的领导和统筹规划。

（二）制度保障

按照教育部财政部《高等学校本科教学质量与教学改革工程项目管理暂行办法》文件精神，结合我校实际制定了《重庆科技学院关于加强本科教学工作提高教学质量的实施意见》、《重庆科技学院关于推进卓越工程师教育培养计划改革试点的实施意见》、《重庆科技学院本科教学质量与教学改革工程实施意见》、《重庆科技学院特色专业建设点管理办法》、《重庆科技学院人才培养模式创新实验区管理办法》、《重庆科技学院教学团队管理办法》等一系列文件，为本项目的顺利实施提供了完善的制度保障。

（三）经费保障

学校将确保为专业综合改革试点项目提供1∶1配套的专项经费。同时，我校本次申报的冶金工程和石油工程2个专业均为国家级特色专业建设点、卓越工程师计划试点专业、重庆市人才培养模式创新实验区、重庆市优秀教学团队，学校分别按照每个项目80万元、120万元、15万元、10万元共计225万元的专项经费投入到这两个专业的综合改革工程。

（四）人才保障

本次申请试点的2个专业本身已经具备了较雄厚的师资队伍。学校继续大力实施"人才强校"战略，通过"科苑人才计划"、"青年科技基金计划"、"骨干教师海外培训计划"等一系列举措进一步加强人才队伍建设，进一步提升人才队伍的综合水平，为专业综合改革试点提供人才保障。

（五）激励措施

学校将教师参与专业综合改革试点纳入教师业绩考核、设岗聘任、职称评审、记功嘉奖等各项制度之中，以进一步激发教师参与专业综合改革的积极性。

（六）政策倾斜

教改与招生倾斜：积极支持教育教学改革，人才培养方案改革具有相对的自主性；优先考虑师资的引进和培养；同等条件下优先考虑教改立项，招生计划落实到位。

经费倾斜：教学经费有保证，学校在2009年已经投入750万元建设冶金技术与装备综合实训平台的基础上，从 2012 年起的专业综合改革的 4 年内拟再投入 1500 万元用于冶金工程专业建设，尤其是实践教学改革经费、图书资料经费和队伍建设经费等予以保证。

办学条件支持：学校已建成冶金科技大楼，并将其中的 6000 平方米作为冶金工程实验教学示范中心的专用场地。仪器设备购置优先保证，资源网络实现共享。

九、经费预算

序号	支出科目（含配套经费）	金额/万元	计算根据及理由
1	教学团队建设	150	引进 6 人 30 万元；培养 6 人 30 万元；青年教师培养、能力提升 20 万元；学术交流研讨 20 万元；柔性引进 5 人 50 万元
2	优质课程建设	67	3 个课程群，9 万元/个，27 万元；满足于启发式的教学内容设计和教案编写，每门课程 2 万元，12 门课程，24 万元；网络共享课程建设，6 门课程，1 万元/门，6 万元；网络自主学习课程建设，5 门课程，2 万元/门，10 万元
3	特色教材建设	45	编写资助 6 本教材，5 万元/本，30 万元；开发特色课程 3 门，5 万元/本，15 万元
4	教学手段与方法改革	50	教学方法研讨培训 5 万元；考试方法改革 10 万元；课件制作、案例库、项目库建设等 20 万元；教改项目 10 项，1.5 万元/项，15 万元
5	实践实训基地建设管理	1100	实践实训基地建设 1000 万元；实验实践项目开发 40 万元；实验技术队伍培训 60 万元
6	实践教学改革	130	实验实践项目库建设 50 万元；大学生科技创新 30 万元；实践教学学习库建设 50 万元
7	教学研究与教学管理	20	教学管理制度调研与建设 5 万元；教改协调工作 5 万元；教学运行 10 万元
8	教学奖励	60	优秀学生奖励 30 万元；优秀教师（教学）奖励 30 万元
	合　计	1622	
	经费自筹项目的经费来源		（1）自筹经费来源于学校老校区土地置换后的收益； （2）硬件建设 1000 万元由学校经常性年度设备投资立项解决； （3）师资队伍建设、课程建设、教研教改、学生科技创新费由学校年度相应专项费用中安排

十、学校学术委员会审核意见

冶金工程专业是 2010 年国家特色专业建设点和国家卓越工程师教育培养计划试点专业。拥有重庆市高校冶金工程实验教学示范中心、重庆市冶金工程教学团队和重庆市冶金工艺类专业人才培养模式试验区，具有良好的行业背景，与重钢集团、攀钢集团和武钢集团公司等二十多家企业及其下属公司保持了良好的合作关系，产学研合作成果突出。在钢铁冶金研究方向取得突出成果，在国内处于先进水平。冶金工程专业应用型人才培养走在国内冶金高校前列，毕业生深受用人单位欢迎，一次就业率长期保持在 98% 以上。

该专业综合改革试点的任务书目标明确，思路清晰，建设方案可操作性强，经费预算合理，符合教育部、财政部的《"十二五"期间"高等学校本科教学质量与教学改革工程"经费管理办法》。经学校学术委员会研究，认为该专业符合重庆市和教育部关于专业综合改革试点的申报条件，同意推荐冶金工程专业申报高等学校专业综合改革试点。

（盖 章） 主任签字：

2012 年 3 月 25 日

十一、学校审核意见

冶金工程专业综合改革试点的目标明确，思路清晰，建设方案可操作性强，经费预算合理，同意学校学术委员会的意见，推荐申报 2012 年本科教学工程的专业综合改革试点。

学校支持冶金工程专业开展"专业综合改革试点"，将在教学团队建设、课程与资源建设、教学手段与教学方法改革、实践教学建设和教学管理改革等方面给予充分的政策支持和财力保障，建立有利于调动各种资源要素并形成专业综合改革建设合力的教学管理体制和机制，确保冶金工程专业综合改革试点成功。

（盖 章） 学校领导签字：

2012 年 3 月 25 日

第五章 人才培养模式创新实验区

第一节 人才培养模式创新实验区及其在重庆科技学院的实施

一、人才培养模式创新实验区的基本情况

为推进人才培养模式改革，着力培养学生创新精神和创新能力，进一步提高高等教育教学质量，根据《教育部财政部关于实施高等学校本科教学质量与教学改革工程的意见》（教高〔2007〕1号），2007年8月24日教高司函〔2007〕138号率先启动人才培养模式创新实验区项目的申报工作。

（一）建设目的及内容

本项目的实施，旨在鼓励和支持高等学校进行人才培养模式方面的综合改革，在教学理念、管理机制等方面进行创新，努力形成有利于多样化创新人才成长的培养体系，满足国家对社会紧缺的复合型拔尖创新人才和应用人才的需要。

本项目重点支持高校在教学内容、课程体系、实践环节、教学运行和管理机制、教学组织形式等多方面进行人才培养模式的综合改革，形成一批创新人才培养基地。

（二）申报条件

（1）申报条件：在人才培养模式方面进行综合性配套改革，突破旧有模式，具有较强的创新性；培养目标明确；对本领域复合型拔尖创新人才或应用型人才培养具有较为深刻的认识和理解，有明确的工作思路和解决问题的方法；具备较为完整和独特的人才培养方案，创新点突出；学校重视，拥有较为完善的实施保障体系；人才培养预期效果好，对本领域复合型拔尖创新人才或应用型人才培养模式改革具有示范带动作用；以一定的教学组织形式为建设单位进行建设，并具有两年以上的先期建设基础。

（2）申报大学生文化素质教育人才培养模式创新实验区的，须是国家级大学生文化素质教育基地，且开展大学生文化素质教育已有两年以上的工作基础。

（3）2007 年度评审出 300 个左右人才培养模式创新实验区，具体名额分配是：120 个名额用于工学学科门类，其中一部分名额用于教育部和中国工程院共同建设计划；50 个名额用于医学、农学学科门类；50 个名额用于经济学、管理学和法学学科门类；30 个名额用于艺术类；20 个名额用于跨学科门类综合改革（在 11 个学科门类中，进行跨学科门类人才培养模式的综合改革）；30 个名额用于大学生文化素质教育。

（三）申报范围与申报办法

（1）申报范围：本项目面向全国普通高等本科院校。

（2）教育部直属各高等学校直接向教育部推荐申报项目；其他部属和省属普通高等本科学校需经主管部门同意后向教育部推荐申报项目。原则上，每校在名额分配范围内的每一类别中推荐数额不超过 1 个，申报项目总数不超过 3 个。列入教育部和中国工程院共同建设计划的高校，推荐数额可予以适当增加。希望有关高校严格按照申报条件的要求，对在人才培养模式方面确有重大改革和创新的实验区进行推荐，宁缺毋滥。

在教育部的倡导下，各省、市、区也于 2007 年开始了人才培养模式创新实验区的申报、评审工作，一直持续到 2011 年。

二、人才培养模式创新实验区在重庆科技学院的实施

2009 年 3 月，重庆科技学院按照教育部高教司和重庆市教委的要求开展人才培养模式创新实验区教育计划的申报工作，至 2011 年，共获批 4 个重庆市级人才培养模式创新实验区，分别是：冶金工艺类专业应用型本科人才培养模式创新实验区（负责人：朱光俊，2009 年），面向石油、冶金行业的自动化专业本科人才培养模式创新实验区（负责人：施金良，2010 年），石油工程国际化应用型人才培养模式创新实验区（负责人：曾顺鹏，2011 年），基于校企合作下的化工类工程应用型人才培养模式创新实验区（负责人：熊伟，2011 年）。

第二节　冶金工艺类专业应用型
本科人才培养模式创新实验区

现以重庆科技学院为例，将冶金工艺类专业应用型本科人才培养模式创新实验区申报书介绍如下。

重庆市高等学校人才培养模式创新实验区

申　报　书

实 验 区 名 称　<u>冶金工艺类专业应用型本科</u>

　　　　　　　　<u>人才培养模式创新实验区</u>

实 验 区 负 责 人　<u>　　朱光俊　　</u>

学 校 名 称　<u>　重庆科技学院　</u>

主 管 部 门　<u>　重庆市教育委员会　</u>

申 报 日 期　<u>2009 年 5 月 25 日</u>

重庆市教育委员会 制

二〇〇九年四月

一、实验区基本情况

实验区名称	冶金工艺类专业应用型本科人才培养模式创新实验区					所属类别	工学
建立时间	2004.9						
实验区负责人	姓名	朱光俊	性别	女	民族	汉族	出生年月 1965.11
	专业技术职务/行政职务		教授/冶金学院院长		联系电话		15922578609
	电子邮箱		zhugjun@163.com		传真		65023701
	通信地址		重庆大学城重庆科技学院			邮编	401331

实验区前期工作基础	重庆科技学院是经国家教育部批准设立的一所普通全日制本科院校。由原重庆工业高等专科学校和原重庆石油高等专科学校合并组建而成,两所学校均已具有50多年的办学历史,在地方和行业享有良好的办学声誉,先后为社会输送了六万余名各级各类建设人才。重庆科技学院设立于2004年5月18日,2006年10月开始入驻新校区,2008年3月整体入驻新校区,全面实现办学战略转移。学校以工为主,石油、冶金、机电为特色,理、工、经、管、文多学科多层次协调发展,是一所行业优势突出、办学特色鲜明、朝气蓬勃、蕴藏着较大发展潜力的高等学校。学校坚持以"培养人才,发展科学,服务社会"为办学宗旨和"立足重庆、背靠行业、面向世界、服务全国"的办学思路,深入实施"特色立校、文化兴校、人才强校"发展战略,确立了尽早把学校办成一所特色鲜明、国内知名、走向国际的高水平特色科技大学的奋斗目标。学校依托石油、冶金行业办学,近年来,毕业生一次性就业率一直保持在90%以上。冶金与材料工程学院的前身是冶金系,创建于1951年,是我国中专冶金教育最早的人才培养基地之一。1985年学校升格为专科,开始炼铁、炼钢及铁合金、金属压力加工专科专业招生。1989年与北京科技大学联合培养钢铁冶金专业本科生。2004年开始冶金工程本科专业招生,2005年开始材料成型及控制工程本科专业招生。50多年来,共培养输送冶金专业毕业生6000余名,为我国钢铁工业的发展作出了较大的贡献。许多毕业生已成为企业的技术和管理骨干,深受用人单位好评,在国内具有一定的知名度,在行业内有广泛影响。长期的办学实践,我们在师资队伍建设、教材建设、实验室建设以及工程环境建设等方面取得了较大的成就,积累了丰富的办学经验。尤其是炼铁专业从1994年开始作为教育部教学改革试点专业,经过7年的建设,其教育教学改革取得了突出成就,2001年3月被教育部命名为全国高等工程专科教育"示范专业"。2008年1月,冶金工程专业被重庆市教育委员会批准为市级首批特色专业建设点。这些工作,为冶金工艺类专业的建设奠定了坚实基础。我们的办学过程一直强调工程技术的应用,在注重学生专业技术应用能力培养方面具有较强的实力。培养的学生质量高,动手能力强,受到用人单位如宝钢、首钢、南钢、邯钢、重钢等大型企业的广泛好评。毕业生长期供不应求,企业需求人数:毕业学生人数达4:1,历年就业率100%。有的中小型企业由于长期要不到毕业生,只能选择自主培养,即定单培养模式,如威钢、达钢、西昌新钢业、德胜集团、广西贵钢等。

二、指导思想

(一) 教育理念 (人才培养模式改革的思路和定位)

学校着力于应用型人才的培养，主动为地方社会经济发展、区域经济和行业发展服务，以培养知识、能力和素质全面而协调发展，面向生产、建设、管理、服务一线的高级应用型人才为目标定位，并在地方化发展战略中彰显自己的特色。根据应用型人才运用的知识和能力所包含的创新程度、所解决问题的复杂程度，应用型人才可以分为技能型、技术型和工程型。工程型人才主要依靠所学专业基本理论、专门知识和基本技能，将科学原理及学科知识体系转化为设计方案或设计图纸。技术型人才主要从事产品开发、生产现场管理、经营决策等活动，将设计方案与图纸转化为产品。技能型人才则主要依靠熟练的操作技能来具体完成产品的制作。工艺性专业主要是针对传统的第一产业，比如冶金、石油、化工等学科下面衍生出来的与工艺过程密切相关的专业。以冶金工程和材料加工工程学科为例，其所属的冶金工程专业、材料成型及控制工程专业就是典型的工艺性专业。工艺性应用型本科人才应该是工程技术型人才，即高级应用型人才。依据高级应用型人才的科学内涵，冶金工艺类专业应用型本科人才培养模式改革必须坚持"三定"原则，即定"性"在行业，定"向"在应用，定"点"在实践。突出"应用"是应用型本科人才培养的核心，是应用型本科人才培养的科学定位和办学立足点，也是应用型本科人才培养的根本途径。总结半个世纪来的办学经验，培养具有显著行业特性和工程实践能力的应用型本科人才是传统工艺性专业的独到之处。因此，为切实提高冶金工艺类专业应用型本科人才培养质量，在明确工艺性应用型本科人才的科学内涵基础上，探索多种途径着力培养学生的工程实践能力和创新精神尤显重要。

(二) 理论研究 (社会调研情况，对本领域人才培养规律的独特认识，承担与实验区相关的教学改革项目情况，关于实验区教学改革与研究论文、著作等)

冶金工艺类专业应用型本科人才培养应主动适应地方经济建设和冶金行业发展需要，为地方经济建设和冶金行业发展输送合格的高级工程技术型冶金人才，在地方化发展和行业发展战略中彰显自己的特色。

为地方经济建设服务。胡锦涛总书记对重庆新阶段发展的"314"总体部署和《国务院关于推进重庆市统筹城乡改革和发展的意见》(国务院 2009 年 3 号文件)，已经将重庆的发展上升到国家战略。"314"总体部署中四大任务之一"切实转变经济增长方式，加快老工业基地调整改革步伐"以及贯彻"国务院 2009 年 3 号文件"精神，要在一些关乎长远的重点领域、关键环节率先突破方向之一——"振兴现代制造业，要抓紧制定重庆市产业振兴计划，加强重大项目、专项资金、扶持政策的对接落实，在新的机遇中把制造业做优、做大、做强"，这些为我校冶金工艺类专业的建设与发展提供了千载难逢的历史机遇。重钢从大渡口到长寿的环保搬迁总投资 200 多亿元，是重庆市近年来的重大工程之一，其产能将从目前的 350 万吨钢增加到 650 万吨。新重钢的产品在保持船板、压力容器钢等传统优势品牌基础上，将开发一大批高附加值产品，还可为重庆支柱汽车、摩托车产业提供更多高品质产品。这些宏伟目标的实现，急需大批冶金实用人才。目前重钢已在我校开设了冶金工程专业、材料成型及控制工程专业重钢班，实行定单培养。重钢班已有两届，还将连续举办 3 届。位于重庆九龙坡区的西南铝加工厂铝加工能力居亚洲第一，中国铝业在永川建立的 30 万吨/年电解铝厂，这些都给冶金工艺类专业为区域经济建设服务提供了巨大的舞台，而且必将在重庆地方经济建设中发挥重大作用。

为冶金行业发展服务。冶金工业作为基础原材料工业，在国民经济中占有十分重要的地位。我国 2008 年钢产量已超 5 亿吨，连续 13 年稳居世界第一，成为世界产钢大国，但非钢铁强国。与国际先进钢铁企业相比，我国钢铁企业缺少自主知识产权，缺乏重大专有技术，在关键技术上受制于人。同时，随着政府和公众对钢铁行业的环保要求日益提高，资源的激烈竞争，国际钢铁行业的大规模联合重组也给国内企业带来不小的压力。因此冶金工业必须坚持科学发展观，走可持续发展之路，利用高新技术改造和提升钢铁工业技术水平，开发、生产、应用新一代钢铁材料。钢铁行业不再是劳动密集型非技术性行业，这就需要大量的高学历、懂技术、能解决工程实际问题、严格执行工艺纪律的高级应用型专门人才。在人才培养过程中，一定要将新思想、新知识、新技术融入教学活动中，才能培养适应行业需要的高素质合格冶金人才，为冶金工业的发展作出应有的贡献。

近五年来，我们对冶金工艺类专业的应用型人才培养规律进行了系统研究，主要涉及人才培养模式、课程体系、教学内容、教学方法、教学手段、管理机制等领域。承担与实验区相关的教学改革项目 3 项，发表关于实验区教学改革与研究的论文 8 篇，主编、副主编冶金行业"十一五"规划教材 11 部。

1. 承担与实验区相关的教学改革项目

（1）面向市场 突出特色——冶金工程品牌专业建设的研究与实践，市教委教学改革研究项目，朱光俊，主持人，2007 ~ 2009 年。

（2）工艺性专业应用型人才培养创新体制建设与实践，市教委教学改革研究项目，吕俊杰，主持人，2006 ~ 2008 年。

（3）冶金工程特色专业建设。市教委质量工程项目，吕俊杰，主持人，2008 ~ 2011 年。

2. 关于实验区教学改革与研究的论文

（1）日本东北大学本科人才培养的启示，中国冶金教育，朱光俊，第 1 作者，2008 年。

（2）冶金工程品牌专业建设的目标，中国冶金教育，朱光俊，第 1 作者，2006 年。

（3）产学研结合 培养高素质应用型冶金专业人才的实践，中国冶金教育，吕俊杰，第 1 作者，2008 年。

（4）转变教育观念 办出应用型本科教育特色，中国冶金教育，吕俊杰，第 1 作者，2007 年。

（5）应用型冶金工程人才培养方案的思考，中国冶金教育，杨治立，第 1 作者，2008 年。

（6）冶金工程专业培养高素质创新人才的探索与实践，中国冶金教育，杜长坤，第 1 作者，2005 年。

（7）以创新加快培养应用型冶金人才，第 1 作者，中国冶金报，2008-03-22。

（8）冶金工程专业本科毕业设计模式与培养创新人才的思考，重庆科技学院学报（社会科学版），周书才，第 1 作者，2009 年。

3. 主编、副主编冶金行业"十一五"规划教材

(1)《冶金热工基础》，冶金工业出版社，朱光俊，主编，2007 年。

(2)《冶金原理》，冶金工业出版社，韩明荣，主编，2008 年。

(3)《传输原理》，冶金工业出版社，朱光俊，主编，2009 年。

(4)《钢铁厂设计原理》，冶金工业出版社，万新、王令福，主编，2009 年。

(5)《炼铁学》，冶金工业出版社，梁中渝，主编，2009 年。

(6)《炼钢学》，冶金工业出版社，雷亚，主编，2009 年。

(7)《轧制测试技术》，冶金工业出版社，宋美娟，主编，2008 年。

(8)《金属学及热处理》，冶金工业出版社，范培耕，副主编，2008 年。

(9)《连续铸钢》，冶金工业出版社，周书才，副主编，2008 年。

(10)《炉外处理》，冶金工业出版社，杨治立，副主编，2008 年。

(11)《金属压力加工工艺学》，冶金工业出版社，胡彬，副主编，2008 年。

三、培养方案

(一) 培养目标

人才培养目标定位对整个办学都起着决定性的指导作用。人才培养目标定位模糊，对于教学资源的配置、师资队伍的建设、教学内容的确定、教学方法的选择、教学活动形式的组织、教学管理制度的建立、教学质量的评价等各项工作的开展都将产生不利影响。

冶金工艺类专业人才培养目标：培养适应社会发展需要，德、智、体、美全面发展，基础扎实、知识面宽、实践能力强、综合素质高，掌握现代冶金工艺相关基础理论、专业知识和基本技能，善于应用现代信息技术和管理技术，从事冶金工程及相关领域的生产、管理及经营、工程设计，有创新精神的获得工程师基本训练的高级应用型专门人才。

冶金工艺类专业人才培养规格：

(1) 知识结构：

1) 掌握冶金工艺类专业必需的机械、电工电子、计算机应用的基本知识；

2) 掌握物理化学、传输原理、金属学及热处理等冶金工艺类专业基础知识；

3) 掌握冶金材料学科的基础理论与专门知识；

4) 掌握冶金工艺类专业的专业知识及技术经济与管理知识；

5) 掌握一门外国语；

6) 了解法律及体育锻炼的基本知识。

(2) 能力结构：

1) 具备本专业必需的机械、电工与电子技术、计算机应用、外语阅读与翻译的基本能力；

2) 具有较强的本专业领域内的工程设计、生产组织和管理能力；

3) 具有炼钢（转炉）或炼铁（高炉）或有色金属冶金或轧钢高级工操作技能；

4) 具有研发新技术、新工艺和新材料的初步能力；

5) 具有一定的组织管理和良好的人际交往能力。

（3）素质结构：

1）具有良好的思想道德品质，热爱祖国，遵纪守法，爱岗敬业，团结协作；

2）具有一定的文化艺术修养和较好品位的人文素质；

3）具有严谨的科学态度、务实的工作作风和能胜任冶金行业工作需要的业务素养；

4）具有适应冶金行业相关工作岗位、生活环境和迎接社会竞争与合作共事所需要的健康体魄和心理素质，达到大学生体质健康合格标准。

（二）方案设计及可行性

人才培养方案是实现人才培养目标和基本要求的总体规划和蓝图，是办学思想、培养目标、人才培养模式、对学生知识结构要求的具体体现。冶金工程专业从 2004 年开始招生，材料成型及控制工程专业从 2005 年开始招生，其人才培养方案每年都在根据市场需要进行调整。冶金工艺类专业的总体改革思路是："加强通识基础，拓宽学科基础，凝练专业主干，灵活专业方向，注重实践能力"。冶金工艺类专业人才培养方案主要突出以下几方面特点：

（1）加强基础，强化理论应用。

作为培养未来冶金工程师的应用型本科专业，其课程设置应包括与其专业相应的自然科学和工程科学的基础知识。课程体系分为理论教学和实践教学两大模块。加强基础理论教学是现代冶金教育和增强学生适应性的要求，也是培养应用型本科人才的要求。应用型本科人才的基础理论教学，包括公共基础课程和专业基础课程。公共基础课程要着眼于提高学生适应社会及自身发展的基本能力和基础人文科技素质的培养。公共基础课程包括自然科学基础课程，如高等数学、大学物理、大学化学等；人文、社会科学基础课程，如"两课"、经济管理等；工具类基础课程，如计算机基础、外语、科技文献检索等。专业基础课程主要是培养学生在其专业技术领域中通用的基本知识和基本技能，其口径要宽，主要课程要扎实，形成支撑专业理论体系的坚实支柱，如冶金工程专业的物理化学、冶金原理、冶金传输原理、金属学及热处理等课程。专业课程主要进行专业深化，提升学生的专业素质，同时要将基础理论与专业理论有机结合，加强基础理论教学内容的应用性部分，把应用性内容渗透到理论教学的全过程。为凸显应用型人才培养特色，在出版系列行业规划教材基础上，拟出版系列行业规划实验实训教材。

（2）注重实践，强化工程能力的培养。

实践教学是应用型本科人才培养过程中的重要环节，实践课程在其课程体系构架中占有重要位置。应用型人才应树立强烈的工程意识，具有较强的分析问题、解决实际问题的能力，即工程能力。工程能力的培养主要依靠相关课程的实验、课程设计、各种实习实训以及最后的毕业设计（论文）等实践课程来进行。因此，在实践性教学环节的安排上，要强化能力培养，同时强调理论教学与实践教学的有机结合。实践教学包括课内实践教学和独立实践环节。实践教学重点考虑四个方面的教学需要：1）注重理论和实践的结合：主要是课程实验和课程设计。2）注重基本技能的训练：基本技能训练包括计算机能力、专业技术能力、英语实践能力等。3）注重专业实践能力培养：通过认识实习、生产实习、技能训练、毕业设计（论文）等来由浅入深进行全面的专业实践能力训练，同时组织创新团队、科技活动小组、参加教师项目等多种辅助形式，完成对学生的专业实践能力培养。4）注重综合能力的提高：通过丰富毕业设计（论文）的指导，提高学生的综合能力。在毕业设计（论文）的指导过程中，不仅按照要求需要完成各项规定的工作，同时要求学生对项目进行研讨、讲评、分析，提高学生的综合能力。实验教学打破按课程开设实验的格局，增设课程综合性实验、专业综合性实验、自主设计性实验及科研创新性实验。课程设计与课程教学内容相结合，毕业设计尽可能地从工程和工业生产中遴选课题，设计内容与参与实习的生产工艺相结合。在设计过程中，注重调研能力的锻炼，并将其作为设计的主要考核指标之一，促进学生深入实际，达到加强工程意识的目的。如冶金工程专业的主要实践教学环节应包括"两课实践"、"大学英语实践"、"大学化学集中实验"、"金工实习"、"机械基础课程设计"、"认识实习"、"计算机辅助设计"、"专业基础综合实验"、"生产实习"、"技能考核"、"冶金工程设计"、"专业综合实验"、"毕业设计（论文）"等，坚持实践教学四年不断线，理论与实践学分的比例为6∶4。通过这些环节对学生进行全方位的训练，可以培养学生综合实验能力、工程实践能力和创新能力。此外，为强调培养学生知识和技术的应用能力，强调培养学生解决实际问题的专业能力，还要求学生在校期间考取与本专业相关的职业技能证书，为求职就业奠定基础。

（3）搭建大专业基础平台，按市场需求选择专业方向，强化专业主干课程。

按大专业设置专业基础平台，用新技术和教学改革成果重组整合课程，根据社会需求设置专业方向。采取"5+3"教学组织方式，即前5个学期使用同一教学计划，主要学习公共基础课、专业基础课和公共选修课。后3个学期根据市场对人才的需要，分专业方向进行专业课的学习。

强化专业主干课程的教学是冶金工艺类应用型本科人才培养的必然要求，以冶金工程专业的钢铁冶金方向为例，必须保证铁冶金学、钢冶金学等专业主干课程的授课学时，授课内容力求专而精，明显区别于研究型大学的专业主干课程教学模式，使冶金工程专业毕业生具有扎实的专业知识。在教学内容上，以理论教学、实验教学、科学研究三个维度构成教学基本框架，改变传统教学中三个维度衔接不够的状况，通过相互交叉和有机结合构建新型的教学模式，引导学生投入到学习活动中，提高教学质量。

（4）产学研合作，适应行业发展需要。

应用型人才的培养，重在工程氛围的熏陶和实践环节的训练。良好的产学研合作教育和工程实践氛围的营造，是培养高素质应用型人才的保证。在应用型人才培养过程中采用产学研合作办学的模式，是为了从根本上解决学校教育与社会需求脱节的问题，缩小学校和社会对人才培养与需求之间的差距，增强学生的竞争能力。产学研合作的内在要求是以就业为导向，将应用型人才培养与企业的用人机制实现融通，依托当地政府与企业，积极寻求校企合作，建立产学研密切合作的运行机制。产学研合作的前提是必须建立或选择适合专业人才培养的有效基地，这种基地应当是设备工艺先进、管理水平高、有利于发挥学生创造力的骨干企业。学校聘请企业的工程技术人员担任现场兼职教师，企业为学生提供部分工作岗位，使学生在校期间有机会进入生产实践领域，获得真正的职业训练和工作体验。我们与全国许多大型冶金企业如宝钢、邯钢、攀钢、重钢等建立了良好的合作关系，并且与重钢、攀钢、川威、长城特钢等企业签订了校企双方产学合作办学协议，为产学研创建了较好条件。对于地方建设和行业发展急需的冶金人才，采取定单培养模式。结合行业和地方经济发展的需要，鼓励教师积极开展应用技术研究。经过多年的办学实践，我们在钢铁冶金学科建设方面已具有了一定的基础，初步形成了自己学科特色，取得了一系列研究成果。在炼铁原料性研究及高炉节能技术开发、炼钢工艺优化及辅助材料产业化等方面，形成了相关的技术和产品，在冶金企业得到了推广应用，取得了较好的社会效益和经济效益。一方面，教师通过承担科研课题，进行科学研究，提高教师的理论水平和专业能力，丰富充实教学内容。另一方面，学生通过参与科技开发，加深对理论的理解，培养创新能力。

（5）强调工程背景，加强师资队伍建设。

为凸显具有较强工程实践能力的应用型人才培养特色，要求全部教师都具有企业实际工作经验或现场实践经历。借助产学研合作的良好运行机制，聘请一批来自企业的工程师、专家和高级管理人员作为兼职教师。加大具有一定工程背景的高学历、高水平教师的引进力度，所有新引进的青年教师到现场实践至少半年。努力拓宽进修培养渠道，提高骨干教师的学历和学位，使本专业40岁以下尚未取得博士学位的教师全部按计划攻读博士学位，全面促进教师队伍的业务和学识水平，造就一支具有显著工程实践能力、有较高学术水平和学历层次的高质量的教师队伍。使从事冶金工艺类专业教学的教师不仅是冶金技术方面的"理论家"，更是应用冶金技术的"实践者"。

（6）加强实践基地建设，强化实践训练。

应用型人才的培养，必须有相应的校内实验实训场所和校外实习实训基地。在巩固重钢、攀钢、川威、长城特钢等现有实习基地的基础上，加强与企业和研究院所的联系，建立稳定的校外实习实训基地8个以上。为充分体现"获得工程师基本训练"的应用型人才培养特色，学校投入专项资金750万元建成国内独一无二的具有现代化水平的产学研一体化的校内"冶金技术与装备综合实践教学平台"，再现炼铁、炼钢、轧钢等冶金生产过程。该实训平台既可以进行技能训练，又可开展课题研究；既可进行实验、实习，又可进行岗位实践；既能承担工程项目和生产任务，又可模拟仿真生产过程；既可为学生按行业要求设计实训项目，使学生亲身体验和深入了解现代化的工艺流程、生产环节、工程项目组织、实施和管理的全过程，又可为社会各界工程技术人员的知识更新、职业培训、新技术推广创造更好的条件。

（7）注重学生终身学习能力和创新意识的培养。

大学教育一方面是让学生获得相应的知识和技能，更重要的一方面是让学生学会学习的方法。为了培养学生运用英语获取专业知识的能力，培养学生的终身学习能力，加强自学能力和创新能力的培养，分别开设双语课程、自主学习课程和综合研讨课程。加强学科交叉与融合，强化学生综合素质培养。设立跨学科、跨专业学分要求，选修学分比例达20%。鼓励学生参加各类科技竞赛，如大学生数模竞赛、电子设计竞赛、英语演讲比赛等，努力拓展学生的专业知识，提高学生的实践能力，培养学生的创新意识。以就业为导向，改革传统毕业设计教学模式。目前的人才培养方案中毕业设计（论文）只有一学期，这对从事课题研究的学生来说时间太过仓促。所以，毕业设计（论文）可以采取分类教学模式。一类主要针对报考研究生或有兴趣从事课题研究的学生；二类主要针对从事技术工作的学生。对于第一类学生，建议他们选修第六学期开设的综合研讨课，选修该课程必将为课题研究打下良好基础。这类学生四年级开始即可根据自己的兴趣在导师的指导下进行某一课题的研究，撰写毕业论文，并将研究结果写出详细摘要在相关刊物发表。第二类毕业设计的主要方式是工艺性设计，重在培养学生的工艺设计、工艺计算、设备选型、绘图、成本核算等基本能力。

（8）人才培养模式创新实验区实践——建立试点班。

在 2010 年冶金工程专业学生中择优建立试点班，遵循"基础扎实、知识面宽、实践能力强、综合素质高"的指导思想，注重学生技术应用能力和工程实践能力培养，注重提高学生综合素质。在充分调研与研究的基础上，不断优化冶金工程专业（试点班）人才培养方案并实施。在实施过程中，不断总结经验及成果，并将研究成果又不断融入人才培养过程中，以实施—优化—再实施—再优化的模式，形成冶金工艺类专业应用型本科人才培养模式，以便推广与示范。

可行性分析：

（1）冶金工艺类专业有着悠久的办学历史，长期的办学实践，在师资队伍建设、教材建设、实验室建设以及工程环境建设等方面取得了较大的成就，积累了丰富的办学经验，在注重学生技术应用能力培养方面具有较强的实力。

（2）冶金工程专业从 2004 年开始招生，材料成型及控制工程专业从 2005 年开始招生，每年都根据社会发展需要和行业需求调整人才培养方案，掌握了冶金工艺类应用型人才培养的基本规律，新方案是对现有人才培养方案的进一步完善和优化，可操作性强。

（3）本专业拥有一批爱岗敬业、业务素质高、德才兼备、年龄与知识结构合理的教师队伍。

（4）冶金工艺类专业面向行业办学，学校前身隶属冶金工业部，与企业有广泛的合作与交流，可以充分发挥校友的作用，实习基地建设有保障。"冶金技术与装备综合实践教学平台"是学校 2009 年专项建设项目，正进入实施阶段。冶金工艺类专业实验、实训设备总值已达 1800 万元，校内实验、实训场所有保障。同时，学生可在实验室参与教师的科研项目，提高学生的创新能力。

（5）冶金工程专业是重庆市首批特色专业建设点和重庆科技学院依托行业办学的两大重点投入建设的骨干专业。综上所述，在重庆科技学院建设冶金工艺类专业应用型本科人才培养模式创新实验区，具有良好的前期工作基础和得天独厚的有利条件，是完全可行的。

四、保障体系

（一）师资队伍

1. 师资队伍结构

冶金工艺类专业现有专职教师 42 人，其中教授 7 人（不含兼职教授 6 人），占 17%；副教授 10 人，占 24%；讲师（工程师）17 人，占 40%；助教 8 人，占 19%。现有博士 3 人，占 7%，在读博士 4 人；硕士研究生 28 人，占 67%，在读硕士 2 人。多数教师具有企业实际工作经验或现场实践经历。从年龄结构看，45 岁以上教师 10 名，占 24%；35～45 岁教师 20 名，占 48%；35 岁及以下教师 12 名，占 28%。经过多年的建设，专业师资队伍有了较大的发展，目前，已拥有一支素质较高、梯队结构合理、教学科研水平较高、人心稳定并与学科专业建设、教学、科研工作基本适应的师资队伍。

2. 主要的专职教师（具有副高及副高以上专业职务的专职教师）

姓名	性别	出生年月	学位	专业技术职务	学科专业	承担的教学工作
朱光俊	女	1965.11	硕士	教授	钢铁冶金	冶金传输原理、毕业（设计）论文
夏文堂	男	1964.11	博士	教授级高级工程师	有色金属冶金	铁合金冶金学、冶金工程导论、重金属冶金学、毕业（设计）论文
宋美娟	女	1963.04	博士	教授	材料科学与工程	轧制测试技术、金属压力加工毕业实习与设计
吕俊杰	男	1963.07	硕士	教授	钢铁冶金	铁合金冶金学、冶金工程设计、生产实习、毕业（设计）论文
梁中渝	男	1954.08	硕士	教授	钢铁冶金	铁冶金学、冶金工程设计、生产实习、毕业（设计）论文
雷 亚	男	1954.06	学士	教授级高级工程师	钢铁冶金	连续铸钢、毕业（设计）论文
曹鹏军	男	1960.10	硕士	教授	材料学	金属学及热处理、毕业（设计）论文
杨治立	男	1969.05	硕士	副教授	钢铁冶金	计算机在冶金中的应用、冶金工程设计、生产实习、技能考核、毕业（设计）论文
万 新	男	1964.04	硕士	副教授	钢铁冶金	钢铁厂设计原理、铁冶金学、冶金工程设计、专业综合实验、毕业（设计）论文
杜长坤	男	1964.02	学士	高级工程师	钢铁冶金	耐火材料、毕业（设计）论文
任正德	男	1964.08	硕士	副教授	钢铁冶金	钢冶金学、毕业（设计）论文
韩明荣	女	1963.02	硕士	副教授	冶金物理化学	冶金原理、计算机辅助设计、专业基础实验、毕业（设计）论文
胡 彬	女	1963.01	硕士	副教授	金属压力加工	材料成型设备、塑性加工金属学、轧制工艺学、轧钢设备课程设计、金属压力加工毕业实习与设计
张明远	男	1971.12	学士	高级工程师	冶金工程	冶金实验研究方法、专业综合实验、毕业（设计）论文
曾 红	女	1968.02	硕士	副教授	机械电子工程	热工基础、冶金自动化技术、毕业（设计）论文
周 进	男	1956.11	学士	副教授	焊接工艺及设备	金属力学性能、焊接方法与设备、金属压力加工毕业实习与设计
陈志刚	男	1971.01	学士	高级工程师	焊接工艺及设备	焊接缺陷分析与控制
石永敬	男	1974.07	博士	讲师	钢铁冶金	生产实习

3. 主要的兼职教师

姓名	性别	出生年月	学位	专业技术职务	学科专业	承担的教学工作	从事相关专业领域及岗位
邹德余	男	1949.08	本科	教授	钢铁冶金	铁冶金学	重庆大学材料学院
陈登福	男	1965.02	博士	教授/博导	钢铁冶金	钢冶金学	重庆大学材料学院
邹忠平	男	1964.03	本科	教授级高工	钢铁冶金	钢铁厂设计原理	中冶赛迪股份公司
余维江	男	1961.09	本科	教授级高工	钢铁冶金	钢铁厂设计原理	中冶赛迪股份公司
魏功亮	男	1961.07	本科	高工	钢铁冶金	炼铁原料	重庆钢铁公司炼铁厂
周远华	男	1964.10	本科	教授级高工	钢铁冶金	连续铸钢	重庆钢铁公司钢研所
黄光杰	男	1964.10	博士	教授	材料加工	塑性加工金属学	重庆大学材料学院
田应甫	男	1951.05	本科	高工	有色金属冶金	轻金属冶金学	重庆天泰铝业公司

4. 师德、业务素质（教师风范、近 5 年来主要的教学成果、教改和科研项目、主编教材及代表性著作、代表性论文等）

　　教师中有原重庆市学术技术带头人后备人选 2 人，重庆市高校中青年骨干教师 5 人，重庆市优秀中青年骨干教师资助计划 2 人，海外进修学习经历 4 人。有学校科研团队 4 个，学校教学团队 1 个。近五年来，主持省部级教学改革与教学研究项目 3 项，以第一作者发表教学研究论文 20 余篇，获得优秀教学成果奖 4 项；主持省部级科研项目 20 项，以第一作者发表核心期刊论文 45 篇，指导学生科技创新获奖 3 项；主编冶金行业"十一五"规划教材 7 部。

获得的主要荣誉：

（1）重庆市高校第四批中青年骨干教师，重庆市教委，朱光俊，2007 年。

（2）重庆市高校第五批中青年骨干教师，重庆市教委，夏文堂，2008 年。

（3）重庆市高校第三批中青年骨干教师，重庆市教委，吕俊杰，2006 年。

（4）重庆市高校首批中青年骨干教师，重庆市教委，曹鹏军，2004 年。

（5）重庆市高校首批中青年骨干教师，重庆市教委，任正德，2004 年。

（6）第五届"挑战杯"中国大学生创业计划大赛重庆赛区优秀指导教师，重庆市教委，曹鹏军，2006 年。

（7）第四届"挑战杯"中国大学生创业计划大赛重庆赛区优秀指导教师，重庆市教委，吴明全，2004 年。

（8）第六届"挑战杯"中国大学生创业计划大赛重庆赛区优秀指导教师，重庆市教委，吴明全，2008 年。

（9）宝钢教育优秀教师奖，朱光俊，2004 年。

（10）宝钢教育优秀教师奖，任正德，2005 年。

主持的省部级教学改革研究项目：

（1）面向市场　突出特色——冶金工程品牌专业建设的研究与实践，市教委教学改革研究项目，朱光俊，主持人，2007～2009 年。

（2）工艺性专业应用型人才培养创新体制建设与实践，市教委教学改革研究项目，吕俊杰，主持人，2006~2008年。

（3）冶金工程特色专业建设，重庆市教改项目，吕俊杰，主持人，2008~2011年。

发表的主要教学研究论文：

（1）"冶金传输原理"课程的教学改革与实践，教育与职业，朱光俊，第1作者，2009年。

（2）日本东北大学本科人才培养的启示，中国冶金教育，朱光俊，第1作者，2008年。

（3）冶金工程品牌专业建设的目标，中国冶金教育，朱光俊，第1作者，2006年。

（4）课程考试改革的调查研究与实践，中国冶金教育，朱光俊，第1作者，2005年。

（5）日本东北大学本科教学与管理，重庆科技学院学报（社会科学版），朱光俊，第1作者，2009年。

（6）产学研结合　培养高素质应用型冶金专业人才的实践，中国冶金教育，吕俊杰，第1作者，2008年。

（7）转变教育观念　办出应用型本科教育特色，中国冶金教育，吕俊杰，第1作者，2007年。

（8）"热工基础"精品课程建设的探索与实践，中国冶金教育，吕俊杰，第1作者，2006年。

（9）精心组织　狠抓落实　搞好炼钢专业毕业设计（论文）规范化，中国冶金教育，吕俊杰，第1作者，2003年。

（10）金属材料工程本科专业实验室建设研究探讨，高校教育研究，曹鹏军，第1作者，2009年。

（11）应用型冶金工程人才培养方案的思考，中国冶金教育，杨治立，第1作者，2008年。

（12）冶金工程专业培养高素质创新人才的探索与实践，中国冶金教育，杜长坤，第1作者，2005年。

（13）以创新加快培养应用型冶金人才，杜长坤，第1作者，中国冶金报，2008-03-22。

（14）创新学籍管理方法　提高学校育人质量，教育与职业，朱光俊，第2作者，2008年。

（15）高素质创新人才培养探索，中国成人教育，吕俊杰，第2作者，2006年。

（16）树立和落实科学发展观　实现学院跨越式发展，中国冶金教育，吴明全，第1作者，2006年。

（17）工程应用能力培养的调查研究，重庆工专学报，吴明全，第1作者，2001年。

（18）冶金工程专业本科毕业设计模式与培养创新人才的思考，重庆科技学院学报（社会科学版），周书才，第1作者，2009年。

（19）高校实验室技术档案规范化管理浅探，兰台世界，任蜀焱，第1作者，2006年。

获得的主要教学成果：

（1）"依托行业，突出应用，建设冶金工程特色专业"优秀教学成果一等奖，重庆科技学院，吕俊杰，排名第1，2008年。

（2）"热工基础课程的建设与教学改革"优秀教学成果二等奖，重庆工业高等专科学校，朱光俊，排名第 1，2003 年。

（3）产学研结合，培养高素质"工程化"人才的探索与实践优秀教学成果二等奖，重庆科技学院，任正德，排名第 1，2004 年。

（4）"大学生科技创新能力培养研究与实践"优秀教学成果二等奖，重庆科技学院，杜长坤，排名第 3，2008 年。

承担的省部级学术研究课题：

（1）低钒钢渣酸性浸取提钒机理研究，重庆市科委自然科学基金项目，朱光俊，主持人，2008～2009 年。

（2）富氧燃煤固硫剂及添加剂的研制，重庆市教委科学技术研究项目，朱光俊，主持人，2007～2008 年。

（3）煤的富氧洁净燃烧技术研究，重庆市教委科学技术研究项目，朱光俊，主持人，2003～2005 年。

（4）重庆市住宅建筑能耗标识体系的研究，重庆市建委科学技术研究项目，朱光俊，主持人，2005 年。

（5）镁合金变形机理与成形性能研究，重庆市科委自然科学基金项目，宋美娟，主持人，2004～2006 年。

（6）变形镁合金成形性能及塑性损伤机理研究，重庆市科委自然科学基金项目，宋美娟，主持人，2006～2008 年。

（7）中厚板轧制工艺—组织—性能模型在线控制研究，重庆市教委科学技术研究项目，宋美娟，主持人，2000～2002 年。

（8）钡系合金的精炼与杂质控制，重庆市科委自然科学基金项目，吕俊杰，主持人，2006～2008 年。

（9）Si-Ca-Sr-Ba 复合合金的开发研究，重庆市教委科学技术研究项目，吕俊杰，主持人，2000～2001 年。

（10）蓄热式热风炉优化节能烧炉，重庆市科委自然科学基金项目，梁中渝，主持人，2000～2003 年。

（11）耐腐蚀新型软磁合金的研究，重庆市科委攻关项目，雷亚，主研人，2005～2006 年。

（12）高强度铜基大块非晶纳米晶复合材料研究，教育部科学技术研究项目，曹鹏军，主持人，2008～2010 年。

（13）Cu 基、Fe 基大块非晶玻璃合金的研究，重庆市科委自然科学基金项目，曹鹏军，主持人，2005～2007 年。

（14）铜基大块非晶玻璃形成能力的研究，重庆市科委自然科学基金项目，曹鹏军，主持人，2007～2009 年。

（15）航空航天用新型功能磁性材料研究，重庆市教委科学技术研究项目，曹鹏军，主持人，2005～2007 年。

（16）纳米材料 TiO_2 在汽车面漆中的应用研究，重庆市教委科学技术研究项目，曹鹏军，主持人，2001~2003 年。

（17）转炉中碳铬铁渣中铬的形态研究，重庆市科委自然科学基金项目，杨治立，主持人，2007~2008 年。

（18）转炉吹炼中碳铬铁的工艺研究，重庆市教委科学技术研究项目，任正德，主持人，2005~2008 年。

（19）含镁合金的精炼机理及应用研究，重庆市科委自然科学基金项目，任正德，主持人，2002~2004 年。

（20）Al-Mg 合金的还原精炼机理和应用研究，重庆市教委科学技术研究项目，任正德，主持人，2000~2001 年。

发表的核心期刊学术论文：

（1）Effect of electromagnetic stirring on solidification structure of austensitic stainless steel in horizontal continuous casting，China Foundry，周书才，第 1 作者，2007 年，SCI 收录。

（2）Desulfurization characteristics of $CaO-SiO_2-BaO-CaF_2-Al_2O_3-MgO$ refining slag，Journal of Iron and Steel Research，高艳宏，第 1 作者，2005 年，SCI 收录。

（3）中小型转炉炉壳变形的数值模拟，北京科技大学学报，全国中文核心期刊，朱光俊，第 1 作者，2007 年，EI 收录。

（4）空调运行模式对住宅建筑采暖空调能耗的影响，重庆建筑大学学报，全国中文核心期刊，朱光俊，第 1 作者，2006 年，EI 收录。

（5）住宅建筑采暖空调能耗模拟方法的研究，重庆建筑大学学报，全国中文核心期刊，朱光俊，第 1 作者，2006 年，EI 收录。

（6）镁合金板材超塑性成形极限的实验研究，材料工程，全国中文核心期刊，宋美娟，第 1 作者，2007 年，EI 收录。

（7）16Mn 钢中厚板组织性能与工艺参数优化回归分析，特殊钢，全国中文核心期刊，宋美娟，第 1 作者，2002 年，EI 收录。

（8）钡系复合合金对钢液脱氧行为的研究，钢铁，全国中文核心期刊，吕俊杰，第 1 作者，2004 年，EI 收录。

（9）电渣精炼铸造铁水生产球墨铸铁，铸造，全国中文核心期刊，吕俊杰，第 1 作者，2004 年，EI 收录。

（10）蓄热式热风炉优化节能烧炉的研究，钢铁，全国中文核心期刊，梁中渝，第 1 作者，2002 年，EI 收录。

（11）优化烧结配料分析，钢铁，全国中文核心期刊，梁中渝，第 1 作者，2001 年，EI 收录。

（12）Cu 基大块非晶合金的制备和机械性能分析，东北大学学报，全国中文核心期刊，曹鹏军，第 1 作者，2007 年，EI 收录。

（13）铝镍钴定向凝固过程的模拟研究，材料工程，全国中文核心期刊，杨治立，第 1 作者，2009 年，EI 收录。

（14）低频电磁场对奥氏体不锈钢铸坯组织的影响，材料工程，全国中文核心期刊，周书才，第 1 作者，2008 年，EI 收录。

（15）电磁搅拌对马氏体不锈钢连铸坯组织和表面质量的影响，铸造技术，全国中文核心期刊，周书才，第 1 作者，2006 年，EI 收录。

（16）电磁搅拌对水平连铸奥氏体不锈钢组织的影响，特种铸造及有色合金，全国中文核心期刊，周书才，第 1 作者，2006 年，EI 收录。

（17）煤粉燃烧固硫的研究，矿业安全与环保，全国中文核心期刊，朱光俊，第 1 作者，2004 年。

（18）重钢炼钢厂 80t 钢包热分析，炼钢，全国中文核心期刊，朱光俊，第 1 作者，2006 年。

（19）自热熔炼节能途径探析，冶金能源，全国中文核心期刊，朱光俊，第 1 作者，2006 年。

（20）Experiment study on sulfur fixing of coal combustion，Journal of Ecotechnology Research，朱光俊，第 1 作者，2006 年。

（21）燃煤固硫剂及添加剂的研究进展，冶金能源，全国中文核心期刊，朱光俊，第 1 作者，2008 年。

（22）化学二氧化锰作硫酸锰溶液除钼剂的研究，电池工业，全国中文核心期刊，夏文堂，第 1 作者，2008 年。

（23）硫酸锰溶液深度除钼的试验探讨，矿冶，全国中文核心期刊，夏文堂，第 1 作者，2008 年。

（24）硫酸锰溶液深度除钼研究，无机盐工业，全国中文核心期刊，夏文堂，第 1 作者，2008 年。

（25）电解二氧化锰生产过程中硫酸锰溶液深度除钼的试验研究，中国锰业，全国中文核心期刊，夏文堂，第 1 作者，2008 年。

（26）镁合金的超塑性与损伤定量分析，稀有金属，全国中文核心期刊，宋美娟，第 1 作者，2006 年。

（27）轧制镁合金板材超塑性变形时的空洞损伤行为，有色金属，全国中文核心期刊，宋美娟，第 1 作者，2006 年。

（28）热轧 AZ31B 镁合金板材超塑成形性能研究，金属成形工艺，全国中文核心期刊，宋美娟，第 1 作者，2004 年。

（29）碳素铬铁冶炼的脱硫实践，铁合金，全国中文核心期刊，吕俊杰，第 1 作者，2005 年。

（30）矿热炉和电弧炉冶炼稀土硅铁的实践，稀土，全国中文核心期刊，吕俊杰，第 1 作者，2006 年。

（31）中国铁合金工业的结构调整与发展趋势，铁合金，全国中文核心期刊，吕俊杰，第 1 作者，2007 年。

（32）Study on energy saving combustion of regenerative hot blast stove，Journal of Ecotechnology Research，梁中渝，第 1 作者，2006 年。

（33）激光涂覆 L-605 钴基高温合金的试验研究，热加工工艺，全国中文核心期刊，曹鹏军，第 1 作者，2002 年。

（34）钴粉涂层激光表面合金化的试验分析，重庆大学学报，全国中文核心期刊，曹鹏军，第1作者，2004年。

（35）重钢50t转炉炉壳温度场及热应力分析，炼钢，全国中文核心期刊，杨治立，第1作者，2004年。

（36）钢包稳态温度场的有限元模拟，特殊钢，全国中文核心期刊，杨治立，第1作者，2007年。

（37）铬渣无害化和资源化处置技术研究现状，冶金能源，全国中文核心期刊，杨治立，第1作者，2008年。

（38）纯净高硅锰铁合金的生产实践，铁合金，全国中文核心期刊，张明远，第1作者，2007年。

（39）碳硅热法冶炼硅钙合金新工艺，铁合金，全国中文核心期刊，张明远，第1作者，2006年。

（40）包装工程自动化旋转机械转子不平衡特征分析，包装工程，全国中文核心期刊，曾红，第1作者，2004年。

（41）炼钢粉尘处理工艺的最新发展，冶金能源，全国中文核心期刊，王令福，第1作者，2006年。

（42）六流连铸中间包内型优化水模试验，冶金能源，全国中文核心期刊，王令福，第1作者，2007年。

（43）重钢750m³高炉开炉达产实践，炼铁，全国中文核心期刊，吴明全，第1作者，2005年。

（44）富氧气氛下钙基固硫剂固硫的热力学和动力学分析，洁净煤技术，全国中文核心期刊，张生芹，第1作者，2007年。

（45）Mg-Cu-La三元非晶合金形成范围的热力学预测，重庆大学学报，全国中文核心期刊，周书才，第1作者，2005年。

获得的主要学术研究成果：

（1）蓄热式热风炉优化节能烧炉，重庆市科技进步三等奖，梁中渝，第1名，2006年。

（2）利用稀土铝合金化提高HB钢热穿孔顶头的使用寿命研究，重庆市科技进步三等奖，曹鹏军，第1名，2003年。

（3）出钢精炼用复合添加剂研究，重庆市科技进步三等奖，任正德，第1名，2002年。

（4）耐腐蚀新型软磁合金的研究，重庆市技术发明三等奖，雷亚，第2名，2008年。

主编的教材：

（1）《冶金热工基础》，冶金工业出版社，朱光俊，主编，2007年。

（2）《冶金原理》，冶金工业出版社，韩明荣，主编，2008年。

（3）《传输原理》，冶金工业出版社，朱光俊，主编，2009年。

（4）《钢铁厂设计原理》，冶金工业出版社，万新、王令福，主编，2009年。

（5）《炼铁学》，冶金工业出版社，梁中渝，主编，2009年。

（6）《炼钢学》，冶金工业出版社，雷亚，主编，2009年。

（7）《轧制测试技术》，冶金工业出版社，宋美娟，主编，2008年。

（二）教学条件（教室、实验室教学设备的配置，基本教学资料，教材选用情况，专业图书资料，含网络数据库、数字化图书馆，实习实训场地等教学基础设施等）

学校占地 2000 余亩，建筑总面积 50 余万平方米，教学仪器设备总值 9950 余万元。位于重庆大学城占地 1500 亩的新校区东邻歌乐山国家级森林公园，西有缙云山国家级森林公园，地理优势得天独厚。学习、生活和文化体育运动设施配套齐全，是重庆市"文明单位"和"园林式单位"。学校图书馆建筑面积 42000 多平方米，藏书 60 万余册，并拥有 EBSCO 外文数据库、中国优秀博硕士学位论文全文数据库、万方数字期刊、维普期刊数据库等大批数字化信息资源。为改善本科专业办学条件，学校连续四年每个专业平均投入经费不低于 20 万元，用于新办专业实验室、实习基地、图书资料的建设。近五年，学校每年投入 800 万元以上作为实验室建设和实习基地建设专项经费。在此基础上，充分利用新校区建设的良好机遇，学校还专项投入实验室建设经费 6500 万元左右，确保 2009 年教学仪器设备总值达到 1 亿元以上。冶金工艺类专业相关的基础实验室、专业基础实验室和专业实验室有房屋面积约 6000 平方米。目前实验设备总价值近 1800 万元，其中中央地方共建实验室项目 480 万元，已经完成的中央与地方共建基础实验室项目资金 240 万元，正在实施的中央与地方共建专业特色实验室项目资金 240 万元。

根据办学需要和社会教育资源状况，建设有校内外实习基地。校内实习基地有：电工电子实训基地、金工实习基地、职业技能鉴定站、冶金技术与装备综合实践教学平台。已经建成的校外实习基地有重庆钢铁集团公司、川威钢铁公司、长城特钢公司和达州钢铁公司等。在教材选用方面，优先选用国家优秀教材，确保专业使用近 3 年出版的新教材比例达到 40% 以上，专业课程中选用国外优秀教材作为专业教材或参考教材的不少于 2 门。

（三）管理与运行

学校对重庆市人才培养模式创新实验区项目非常重视，将对项目采取学校、学院两级管理模式，学院成立项目领导小组。由项目负责人直接对项目的进度、效果和成果负责。对项目经费和学校配套经费，由财务部门负责监管；对项目进度和完成情况由教务部门负责监管。教务处负责监督指导、检查培养模式改革工作，并协调相关部门，对人才培养模式改革提供必要的帮助和技术支持。学院不断完善管理制度，健全管理机制，推进管理创新，努力为冶金工艺类专业教学提供思想、人力、制度和条件保障。

1. 加强精神文明建设　树立传承创新理念　弘扬严谨实学精神——为专业教学提供思想保障

加强党建和思想政治工作，充分发挥基层党组织作用，保持学院政治稳定，大力推进精神文明建设，为学院发展提供精神动力。以师德师风建设为重点，深入开展"三育人"活动，规范教职工职业道德行为，提高职业道德水平。继承和发扬艰苦创业的优良传统，不断创新工作思路，严谨而认真地搞好教学和科研工作，坚持走"着力培养学生工程实践能力和创新精神"的特色之路，树立学院"传承创新　严谨实学"的育人理念。加强学生思想道德教育，以理想信念教育为核心，开展爱国主义、集体主义和社会主义教育。以科学精神、社会责任感、健康的心理状态和法制观念为重点，加强人文科学教育、法制教育、心理健康教育和为人师表的养成教育。开展形式多样、喜闻乐见、健康向上的校园文化建设活动。切实改进工作作风，扩大联系群众制度，关心群众疾苦，切实解决教职工和学生所遇到的思想困惑或实际困难。

2. 立足学科专业建设 优化师资队伍结构 营造良好学术氛围——为专业教学提供人力保障

紧密结合冶金材料行业的发展优势和学校发展的重大机遇，以重点学科和特色专业建设为依托，着力加强学科专业带头人建设，以学科专业带头人建设来促进特色研究方向的凝练和学术团队的形成。采取"长远规划、重点投入、分步实施"的建设思路，完善现有学科专业建设规划和新教师培养机制。以与兄弟院校合作开展联合培养研究生工作为契机，加大高学历和高水平教师的引进力度，培养和造就高水平学科专业带头人，建设一支高水平的学术队伍，产生一批高水平的标志性成果。

加强国内外的学术交流，邀请国内外著名专家、学者来院讲学。建立以学术会议、学术沙龙、学术报告会为主要载体的学术交流制度，形成以学科专业带头人和学术骨干为核心的学术研究群体。加强对学生科研活动的指导，鼓励学生创新、创业，建立本科生进入导师研究课题项目活动的机制，把教师的科研活动与学生能力培养有机地结合起来，营造良好学术氛围。加强兼职教师队伍的建设，坚持专兼结合、资源共享的原则，做好兼职教师的聘任工作，形成一支素质高、相对稳定、联系紧密、作用突出的兼职教师队伍。

3. 健全管理工作制度 创新管理工作机制 强化管理工作实效——为专业教学提供制度保障

建立健全学院教学工作、科研工作、学生工作、办公室工作、教研室工作等各项规章制度，使规章制度更加符合学院健康发展的需要。进一步完善内部管理体制，不断创新管理机制，逐步形成学院管理特色。规范院级领导班子集体决策程序，坚持党政联席会、院务工作例会和教学科研指导委员会三个会议制度，实施专家治院管理模式。建立定期的沟通制度，使每一名教职工明确学院的现状与发展思路，为学院的发展献计献策。挖掘潜力，以人为本，建立科学的长效激励政策，采取"一份投入、一份业绩，一份报酬"的正确导向，以激励为学院的建设与发展作出贡献和争得荣誉的集体和个人，充分调动和激发教师的教学科研热情，学生的学习积极性。

4. 加强教学基本建设 深化教育教学改革 提高教育教学质量——为专业教学提供条件保障

加强教学基本建设，确保2009年通过本科教学工作水平评估，力争各项指标达到良好是本阶段的重要任务。坚持"以评促建，以评促改，以评促管，评建结合，重在建设"的方针，扎实开展本科教学评建工作。适应学分制改革要求，完善本科人才培养方案；以拓宽学生知识面为目的，积极探索综合性课程设置；以就业为导向，改革传统毕业设计教学模式；健全学生引导与帮助机制，确保人才培养质量。加大精品课程、特色教材、重点实验室建设力度，以课程建设来推动课程体系、教学内容、教学方法、教学手段的改革；以教材建设来促进教学内容的更新，凸显应用型人才培养特色；以重点实验室建设为目标，积极开展"产学研"合作，拓宽自筹资金渠道，保障学科专业建设的可持续发展。以本科教学工作水平评估指标为依据，积极探索提高教学质量的措施和办法。如明确教学质量责任人，试行本科专业负责人制度、本科主干课程负责人制度、学生导师制度，成立院教学科研指导委员会，设立院教学质量奖，定期举行教学工作交流研讨，组织学科专业带头人及教授系列讲座，成立学生课外科技活动指导小组，实行教学质量一票否决制等。遵循本科人才培养方案，要求所有独立开课的教师都应做到"七个一"：有一个好的课程教学大纲，有一套适用的教材，有一份符合实际的教案，有一种灵活而有效的现代化教学手段，有一套严格的批改作业和开展教学辅导的方法，有一个科学而严谨的考核机制，有一份实事求是的学期教学质量总结。

（四）政策保障（学校在师资配备、教学科研经费、招生、升学等多方面的鼓励政策和实施情况）

重庆科技学院是以冶金和石油为办学特色的学校，学校非常重视冶金工艺类专业的人才培养模式改革，建立相应的指导、监督、激励、管理与评价机制。根据学科建设的发展和学术梯队建设的需要，在师资配备、用人机制、经费、招生等方面对冶金工艺类专业进行倾斜，具体采取以下措施：

（1）聘请专家对冶金工艺类专业人才培养模式改革工作进行指导，教务处负责监督指导、检查培养模式改革工作，并协调相关部门，对人才培养模式改革提供必要的帮助和技术支持，人才培养方案改革具相对的自主性。

（2）加强教学团队的建设，提高专业教师的业务水平。学校人事部门在人才引进和培养方面将对冶金工艺类专业人才培养模式改革予以倾斜，如优先送培冶金工艺类专业教师攻读博士学位；选派相关教师参加钢铁年会和国际学术交流，掌握国内外冶金技术的发展动态；在从企业引进具有工程背景的教师上也放宽学历的限制等。

（3）学校对冶金工艺类专业建设每年提供20万元的专项资金，重点用于教材、教学文件和教学资料等方面的建设。

（4）由于冶金工艺类专业的毕业生长期供不应求，学校对其招生工作给予特别支持，每年招生人数在200人左右，是其他专业的两倍多。

五、培养效果（学生的综合素质、能力及社会评价（包括预期的人才培养效果））

冶金工艺类专业人才培养模式创新实验区具有深厚的基础，通过多年的发展和创新，逐步完善了应用型人才培养模式，取得了良好的效果，冶金工艺类专业学生的整体素质不断提高，工程意识和创新能力不断增强，社会和用人单位给予很高的评价。

（一）学生综合素质不断提高

冶金工艺类专业人才培养模式创新实验区不但重视学生的专业知识的培养，同时还重视学生的生活学习态度的培养、科学文化素质的培养、人文社会素质的培养，更加重视学生社会责任感和使命感的培养和德、智、体、美协调发展，使学生综合素质不断提高。通过组织各种形式的讲座，引导学生树立正确的人生观和价值观；通过建立班级导师制度，让学生及早了解所学专业的概况，专业所需基础知识、专业体系结构、专业国内外发展现状和趋势，激发学生的学习热情，增强社会责任感和使命感。

（二）学生工程能力不断提升

实验区培养高素质应用型冶金工艺类高级人才的培养目标已经取得明显的效果，学生的工程意识、工程能力不断提升。全部毕业生都取得了冶金工程类的职业技能证书。

（三）社会认可程度不断增强

冶金工艺类专业毕业生由于具有扎实的专业知识和吃苦耐劳的精神，到企业能"下得去、留得住、上手快"，深受重庆钢铁公司、济南钢铁公司、莱芜钢铁公司、邯郸钢铁公司、酒泉钢铁公司、攀枝花钢铁公司等国有大中型企业的欢迎，每年毕业生的一次就业率均达到100%。

（四）预期的人才培养效果

冶金工艺类专业应用型本科人才培养模式创新实验区的成立，必将进一步促进重庆科技学院冶金工艺类专业培养更多更好的应用型人才，进一步激发教师研究新的教学方法、研究应用型人才培养的方法，投入更多的精力到本科教学之中，切实提高本科教学质量。实验区的成立，将会进一步提高重庆科技学院应用型人才培养平台建设水平，使其成为重庆市乃至全国的冶金工艺类专业应用型人才培养基地。

六、创新性（在教育理念（理论）、培养方案、管理与运行机制等多方面进行的改革与创新）

（一）教育理念——"三定"原则：行业、应用、实践

依据应用型本科人才的科学内涵，冶金工艺类专业应用型本科人才培养模式改革必须坚持"三定"原则，即定"性"在行业，定"向"在应用，定"点"在实践。突出"应用"是应用型本科人才培养的核心，也是应用型本科人才培养的根本途径。重庆科技学院由两所均已具有50多年办学历史的原重庆工业高等专科学校和原重庆石油高等专科学校合并组建而成，在地方和行业享有良好的办学声誉。总结半个世纪来的办学经验，培养具有显著行业特性和工程实践能力的应用型本科人才是传统工艺性专业的独到之处。因此，为切实提高冶金工艺类应用型本科人才培养质量，满足冶金行业需求，探索多种途径着力培养学生的工程实践能力和创新精神尤显重要。

（二）培养方案——"三目标"原则：知识、能力、素质

冶金工艺类应用型本科人才的知识、能力和素质要协调统一，其人才培养方案必须体现"三目标"原则，即在知识上，以"基础扎实、增强后劲"为目标；在能力上，以"强化应用、培养创新"为目标；在素质上，以"职业为先、综合并重"为目标。冶金工艺类专业人

才培养方案主要突出以下几方面特点：

（1）加强基础，强化理论应用。加强基础理论教学内容的应用性部分，把应用性内容渗透到理论教学的全过程。

（2）注重实践，强化工程能力的培养。坚持实践教学四年不断线，理论与实践学分的比例为6：4。要求学生在校期间考取与本专业相关的职业技能证书。

（3）搭建大专业基础平台，按市场需求选择专业方向，强化专业主干课程。采取"4+4"教学组织方式，授课内容力求专而精，明显区别于研究型大学的专业主干课程教学模式。

（4）产学研合作，适应行业发展需要。与企业建立良好的合作关系，聘请企业的工程技术人员担任现场兼职教师，企业为学生提供工作岗位。对于地方建设和行业发展急需的冶金人才，采取定单培养模式。

（5）强调工程背景，加强师资队伍建设。为凸显具有较强工程实践能力的应用型人才培养特色，要求全部教师都具有企业实际工作经验或现场实践经历。

（6）加强实践基地建设，强化实践训练。建立稳定的校外实习实训基地8个以上，投入专项资金建成校内"冶金技术与装备综合实践教学平台"，再现炼铁、炼钢、轧钢等冶金生产过程。

（7）注重学生终身学习能力和创新意识的培养。开设双语课程、自主学习课程和综合研讨课程。设立跨学科、跨专业学分要求，选修学分比例达20%。鼓励学生参加各类科技竞赛，培养学生的创新意识。以就业为导向，改革传统毕业设计教学模式。

（三）管理与运行机制——"四保障"原则：思想、人力、制度、条件

以师德师风建设为重点，规范教职工职业道德行为，提高职业道德水平。继承和发扬艰苦创业的优良传统，坚持走"着力培养学生工程实践能力和创新精神"的特色之路，树立学院"传承创新　严谨实学"育人理念。专业教师都要具有企业实际工作经验或现场实践经历。完善内部管理体制，不断创新管理机制，实施专家治院管理模式，形成学院管理特色。挖掘潜力，以人为本，建立科学的长效激励政策，充分调动和激发教师的教学科研热情，学生的学习积极性。

坚持"以评促建，以评促改，以评促管，评建结合，重在建设"的方针，扎实开展本教学评建工作，积极探索提高教学质量的措施和办法。加大精品课程、特色教材、重点实验室建设力度，以课程建设来推动课程体系、教学内容、教学方法、教学手段的改革；以教材建设来促进教学内容的更新，凸显应用型人才培养特色；以重点实验室建设为目标，积极开展"产学研"合作，保障学科专业建设的可持续发展。

通过系统、科学的规划和建设，集成专业建设取得的有效经验和实践效果，形成冶金工艺类专业建设内容的参考规范，在西部同类高校、同类专业中发挥推广和示范作用。

七、推荐单位意见

学校意见	学校着力于应用型人才的培养，主动为地方社会经济发展、区域经济和行业发展服务，以培养知识、能力和素质全面而协调发展，面向生产、建设、管理、服务一线的高级应用型人才为目标定位，并在地方化发展战略中彰显自己的特色。学校依托冶金、石油行业办学，在地方和行业享有良好的办学声誉。本实验区以冶金工艺类专业应用型本科人才培养为依托，以提高应用型人才培养质量为根本，力求探索工艺性应用型本科人才培养的途径及人才培养模式特色。实验区有较强的教学研究能力，有较丰富的教学及管理工作经验，该实验区将为工艺性应用型本科专业的建设发挥重要的指导作用，在西部同类高校、同类专业的应用型人才培养模式改革中具有普遍的推广价值和示范带动作用。实验区目标明确，思路清晰，建设方案可操作性强，同意申报。学校在师资配备、教学科研经费、招生等方面将对实验区进行倾斜，切实保证实验区的有效实施并取得人才培养预期效果。 　　　　　　　　　　负责人签字：　　　　　（公章） 　　　　　　　　　　　　　　年　　月　　日

第六章 精品课程

第一节 精品课程及其在重庆科技学院的实施

一、精品课程的基本情况

为贯彻落实《教育部财政部关于实施高等学校本科教学质量与教学改革工程的意见》（教高〔2007〕1号）、《教育部关于进一步深化本科教学改革全面提高教学质量的若干意见》（教高〔2007〕2号）和《教育部关于全面提高高等职业教育教学质量的若干意见》（教高〔2006〕16号）精神，教育部在2003年以来精品课程建设的基础上，从2007年开始启动新一轮国家精品课程建设工作。

（一）申报条件

申报课程必须是普通高等学校本科课程、高职高专课程或网络教育课程。本科申报的课程原则上要求是基础课、专业基础课或量大面广的专业课，在高等学校连续开设了3年以上，课程负责人为本校专职教师，具有教授职称。

高职高专申报的课程，要兼顾公共基础课、技术基础课与专业课。基础课要针对高职高专特点，注重与后期专业课内容衔接，适应高技能人才可持续发展的要求；专业课要突出职业能力培养，体现基于职业岗位分析和具体工作过程的课程设计理念，以真实工作任务或社会产品为载体组织教学内容，在真实工作情境中采用新的教学方法和手段进行实施。课程负责人要以高职院校专任教师为主，负责课程教学方案的规划落实与联络；鼓励专兼结合的教学团队共同开展教学方案的规划和设计，由来自企业、行业一线的优秀兼职教师主讲专业技能课程。

课程网站至少提供有该课程的教学大纲、授课教案、习题、实践（实验、实训、实习）指导、参考文献目录等材料以及至少三位主讲教师（包括课程负责人在内）每人不少于45分钟的现场教学录像（鼓励将课件或全程授课录像上网参评）。录像要充分反映教师风范、该教学单元的实际教学方法和教学效果，且必须按照"国家精品课程教学录像上网技术标准"制作。

为加大优质教学资源共享的力度，申报课程被评为国家精品课程后，要保证课程网站畅通，不断更新上网内容，逐年增加上网的授课录像，在2~3年内实现全程授课录像上网。教育部将对国家精品课程上网内容更新及全程授课录像上网情况进行检查，未通过检查的课程所在高校将在下一年度限制申报。

课程申报高校要重视精品课程建设工作，为申报课程提供建设经费，教育部为国家精品课程投入建设补助经费，保证国家精品课程的维护与共享。

（二）国家精品课程本科分学科配额

2007~2010 年国家精品课程本科分学科配额见表6-1。

表6-1　2007~2010 年国家精品课程本科分学科配额　　　　　（门）

一级学科	二级学科	2003~2010 年总配额	已入选门数	2007~2010 年配额
哲　学	哲学类	25	8	17
经济学	经济学类	94	37	57
法　学	法学类	63	19	44
	马克思主义理论类	11	0	11
	社会学类	22	3	19
	政治学类	31	7	24
	公安学类	11	0	11
教育学	教育学类	41	11	30
	体育学类	50	14	36
文　学	中国语言文学类	72	30	42
	外国语言文学类	84	24	60
	新闻传播学类	30	5	25
	艺术类	74	14	60
历史学	历史学类	44	15	29
理　学	数学类	80	37	43
	物理学类	70	26	44
	化学类	82	36	46
	生物科学类	76	31	45
	天文学类	10	1	9
	地质学类	25	8	17
	地理学类	27	8	19
	地球物理学类	10	0	10
	大气科学类	13	3	10
	海洋科学类	17	4	13
	力学类	15	2	13

一级学科	二级学科	2003~2010年 总配额	已入选门数	2007~2010年 配额
理　学	电子科学类	28	6	22
	材料科学类	15	0	15
	环境科学类	25	3	22
	心理学类	24	4	20
	统计学类	24	2	22
	系统学类	5	0	5
工　学	地矿类	28	9	19
	材料类	36	17	19
	机械类	96	38	58
	仪器仪表类	23	3	20
	能源动力类	24	9	15
	电气信息类	162	81	81
	土建类	56	24	32
	水利类	26	7	19
	测绘类	19	5	14
	环境与安全类	24	4	20
	化工与制药类	41	13	28
	交通运输类	29	7	22
	海洋工程类	9	0	9
	轻工纺织食品类	32	12	20
	航空航天类	18	5	13
	武器类	16	3	13
	工程力学类	43	19	24
	生物工程类	31	3	28
	农业工程类	21	4	17
	林业工程类	14	1	13
	公安技术类	13	3	10
农　学	植物生产类	51	21	30
	草业科学类	15	2	13
	森林资源类	23	8	15
	环境生态类	20	6	14
	动物生产类	24	9	15

续表6-1

一级学科	二级学科	2003~2010年总配额	已入选门数	2007~2010年配额
农　学	动物医学类	24	6	18
	水产类	11	1	10
医　学	基础医学类	87	33	54
	预防医学类	26	6	20
	临床医学与医学技术类	57	19	38
	口腔医学类	19	6	13
	中医学类	46	16	30
	法医学类	9	1	8
	护理学类	14	1	13
	药学类	31	12	19
管理学	管理科学与工程类	63	17	46
	工商管理类	110	30	80
	公共管理类	39	9	30
	农业经济管理类	17	2	15
	图书档案学类	19	4	15
文化素质教育课程类		54	14	40
马克思主义理论课程和思想品德课类		46	16	30

（三）国家精品课程评审指标体系

1. 评审指标体系的说明

（1）本评审指标根据《教育部财政部关于实施高等学校本科教学质量与教学改革工程的意见》（教高〔2007〕1号）、《教育部关于进一步深化本科教学改革全面提高教学质量的若干意见》（教高〔2007〕2号）和《教育部关于启动高等学校教学质量与教学改革工程精品课程建设工作的通知》（教高〔2003〕1号）精神制定。

（2）精品课程是指具有特色和一流教学水平的优秀课程。精品课程建设要体现现代教育思想，符合科学性、先进性和教育教学的普遍规律，具有鲜明特色，并能恰当运用现代教学技术、方法与手段，教学效果显著，具有示范和辐射推广作用。

（3）精品课程的评审要体现教育教学改革的方向，引导教师创新，并正确处理以下几个关系：1）在内容体系方面，要处理好经典与现代的关系。2）在教学方法与教学手段方面，以先进的教学理念指导教学方法的改革；灵活运用多种教学方法，调动学生学习积极性，促进学生学习能力发展；协调传统教学手段和现代教育技术的应用，并做好与课程的整合。3）坚持理论教学与实践教学并重，重视在实践教学中培养学生的实践能力和创新能力。

（4）本方案采取定量评价与定性评价相结合的方法，以提高评价结果的可靠性与可比性。评审方案分为综合评审与特色及政策支持两部分，采用百分制记分，其中综合评审占80%，特色及政策支持项占20%。

（5）总分计算：$M = \sum K_i M_i$，其中 K_i 为评分等级系数，A、B、C、D、E 的系数分别为 1.0、0.8、0.6、0.4、0.2，M_i 是各二级指标的分值。

2. 精品课程评审指标

精品课程评审指标见表6-2。

表6-2　精品课程评审指标

一级指标	二级指标	主要观测点	评审标准	分值（M_i）	评价等级（K_i）				
					A	B	C	D	E
					1.0	0.8	0.6	0.4	0.2
教学队伍（20分）	1-1 课程负责人与主讲教师	学术水平、教学水平与教师风范	课程负责人或主讲教师师德好，学术造诣高，教学能力强，教学经验丰富，教学特色鲜明	8分					
	1-2 教学队伍结构及整体素质	知识结构、年龄结构、人员配置与中青年教师培养	教学团队中的教师责任感强、团结协作精神好；有合理的知识结构和年龄结构，并根据课程需要配备辅导教师；中青年教师的培养计划科学合理，并取得实际效果	4分					
	1-3 教学改革与教学研究	教研活动、教改成果和教学成果	教学思想活跃，教学改革有创意；教研活动推动了教学改革，取得了明显的成效，有省部级以上成果；发表了高质量的教改教研论文	8分					
教学内容（27分）	2-1 课程内容①	2-1-A 理论课程内容设计	教学内容符合学科要求，知识结构合理，注意学科交叉；及时把学科最新发展成果和教改教研成果引入教学；课程内容经典与现代的关系处理得当	11分					
		2-1-B 实验课程内容设计	课程内容的技术性、综合性和探索性的关系处理得当，有效地培养学生的创新思维和独立分析问题、解决问题的能力						

续表6-2

一级指标	二级指标	主要观测点	评审标准	分值（M_i）	评价等级（K_i）				
					A	B	C	D	E
					1.0	0.8	0.6	0.4	0.2
教学内容（27分）	2-2 教学内容组织与安排	教学内容安排	理论联系实际，融知识传授、能力培养、素质教育于一体；课内课外结合；教书育人效果明显	8分					
	2-3 实践教学②	实践教学内容	设计的各类实践活动能很好地满足学生的培养要求；实践教学在培养学生发现问题、分析问题和解决问题的能力方面有显著成效	8分					
教学条件（15分）	3-1 教材及相关资料	教材建设与选用	选用优秀教材（含国家优秀教材、国外高水平原版教材或有高水平的自编教材）；为学生的研究性学习和自主学习的开展提供了有效的文献资料或资料清单；实验教材配套齐全，满足教学需要	5分					
	3-2 实践教学条件	实践教学环境的先进性与开放性	实践教学条件能够满足教学要求；能够进行开放式教学；效果明显（理工类课程，能开出高水平的选做实验）	5分					
	3-3 网络教学环境	网络资源建设、网络教学硬件环境和软件资源	网络教学资源建设初具规模，并能经常更新；运行机制良好；在教学中确实发挥了作用	5分					
教学方法与手段（20分）	4-1 教学设计	教学理念与教学设计	重视研究性学习、探究性学习、协作学习等现代教育理念在教学中的应用；能够根据课程内容和学生特征，对教学方法和教学评价进行设计	8分					
	4-2 教学方法	多种教学方法的使用及其教学效果	重视新技术在教学中的应用和教学方法的改革；能灵活运用多种恰当的教学方法，有效调动学生积极参与学习，促进学生积极思考；开展研究性学习促进学生学习能力发展	12分					
	4-3 教学手段	信息技术的应用	恰当、充分地使用现代教育技术手段促进教学活动开展，并在激发学生学习兴趣和提高教学效果方面取得实效						

续表 6-2

一级指标	二级指标	主要观测点	评审标准	分值 (M_i)	评价等级 (K_i)				
					A	B	C	D	E
					1.0	0.8	0.6	0.4	0.2
教学效果 (18 分)	5-1 同行及校内督导组评价	校外专家及校内督导组评价和声誉	证明材料真实可信，评价优秀；有良好声誉（根据申报表 4-5 和 5-2 中所列材料）	6分					
	5-2 学生评教	学生评价意见	学生评价材料真实可靠，结果优良（根据申报表 4-5 中所列材料）	6分					
	5-3 录像资料评价	课堂实录	讲课有感染力，能吸引学生的注意力；能启迪学生的思考、联想及创新思维	6分					
特色及政策支持	专家依据《2007 年度"国家精品课程"申报表》5-1 中所报特色及创新点打分			50分					
	所在学校支持鼓励精品课程建设的政策措施得力			50分					

①根据课程类型，在理论课程内容设计和实验课程内容设计中选择相应部分进行评价。

②实践教学含社会调查、实验、实习及其他实践教学活动。

二、精品课程在重庆科技学院的实施

从 2007 年开始，重庆科技学院按照教育部和重庆市教委的要求在全校开始精品课程的建设工作，截至 2011 年底共建成国家级精品课程 1 门（"液压传动技术"负责人：朱新才）；重庆市级精品课程 8 门，分别是："油层物理"（负责人：唐洪俊）、"电力电子技术"（负责人：施金良）、"思想道德修养与法律基础"（负责人：彭晓玲）、"大学物理"（负责人：唐海燕）、"HSE 风险管理"（负责人：李文华）、"冶金传输原理"（负责人：朱光俊）、"大学英语技能拓展综合实践"（负责人：刘寅齐）、"油气集输工程"（负责人：梁平）。

2012 年"打开石油的天窗"（负责人：李文华、罗沛等）入选首批教育部国家级公开视频课。"绿色化学与生活"（负责人：熊伟、遇丽等）、"巴渝文化"（负责人：江燕玲、田勤思等）入选重庆市精品视频公开课；根据教育部、财政部《关于"十二五"期间实施"高等学校本科教学质量与教学改革工程"的意见》（教高〔2011〕6 号）和重庆市教育委员会《关于申报 2012 年市级精品资源共享课的通知》（渝教办高函〔2012〕227 号）精神，进行 2012 年市级精品资源共享课的申报与建设工作，2012 年 12 月重庆科技学院首批共有"冶金传输原理"（负责人：朱光俊）、"大学物理"（负责人：唐海燕）、"电力电子技术"（负责人：施金良）三门课程入选。

第二节 "冶金传输原理"市级精品课程

现将重庆市"冶金传输原理"市级精品课程申报表介绍如下。

申报类别（国家/市级）：<u>市级</u>

2010 年度重庆市高等学校精品课程申报表

（本科）

推荐单位　　　　　<u>重庆市教育委员会</u>

所属学校　　　　　<u>重庆科技学院（否部属）</u>

课程名称　　　　　<u>冶金传输原理</u>

课程类型　　　　　☐ 理论课（不含实践）　☑ 理论课（含实践）

　　　　　　　　　☐ 实验（践）课

所属一级学科名称　<u>工学</u>

所属二级学科名称　<u>材料类</u>

课程负责人　　　　<u>朱光俊</u>

申报日期　　　　　<u>2010 年 3 月 5 日</u>

重庆市教育委员会 制

二〇一〇年一月

1. 课程负责人情况

1-1 基本信息	姓　名	朱光俊	性　别	女	出生年月	1965.11
	最终学历	硕士研究生	职　称	教　授	电　话	023-65023709
	学　位	工学硕士	职　务	院　长	传　真	023-65023701
	所在院系	重庆科技学院　冶金与材料工程学院	E-mail		zhugjun@163.com	
	通信地址（邮编）	重庆大学城重庆科技学院冶金与材料工程学院（401331）				
	研究方向	钢铁冶金工艺节能及煤的高效洁净燃烧				

1-2 教学情况

近五年来讲授的主要课程（含课程名称、课程类别、周学时；届数及学生总人数）（不超过五门）；承担的实践性教学（含实验、实习、课程设计、毕业设计/论文，学生总人数）；主持的教学研究课题（含课题名称、来源、年限）（不超过五项）；作为第一署名人在国内外公开发行的刊物上发表的教学研究论文（含题目、刊物名称、时间）（不超过十项）；获得的教学表彰/奖励（不超过五项）；主编的规划教材（不超过五项）

近五年来讲授的主要课程：

（1）冶金传输原理，专业基础课，周学时5，4届，总人数320人。

（2）热工基础，专业基础课，周学时6，2届，总人数120人。

（3）工程热力学，专业基础课，周学时2，3届，总人数120人。

（4）热工过程及设备，专业课，周学时4，2届，总人数90人。

（5）热工理论基础，专业基础课，3届，周学时6，总人数150人。

承担的实践性教学：

（1）冶金传输原理实验，1周，4届，总人数320人。

（2）热工基础实验，1周，2届，总人数120人。

（3）热工基础课程设计，1周，2届，总人数120人。

（4）热工设备课程设计，1周，2届，总人数90人。

（5）毕业论文，5届，总人数25人。

主持的教学研究课题：

（1）冶金工艺类专业应用型本科人才培养模式创新实验区，重庆市教委质量工程项目，2009～2012年。

（2）面向市场　突出特色——冶金工程品牌专业建设的研究与实践，重庆市教委教学改革研究项目，2007～2009年。

（3）冶金传输原理网络辅助课程建设，校教学改革研究项目，2007～2008年。

（4）促进精品课程资源使用的对策研究，校教学改革研究项目，2006～2007年。

（5）面向市场　突出特色　建设冶金工程品牌专业的研究，校教学改革研究项目，2005～2007年。

作为第一署名人发表的教学研究论文：

（1）"冶金传输原理"课程的教学改革与实践，教育与职业，中文核心期刊，2009年。

1-2 教学情况	（2）更新教育观念，培养应用型本科人才，中国冶金教育，2009年。 （3）日本东北大学本科人才培养的启示，中国冶金教育，2008年。 （4）冶金工程品牌专业建设的目标，中国冶金教育，2006年。 （5）课程考试改革的调查研究与实践，中国冶金教育，2005年。 （6）日本东北大学本科教学与管理，重庆科技学院学报（社会科学版），2009年。 （7）改革课程考试方法　提高学生工程素质，重庆工业高等专科学校学报，2004年。 **获得的教学表彰/奖励：** （1）重庆市第四批中青年骨干教师，重庆市，2007年。 （2）宝钢教育优秀教师奖，中国宝钢集团，2004年。 （3）重庆市高等学校首批优秀中青年骨干教师资助计划，重庆市，2003年。 （4）"热工基础课程的建设与教学改革"优秀教学成果二等奖，重庆工业高等专科学校，第1名，2003年。 （5）荣立个人一等功，重庆科技学院，2007年。 **主编的冶金行业"十一五"规划教材：** （1）《冶金热工基础》，冶金工业出版社，2007年。 （2）《传输原理》，冶金工业出版社，2009年。
1-3 学术研究	近五年来承担的学术研究课题（含课题名称、来源、年限、本人所起作用）（不超过五项）；在国内外公开发行刊物上发表的学术论文（含题目、刊物名称、署名次序与时间）（不超过五项）；获得的学术研究表彰/奖励（含奖项名称、授予单位、署名次序、时间）（不超过五项） **近五年来承担的学术研究课题：** （1）低钒钢渣酸性浸取提钒机理研究，重庆市科委自然科学基金项目，2008～2010年，主持人。 （2）富氧燃煤固硫剂及添加剂的研制，重庆市教委科学技术研究项目，2007～2008年，主持人。 （3）煤的富氧洁净燃烧技术研究，重庆市教委科学技术研究项目，2003～2005年，主持人。 （4）重庆市住宅建筑能耗标识体系的研究，重庆市建委科学技术研究项目，2005年，主持人。 （5）蓄热式热风炉优化节能烧炉，重庆市科委自然科学基金，2000～2003年，主研人。 **发表的学术论文：** （1）中小型转炉炉壳变形的数值模拟，北京科技大学学报，全国中文核心期刊，第1作者，2007年，EI收录。 （2）空调运行模式对住宅建筑采暖空调能耗的影响，重庆建筑大学学报，全国中文核心期刊，第1作者，2006年，EI收录。

1-3 学术研究	（3）住宅建筑采暖空调能耗模拟方法的研究，重庆建筑大学学报，全国中文核心期刊，第1作者，2006年，EI收录。 （4）Experiment study on sulfur fixing of coal combustion, Journal of Ecotechnology Research，第1作者，2006年。 （5）燃煤固硫剂及添加剂的研究进展，冶金能源，全国中文核心期刊，第1作者，2008年。 **获得的学术研究表彰/奖励：** 蓄热式热风炉优化节能烧炉，重庆市科技进步三等奖，第2名，2006年。

课程类别：公共课、基础课、专业基础课、专业课；

课程负责人：主持本门课程的主讲教师。

2. 主讲教师情况（1）

2(1)-1 基本信息	姓 名	曾 红	性 别	女	出生年月	1968.02
	最终学历	大学本科	职 称	副教授	电 话	023-65023710
	学 位	工学硕士	职 务		传 真	023-65023701
	所在院系	重庆科技学院	冶金与材料工程学院	E-mail	zenghong1075@sina.com	
	通信地址（邮编）		重庆大学城重庆科技学院冶金与材料工程学院（401331）			
	研究方向		机械电子自动化 冶金传输			
2(1)-2 教学情况	近五年来讲授的主要课程（含课程名称、课程类别、周学时，届数及学生总人数）（不超过五门）；承担的实践性教学（含实验、实习、课程设计、毕业设计/论文，学生总人数）；主持的教学研究课题（含课题名称、来源、年限）（不超过五项）；在国内外公开发行的刊物上发表的教学研究论文（含题目、刊物名称、署名次序及时间）（不超过十项）；获得的教学表彰/奖励（不超过五项）；主编的规划教材（不超过五项） **近五年来讲授的主要课程：** （1）热工基础，专业基础课，周学时6，5届，总人数320人。 （2）冶金传输原理，专业基础课，周学时6，3届，总人数210人。 （3）热工测量技术，专业课，周学时4，2届，总人数110人。 （4）冶金过程检测及调节，专业课，周学时4，5届，总人数320人。 （5）机械测试与故障诊断，专业课，周学时4，2届，总人数110人。 **承担的实践性教学：** （1）热工基础实验，1周，5届，总人数320人。 （2）冶金传输原理实验，1周，3届，总人数210人。 （3）热工测量技术实验，1周，2届，总人数110人。 （4）氧枪课程设计，1周，5届，总人数320人。 （5）毕业设计，3届，总人数20人。					

2(1)-2 教学 情况	**主持的教学研究课题：** 冶金传输原理试卷库建设，校教学改革研究项目，2009 年。 **发表的教学研究论文和出版的论著：** （1）"冶金传输原理"课程的教学改革与实践，教育与职业，全国中文核心期刊，第 3 作者，2009 年。 （2）"热工基础"课程教学改革的探索与实践，重庆工业高等专科学校学报，第 4 作者，2003 年。 （3）《冶金热工基础》，冶金工业出版社，参编，2007 年。 （4）《现代物流模式设计及运作实证研究》，经济科学出版社，参编，2004 年。 （5）《物流配送管理》，西南财经大学出版社，参编，2009 年。 **获得的教学表彰/奖励：** （1）"热工基础课程的建设与教学改革"优秀教学成果二等奖，重庆工业高等专科学校，第 4 名，2003 年。 （2）"创新教材管理机制，提高本科教学水平评估质量"优秀教材论文二等奖，重庆工学院，第 2 名，2004 年。 （3）集体一等功，重庆科技学院，第 2 名，2006 年。 （4）年终考核优秀，重庆科技学院，2005 年。
2(1)-3 学术 研究	近五年来承担的学术研究课题（含课题名称、来源、年限、本人所起作用）（不超过五项）；在国内外公开发行刊物上发表的学术论文（含题目、刊物名称、署名次序与时间）（不超过五项）；获得的学术研究表彰/奖励（含奖项名称、授予单位、署名次序、时间）（不超过五项） **近五年来承担的学术研究课题：** （1）轮轨滚动接触噪声机理的研究，重庆市科技计划应用基础项目，2002～2004 年，主研人。 （2）基于 ITS 的汽车安全行驶状况在线智能监控关键技术的研究，重庆市科技计划应用基础项目，2003～2005 年，主研人。 （3）基于射频卡（感应式 IC 卡）的通用数据采集和处理平台的研制，重庆市教委科学技术研究项目，2003～2005 年，主研人。 （4）微应力加载及测量装置，重庆大学委托研究项目，2004 年，主研人。 （5）重庆汽车业电子商务平台需求调研及物流模式研究，重庆市科委课题，2006 年，主研人。 **发表的学术论文：** （1）包装工程自动化旋转机械转子不平衡特征分析，包装工程，全国中文核心期刊，独著，2004 年。 （2）工业自动化程序——信号的相位函数式的数理法设计，重庆工学院学报，中国科技信息研究所核心期刊，独著，2004 年。

2(1)-3 学术 研究	（3）机电控制系统 $W(x)=f(Sx)$ 相位函数式的模型建立，四川兵工学报，独著，2004 年。 （4）物流自动化系统故障诊断的贝叶斯决策判据，重庆工学院学报，中国科技信息研究所核心期刊，第 2 作者，2004 年。 （5）Establish on automobile parts integrated logistics systems and supply chain management, The 4th International Conference on Wireless Communications, Networking and Mobile Computing（WICOM2008），EI 收录，第 2 作者，2009 年。

课程类别：公共课、基础课、专业基础课、专业课。

2. 主讲教师情况（2）

<table>
<tr><td rowspan="7">2(2)-1
基本
信息</td><td>姓　名</td><td>吕俊杰</td><td>性　别</td><td>男</td><td>出生年月</td><td>1963.07</td></tr>
<tr><td>最终学历</td><td>硕士研究生</td><td>职　称</td><td>教　授</td><td>电　话</td><td>023-65023711</td></tr>
<tr><td>学　位</td><td>工学硕士</td><td>职　务</td><td></td><td>传　真</td><td>023-65023701</td></tr>
<tr><td>所在院系</td><td colspan="2">重庆科技学院　冶金与材料工程学院</td><td>E-mail</td><td colspan="2">ljj630707@163.com</td></tr>
<tr><td>通信地址（邮编）</td><td colspan="5">重庆大学城重庆科技学院冶金与材料工程学院（401331）</td></tr>
<tr><td>研究方向</td><td colspan="5">钢铁冶金工艺及节能技术研究</td></tr>
<tr><td colspan="6"></td></tr>
<tr><td>2(2)-2
教学
情况</td><td colspan="6">

近五年来讲授的主要课程：

（1）铁合金冶金学，专业课，周学时 4，5 届，总人数 280 人。

（2）电炉炼钢学，专业课，周学时 4，5 届，总人数 280 人。

（3）钢的品种与质量，专业课，周学时 2，4 届，总人数 200 人。

承担的实践性教学：

（1）生产实习，5 周，5 届，总人数 280 人。

（2）毕业实习，5 周，5 届，总人数 280 人。

（3）课程设计，1 周，2 届，总人数 120 人。

（4）毕业设计（论文），5 届，总人数 70 人。

主持的教学研究课题：

（1）工艺性专业应用型人才培养创新体制建设与实践，重庆市教委教学改革研究项目，2006～2008 年。

（2）冶金工程特色专业建设，重庆市教委质量工程项目，2008～2011 年。

（3）冶金工程专业办学特色的研究与实践，重庆市教委教学改革研究项目，2009～2011 年。

（4）钢铁冶金学科培育及应用型冶金工程特色专业建设的研究与实践，中国冶金教育学会教学改革研究项目，2009～2011 年。

发表的教学研究论文：

（1）高校产学研结合教育模式初探，教育与职业，全国中文核心期刊，第 1 作者，2009 年。

</td></tr>
</table>

2(2)-2 教学 情况	（2）产学研结合，培养高素质应用型冶金专业人才的实践，中国冶金教育，第1作者，2008年。 （3）转变教育观念，办出应用型本科教育特色，中国冶金教育，第1作者，2007年。 （4）高素质创新人才培养探索，中国成人教育，全国中文核心期刊，第2作者，2006年。 （5）"热工基础"精品课程建设的探索与实践，中国冶金教育，第1作者，2006年。 （6）对我校的发展思路与办学特色的思考，重庆科技学院学报（社会科学版），第1作者，2005年。 **获得的教学表彰/奖励：** （1）"依托行业，突出应用，建设冶金工程特色专业"，优秀教学成果一等奖，重庆科技学院，第1名，2008年。 （2）产学研结合，培养高素质"工程化"人才的探索与实践，优秀教学成果二等奖，重庆科技学院，第3名，2004年。 （3）重庆市高等学校优秀中青年骨干教师，重庆市，2006年。 （4）荣立集体一等功，重庆科技学院，2008年。 （5）学校优秀教师，重庆科技学院，2008年。
2(2)-3 学术 研究	**近五年来承担的学术研究课题：** （1）钡系合金的精炼与杂质控制，重庆市科委自然科学基金项目，2006～2008年，主持人。 （2）氮化钒铁的研制，攀钢集团新钢钒股份有限公司，2006～2008年，主持人。 （3）碳热法真空冶炼金属铝的开发研究，广汉金益冶金炉料公司，2009～2010年，主持人。 （4）中碳铬铁冶炼的脱硫技术开发研究，重庆市教委科学技术研究项目，2005～2008年，主研人。 （5）耐腐蚀新型软磁合金的研究，重庆市科委攻关项目，2004～2006年，主研人。 **发表的学术论文：** （1）钡系复合合金对钢液脱氧行为的研究，钢铁，全国中文核心期刊，第1作者，2004年，EI收录。 （2）电渣精炼铸造铁水生产球墨铸铁，铸造，全国中文核心期刊，第1作者，2004年，EI收录。 （3）碳素铬铁冶炼的脱硫实践，铁合金，全国中文核心期刊，第1作者，2005年。

2(2)-3 学术研究	（4）矿热炉和电弧炉冶炼稀土硅铁的实践，稀土，全国中文核心期刊，第1作者，2006年。
	（5）中国铁合金工业的结构调整与发展趋势，铁合金，全国中文核心期刊，第1作者，2007年。

课程类别：公共课、基础课、专业基础课、专业课。

2. 主讲教师情况（3）

2(3)-1 基本信息	姓　名	杜长坤	性　别	男	出生年月	1964.02
	最终学历	大学本科	职　称	高级工程师	电　话	023-65023708
	学　位	学　士	职　务	党总支书记	传　真	023-65023701
	所在院系	重庆科技学院　冶金与材料工程学院			E-mail	dck9760@163.com
	通信地址（邮编）	重庆大学城重庆科技学院冶金与材料工程学院（401331）				
	研究方向	钢铁冶金工艺				

2(3)-2 教学情况	**近五年来讲授的主要课程：** （1）热工基础，专业基础课，周学时6，2届，总人数60人。 （2）耐火材料，专业课，周学时2，4届，总人数130人。 （3）炼铁工艺学，专业课，周学时6，1届，总人数27人。 （4）冶金工程概论，公选课，周学时3，2届，总人数400人。 **承担的实践性教学：** 毕业设计（论文），17周，3届，总人数6人。 **主持的教学研究课题：** 材料科学与工程（冶金工程方向）人才培养模式的研究，校教学改革研究项目，2002～2003年。 **发表的教学研究论文：** （1）冶金工程专业培养高素质创新人才的探索与实践，中国冶金教育，第1作者，2005年。 （2）高素质创新人才培养探索，中国成人教育，全国中文核心期刊，第3作者，2006年。 （3）冶金工程品牌专业建设的目标，中国冶金教育，第3作者，2006年。 （4）产学研结合，培养高素质应用型冶金专业人才的实践，中国冶金教育，第3作者，2008年。 （5）以创新加快培养应用型冶金人才，第1作者，中国冶金报，2008-03-22。 **获得的教学表彰/奖励：** （1）产学研结合，培养高素质"工程化"人才的探索与实践优秀教学成果二等奖，重庆科技学院，第2名，2004年。 （2）重庆市优秀共产党员，重庆市，2006年。 （3）优秀教学管理工作者，重庆科技学院，2008年。 （4）荣立集体一等功2项，重庆科技学院，2008年。

2(3)-3 学术研究	**近五年来承担的学术研究课题：** 提高南钢热风炉送风温度的技术研究，南京钢铁（集团）股份有限公司，2005～2007 年，主持人。 **发表的学术论文：** （1）烧结计算配矿模型的设计与应用，重庆科技学院学报，第 3 作者，2009 年。 （2）烧结优化配矿模型的设计与软件开发，中南大学学报，第 4 作者，2009 年。

课程类别：公共课、基础课、专业基础课、专业课。

2. 主讲教师情况（4）

2(4)-1 基本信息	姓　名	阮开军	性　别	男	出生年月	1967.09
	最终学历	大学本科	职　称	讲　师	电　话	023-65022452
	学　位	工学学士	职　务	工程中心书记	传　真	023-65022027
	所在院系	重庆科技学院 冶金与材料工程学院			E-mail	ruankaijun679200@163.com
	通信地址（邮编）	重庆大学城重庆科技学院冶金与材料工程学院（401331）				
	研究方向	冶金热工				

2(4)-2 教学情况	**近五年来讲授的主要课程：** （1）热工基础，专业基础课，周学时 6，3 届，总人数 180 人。 （2）加热炉，专业课，周学时 4，4 届，总人数 240 人。 （3）工程热力学，专业基础课，周学时 2，1 届，总人数 60 人。 （4）耐火材料工艺及设备，专业课，周学时 4，3 届，总人数 180 人。 （5）计算机在环保中的应用，专业课，周学时 2，3 届，总人数 180 人。 **承担的实践性教学：** （1）热工基础实验，1 周，3 届，总人数 180 人。 （2）加热炉课程设计，1 周，3 届，总人数 180 人。 （3）氧枪课程设计，1 周，2 届，总人数 120 人。 **发表的教学研究论文：** "热工基础"课程教学改革的探索与实践，重庆工业高等专科学校学报，第 2 作者，2003 年。 **获得的教学表彰/奖励：** （1）"热工基础课程的建设与教学改革"优秀教学成果二等奖，重庆工业高等专科学校，第 2 名，2003 年。 （2）集体一等功，重庆科技学院，第 3 名，2006 年。 （3）优秀教育工作者，重庆工业高等专科学校，2003 年。 （4）年度考核优秀，重庆工业高等专科学校，2003 年。 （5）年度考核优秀，重庆科技学院，2007 年。

2(4)-3 学术 研究	**近五年来承担的学术研究课题:** (1)冶金传输原理网络辅助课程建设,校科研基金项目,2007~2008年,主研人。 (2)热网水力工况的实验研究,校科研基金项目,2002~2003年,主研人。 (3)热工基础CAI课件的制作与开发,校科研基金项目,2002~2003年,主研人。 **发表的学术论文:** (1)陶瓷隧道窑热平衡计算VB程序,重庆工业高等专科学校学报,第1作者,2003年。 (2)以礼仪教育为切入点 切实加强德育的实效性,重庆工业高等专科学校学报,第2作者,2004年。

课程类别:公共课、基础课、专业基础课、专业课。

3. 教学队伍情况

	姓 名	性别	出生年月	职 称	学科专业	在教学中承担的工作
3-1 人员 构成 (含外 聘教 师)	朱光俊	女	1965.11	教 授	冶金热能	主讲教师
	曾 红	女	1968.02	副教授	机电工程	主讲教师
	吕俊杰	男	1963.07	教 授	钢铁冶金	主讲教师
	杜长坤	男	1964.02	高 工	钢铁冶金	主讲教师
	阮开军	男	1967.09	讲 师	冶金热能	主讲教师
	邓能运	男	1968.07	工程师	热能动力	实验教师
	杨艳华	女	1981.11	助 教	冶金工程	辅导教师
	吴明全	男	1968.08	讲 师	钢铁冶金	网络课程
	周书才	男	1971.03	讲 师	冶金工程	实验教师
	高逸锋	男	1979.04	讲 师	有色冶金	网络课程
3-2 教学 队伍 整体 结构	教学队伍的知识结构、年龄结构、学缘结构、师资配置情况(含辅导教师或实验教师与学生的比例) 　　教学队伍总人数10人,主要由冶金工程专业教学的骨干教师和实验技术人员组成,其中教授2人,副教授(高工)2人,讲师4人,工程师1人,助教1人,高级职称教师占总人数的40%;硕士学位教师6人,在读博士1人,硕士学位以上教师占总人数的60%;35岁至45岁教师6人,35岁以下教师2人,中青年教师占总人数的80%;本科学历东北大学占2人、重庆大学占4人,有4人不同校;硕士学位北京科技大学占2人、昆明理工大学占2人,有2位不同校;有3位教师来自于企业和设计院。目前,冶金传输原理课程已形成了学缘结构、职称结构、学历结					

3-2 教学队 伍整体 结构	构、年龄结构较为合理的教学梯队，已拥有一支责任感强、教学经验丰富、团结协作精神好、具有一定工程背景的主讲教师队伍。该课程配备有两名实践能力较强的实验教师、两名计算机应用能力较强的网络课程资源维护教师和一名辅导教师。课程师生比为 1:20。
3-3 教学 改革 与 研究	近五年来教学改革、教学研究成果及其解决的问题（不超过十项） 　　近五年来，我们的教学改革与教学研究涉及人才培养、课程体系、教学内容、教学方法、教学手段、考试方法等领域。主持主研教学改革与教学研究项目 18 项，在《教育与职业》、《中国成人教育》、《中国冶金教育》等刊物上发表教改教研论文 24 篇，获得省部级中青年骨干教师、优秀教师等教学表彰/奖励 41 项，其中指导学生科技创新并获奖 3 项。就"冶金传输原理"课程本身而言，针对应用型冶金工程专业人才培养的特点，我们对"冶金传输原理"课程进行了从教学内容、教学方法、教学手段和考试方法的全面改革，取得了显著成效。其改革成果如加强针对性较强的教学内容和先进的计算机应用内容，加强理论联系实际的原则，采用两个"三结合"的教学模式及坚持提问式教学、启发式教学、讨论式教学方法交替贯穿于整个教学活动中的有效教学方法，先进的教学手段和丰富的网络课程资源，教考分离的考试方式等已融入课程教学过程中。几年的教学实践表明，该课程的教学改革是全面的、系统的、成功的，这对应用型工艺性本科专业的专业基础课程教学，全面提高课程教学质量起到了明显的示范作用。具体成果如下： 　　（1）主持的省部级教学改革研究项目： 　　1）冶金工艺类专业应用型本科人才培养模式创新实验区，重庆市教委质量工程项目，朱光俊，主持人，2009~2012 年。 　　2）冶金工程特色专业建设，重庆市教委质量工程项目，吕俊杰，主持人，2008~2011 年。 　　3）面向市场　突出特色——冶金工程品牌专业建设的研究与实践，重庆市教委教学改革研究项目，朱光俊，主持人，2007~2009 年。 　　4）工艺性专业应用型人才培养创新体制建设与实践，重庆市教委教学改革研究项目，吕俊杰，主持人，2006~2008 年。 　　5）冶金工程专业办学特色的研究与实践，重庆市教委教学改革研究项目，吕俊杰，主持人，2009~2011 年。 　　（2）发表的主要教改教研论文： 　　1）"冶金传输原理"课程的教学改革与实践，教育与职业，全国中文核心期刊，朱光俊，第 1 作者，2009 年。 　　2）高校产学研结合教育模式初探，教育与职业，全国中文核心期刊，吕俊杰，第 1 作者，2009 年。 　　3）更新教育观念，培养应用型本科人才，中国冶金教育，朱光俊，第 1 作者，2009 年。 　　4）日本东北大学本科人才培养与启示，中国冶金教育，朱光俊，第 1 作者，2008 年。

3-3 教学 改革 与 研究	5）产学研结合 培养高素质应用型冶金专业人才的实践，中国冶金教育，吕俊杰，第1作者，2008年。 6）转变教育观念 办出应用型本科教育特色，中国冶金教育，吕俊杰，第1作者，2007年。 7）冶金工程品牌专业建设的目标，中国冶金教育，朱光俊，第1作者，2006年。 8）"热工基础"精品课程建设的探索与实践，中国冶金教育，吕俊杰，第1作者，2006年。 9）课程考试改革的调查研究与实践，中国冶金教育，朱光俊，第1作者，2005年。 10）冶金工程专业培养高素质创新人才的探索与实践，中国冶金教育，杜长坤，第1作者，2005年。 （3）获得的主要教学表彰/奖励： 1）重庆市第四批中青年骨干教师，重庆市教委，朱光俊，2007年。 2）重庆市第三批中青年骨干教师，重庆市教委，吕俊杰，2006年。 3）第四届、第六届"挑战杯"中国大学生创业计划大赛重庆赛区优秀指导教师，重庆市教委，吴明全，2004年、2008年。 4）"依托行业，突出应用，建设冶金工程特色专业"优秀教学成果一等奖，重庆科技学院，吕俊杰，排名第1，2008年。 5）"大学生科技创新能力培养研究与实践"优秀教学成果二等奖，重庆科技学院，杜长坤，排名第3，2008年。
3-4 青年 教师 培养	近五年培养青年教师的措施与成效 对青年教师的培养主要从三方面入手：一是青年教师培养围绕"三定"（即"定指导教师，定计划任务，定考核目标"）工作进行，以充分发挥老教师传、帮、带作用；二是将青年教师"三种经历"（即学生工作经历、现场实践经历、高校进修经历）制度落到实处，以培养教师教学能力和综合素质；三是支持并鼓励青年教师在职攻读硕士、博士学位，以提高教学队伍的整体学术水平和教学水平。通过这些措施，一方面，已培养出本课程教学骨干队伍，他们都能独立讲授本课程和指导实验，教学效果良好，并在各种教学竞赛活动中多次获奖；另一方面，通过攻读硕士、博士学位，这些青年教师在科学研究和教学改革研究方面均取得了一定成果，并形成了自己稳定的研究方向。

学缘结构：即学缘构成，这里指本教学队伍中，从不同学校或科研单位取得相同（或相近）学历（或学位）的人的比例。

4. 课程描述

4-1 本课程校内发展的主要历史沿革

20世纪40年代，前苏联格林科夫教授主编的《冶金炉》一书（冶金炉热工理论）问世。

作为冶金类专业的专业基础课程——冶金炉，于 50 年代初被引入我国作为教材使用。50 年代末期，北京科技大学倪学梓教授主编了更适于我国使用的"普通冶金炉"教材。两门课程的体系大体一致，主要由气体力学、传热学、燃料燃烧、筑炉材料等四部分组成。

随着科学技术的不断发展，对冶金过程及其热工过程理论提出了更高的要求。20 世纪 60 年代，国外许多大专院校的工程专业相继开设了有关"传输现象"的课程，传输理论（数理解析很强的基础理论）成为与力学、热力学及电磁学等具有同等地位的工程技术基础课程。70 年代初，美国盖格教授主编的《冶金中的传热传质现象》出版。该书将传输理论引入冶金热工过程，使冶金热工理论有了质的飞跃。70 年代末 80 年代初，我国各高等院校开始对"冶金炉"课程进行改革，本科层次毫无例外地改革成"传输原理"，并出版了相应的教材。如高家锐教授主编的《动量、热量、质量传输原理》，1987 年由重庆大学出版社出版；张先棹教授主编的《冶金传输原理》，1988 年由冶金工业出版社出版；苏华钦教授主编的《冶金传输原理》，1989 年由东南大学出版社出版。2000 年以后，冶金工业出版社相继出版了闫小林等编著的《冶金传输原理》、沈颐身等著的《冶金传输原理基础》和沈巧珍等编著的《冶金传输原理》。

2003 年，课程负责人朱光俊教授，根据多年的教学经验和体会，在参考国内外相关资料的基础上，编写了冶金工程专业的"冶金传输原理"课程教学大纲。该大纲确定本课程由三部分内容组成：动量传输、热量传输和质量传输，要求以质量守恒定律、牛顿第二定律和热力学第一定律为依据，重点介绍冶金过程中常常遇到的动量传输、热量传输、质量传输基本概念、基本定律及基本解析方法，2006 年冶金工程专业开出该课程。根据课程大纲要求，相继选用了高家锐教授主编的《动量、热量、质量传输原理》和沈巧珍等编著的《冶金传输原理》作为课程教材。这些教材由于存在理论性较强、应用性不足、无小结、无习题或习题参考答案而不便于学生自主学习等问题，对冶金工程应用型人才培养不太适用。因此，按照冶金行业"十一五"教材出版规划的要求，结合培养应用型人才的需要，我们编写了《传输原理》教材。书中内容由动量传输、热量传输、质量传输三篇共 18 章组成。动量传输、热量传输、质量传输统称传输原理，它们是冶金与材料制备及加工过程中三个不可分割的物理过程，通常有理论研究、实验研究和数值计算三种方法。本书主要介绍理论研究方法、实验研究方法和部分数值计算方法，即以质量守恒定律、牛顿第二定律和热力学第一定律为依据，从"三传"类似角度阐明冶金与材料制备及加工过程中常常遇到的动量传输、热量传输、质量传输基本概念、基本定律及基本解析方法。内容上力求体现系统性和实用性。为了加强实践性教学环节，我们还编写了《传输原理实验指导书》，并建立了课程考试试卷库。

近年来，课程组不断总结经验，积极推行教学改革，教学改革研究主要涉及人才培养、课程体系、教学内容、教学方法、教学手段、考试方法等方面，2008 年建成"冶金传输原理"网络辅助课程，并被评为校级精品课程。目前，该课程已形成了从理论教学、实验教学、试卷库考试到网络自主学习的完整教学体系。

我们的教学队伍从开始的 2 人，发展到现在的 10 人，形成了学缘结构、职称结构、学历结构、年龄结构较为合理的教学梯队，已拥有一支教学经验丰富、实践能力较强的中青年骨干主讲教师队伍。

4-2 理论课或理论课（含实践）教学内容

4-2-1 结合本校的办学定位、人才培养目标和生源情况，说明本课程在专业培养目标中的定位与课程目标

学校着力于应用型人才的培养。冶金工程专业培养适应社会发展需要，德、智、体、美全面发展，基础扎实、知识面宽、工程实践能力强，掌握现代冶金工程相关基础理论、专业知识和基本技能，善于应用现代信息技术和管理技术，从事冶金工程及相关领域的生产、管理及经营、工程设计，有创新精神的获得工程师基本训练的高级应用型专门人才。"冶金传输原理"课程是冶金工程专业的主干专业基础课程，在学完高等数学和大学物理课程后开设，它是冶金工程专业课程的前期必修课程。通过本课程的教学，使学生掌握冶金传输理论的基本概念、基本定律及基本解析方法，理解强化冶金生产过程和改进生产工艺的传输理论基础，同时使学生具备初步分析和解决冶金生产工艺过程的传输实际问题的能力，为进一步学习专业课奠定良好基础。

4-2-2 知识模块顺序及对应的学时

课程理论教学模块包括动量传输（36 学时）、热量传输（28 学时）和质量传输（8 学时）三部分内容，共72 学时。动量传输部分主要介绍了动量传输的基本概念（4 学时）、动量传输的基本定律（8 学时）、管流流动（6 学时）、边界层流动（4 学时）、流体的流出（4 学时）、射流（2 学时）、冶金与材料制备及加工中的动量传输（4 学时）、相似原理与量纲分析（4 学时）等内容；热量传输部分主要介绍了热量传输基本概念及基本定律（2 学时）、传导传热（8 学时）、对流换热（8 学时）、辐射换热（6 学时）、冶金与材料制备及加工中的热量传输（4 学时）等内容；质量传输部分主要介绍了质量传输基本概念及基本定律（2 学时）、扩散传质（2 学时）、对流传质（2 学时）、冶金与材料制备及加工中的质量传输（2 学时）等内容。另外，还简要介绍了动量传输、热量传输、质量传输三者的类似性。

4-2-3 课程的重点、难点及解决办法

本课程的重点是动量传输、热量传输、质量传输的基本概念、基本定律和基本解析方法，难点是物理概念的理解和基本方程的推导。在教学方法上，对教学重点内容采取教师讲授、学生习题和习题课方式教学；对教学难点内容采取教师讲授、学生思考和课堂讨论方式教学。在教学内容上，以讲清物理概念、方程的推导依据及方程的物理意义、结论的适用条件为主线，适当辅以数学手段，简化推导过程；计算内容以工程应用为目的，讲清计算公式的选择和应用，对复杂的计算要求学生课外上机完成。此外，结合冶金前沿技术的发展，将最新研究成果融入课堂教学，以进一步充实和丰富教学内容。在教学手段上，借助多媒体课件和网络课程资源，增强了教学的直观性，促进了学生主动地、富有个性地学习。事实证明，如此的教学组织方式激发了学生的学习热情，调动了学生的学习积极性，让学生充分领会了"学有所用"的深刻内涵，培养了学生应用计算机解决实际问题的能力。

4-2-4 实践教学活动的设计思想与效果（不含实践教学内容的课程不填）

鉴于应用型人才培养的特点，我们对实践性教学环节十分重视。本课程的实践性教学环节主要是实验课，开设实验课的目的不仅仅是对已学过的理论知识进行验证和训练学生的基本实验技能，更重要的是培养他们解决实际问题的能力。为了使每个学生能够亲自动手做实验，本课程采取分组循环法的集中实验教学方式。目前传输原理实验室能开出流体流动、传热等14个实验，其中还包括具有研究性和探索性的综合性实验。14个实验有必做和选做之分，除必做实验外，学生可自由选择选做实验，达到规定学时即可。集中实验期间，实验室对学生全开放，其余时间使用可预约。实验前要求学生根据实验大纲的要求，逐个熟悉实验的目的、原理、装置、步骤、数据记录等内容，并写出预习报告；实验时按实验指导书规范化操作并做好记录；全部实验完成后实施操作考试。综合性实验的开出，为学生进行小型科研课题的研究，培养其创新能力起到了良好的指导作用。

4-3　教学条件（含教材选用与建设；促进学生自主学习的扩充性资料使用情况；配套实验教材的教学效果；实践性教学环境；网络教学环境）

一、教材选用与建设

根据课程大纲要求，相继选用了高家锐教授主编的《动量、热量、质量传输原理》和沈巧珍等编著的《冶金传输原理》作为课程教材。选用的教材由于存在理论性较强、应用性不足、无小结或习题参考答案而不便于学生自主学习等问题，对冶金工程专业应用型人才培养不太适用。所以，按照冶金行业"十一五"教材出版规划的要求，结合培养应用型人才的需要，我们编写了《传输原理》教材。《传输原理》教材由动量传输、热量传输、质量传输三篇共18章组成。动量传输部分有动量传输的基本概念、动量传输的基本定律、管流流动、边界层流动、流体的流出、射流、冶金与材料制备及加工中的动量传输和相似原理与量纲分析等内容；热量传输部分有热量传输基本概念及基本定律、传导传热、对流换热、辐射换热和冶金与材料制备及加工中的热量传输等内容；质量传输部分有质量传输基本概念及基本定律、扩散传质、对流传质、冶金与材料制备及加工中的质量传输等内容；以及动量、热量、质量传输的类比。书中各章均有小结、习题与思考题；书末附有习题参考答案和常用数据。全书注重从三种传输类似角度阐述流体流动过程、传热过程以及传质过程的传输基础理论，并力求将这些基础理论应用于冶金与材料制备及加工工程实践中。本书可作为冶金工程、材料制备工程、材料加工工程等专业的本科生教材，亦可供相关专业的工程技术人员参考。《传输原理》教材于2009年5月正式出版并投入使用。对于冶金工程专业，我们将根据专业教学需要在内容上加以取舍。

二、扩充性资料使用情况

为开阔学生视野，本课程指定了一定数量的参考书、学术期刊和省市级"冶金传输原理"精品课程资源。

指定阅读的参考书有：

（1）高家锐，动量、热量、质量传输原理，重庆：重庆大学出版社，1987年。

（2）张先棹，冶金传输原理，北京：冶金工业出版社，1988年。

（3）沈颐身，冶金传输原理基础，北京：冶金工业出版社，2003年。

（4）沈巧珍，冶金传输原理，北京：冶金工业出版社，2006年。

（5）［美］J. R. 威尔特、C. E. 威克斯等，马紫峰、吴卫生等译，动量、热量和质量传递原理（原著第四版），北京：化学工业出版社，2005年。

（6）W. J. Beek、K. M. K. Muttzall、J. W. van Heuven, Transport Phenomena, 北京：化学工业出版社，2003 年。

指定阅读的学术期刊有：《冶金能源》、《钢铁》、《工业炉》、《工业加热》等。

设计开发的"冶金传输原理"授课教案和课件，内容丰富，层次清楚，已投入使用，效果良好。

编写的"冶金传输原理"思考题及习题指导，为学生课后复习、课堂讨论提供参考。

三、配套实验教材的教学效果

2003 年由邓能运老师编写了《热工基础实验指导书》。随着传输原理实验室投入的增大，实验设备增多，完成的实验项目也随之增加。2006 年邓能运老师重新编写了《传输原理实验指导书》。实验项目 14 个，综合性实验 3 个。实验指导书经过不断修改、完善，实用性强，受到学生的好评。

四、实践性教学环境

传输原理实验室包括流体室和传热室，对学生开放，已投入 80 余万元，拥有实验设备 80 余台，3 个综合性实验项目可由学生自行选做。中央与地方共建冶金基础实验室项目的实施，使传输原理实验室的功能进一步拓宽，目前集教学、科研、服务为一体。实验室配备了具有丰富实践教学经验的实验技术人员和实验课教师。

五、网络教学环境

"冶金传输原理"课程已在我校课程中心设立了专门网站，网站中多媒体课件、电子教案、习题指导、实验指导、参考资料等教学资源全面开放。课程在线答疑为网上教学互动提供了良好的环境支持，及时为学生解决疑难问题，为下一步的学习打好基础。本课程组所有成员都具有专门的上网设备和条件，为网上教学互动提供了良好的环境支持。课程网站有专人负责维护、升级和教学资源的更新，为学生自主学习搭建了良好平台。

4-4 教学方法与手段（举例说明本课程教学过程使用的各种教学方法的使用目的、实施过程、实施效果；相应的上课学生规模；信息技术手段在教学中的应用及效果；教学方法、作业、考试等教改举措）

一、教学方法

"冶金传输原理"课程的特点是物理概念抽象，计算公式多，数学推导繁琐，计算过程复杂，是历届学生（已授课三届）反映比较难学的课程之一。为了帮助学生更多地掌握和理解课程内容，我们做了如下几方面的尝试，获得了好的教学效果。

（1）注重绪论的介绍，使学生全面了解本课程，以激发学生的学习兴趣。绪论是教师送给学生的"见面礼"，也是学生认识教师和课程的开端。为了能够有一个良好的开端，我们特别注重绪论的介绍。"冶金传输原理"课程的绪论主要包括冶金的分类、课程的性质、课程的内容、课程的特点、教学的目的、教材与教参、成绩评定等，这些内容都是由我们补充的。为了拓宽学生的知识面和了解本学科的发展动态，特别介绍了与本课程有关的科技期刊，如《冶金能源》、《钢铁》、《工业炉》、《工业加热》等。另外，在绪论课上还专门介绍了本门课程的校内网络课程资源和省市级精品课程资源，并要求和引导学生利用课程资源进行自主学习。

（2）借助具体实例，阐明抽象物理概念，以帮助学生理解并掌握基本概念。"冶金传输原理"课程中的物理概念比较抽象，为了帮助学生理解这些抽象概念，我们在讲课时尽量变抽象为具体，以生活中的实例来帮助学生理解这些物理概念。例如，在介绍流体流动的两种状态时，学生对层流流动和湍流流动很难理解，于是我们就用国庆大阅兵和自由市场来形容这两种状态。再例如，在介绍热量传输中的导热、对流、辐射等诸多概念时，我们就以人的衣、食、住、行为切入点，将抽象的概念具体化、生动化。

（3）辅以数学手段，讲清基本方程的建立，以培养学生的逻辑思维能力。

"冶金传输原理"课程中的衡算方程较多，如连续性方程、N-S方程、F-K方程、质量平衡方程等，对于这部分内容，我们的总原则是讲清建立方程的前提条件、依据、方法、方程物理意义及应用。具体的推导过程尽量简化，主要由学生在课后自学。从这里还引入了数学模型的概念，为后续课程"计算机在冶金中的应用"奠定了一定基础。

（4）以两个"三结合"教学模式，帮助学生理解难点、掌握重点、学会应用。为了帮助学生理解和掌握"冶金传输原理"教学内容，克服畏难情绪，我们采用了两个"三结合"的教学模式，即对教学重点内容采取教师讲授、学生习题和习题课方式教学；对教学难点内容采取教师讲授、学生思考和课堂讨论方式教学。例如，在介绍柏努利方程的应用时，除要求学生完成一定的习题外，我们还安排了一次习题课，内容涉及能量转换、流体流量测量、流体的流出等问题。通过习题和习题课方式，学生对柏努利方程及其应用的理解和掌握就更加牢固了。在教学过程中，每当遇到较难理解和掌握的内容时，我们就尽量出些思考题，让学生课后去思考，然后再来讨论。例如，在介绍不可压缩流体的管流摩阻时，其摩擦系数 ξ 与雷诺准数 Re 和管壁粗糙度 Δ 之间的关系可用莫迪图表示。就莫迪图的变化规律，我们想请学生自己来解释，因为这里包含一个很难理解的边界层概念。于是提出思考题："对于粗糙管道，说明 $\xi-Re$、Δ 之间的关系，并解释为什么？"后来的讨论课证实，虽然多数学生对"为什么"的解释不太理想，但有少数学生的解释是非常准确的。不难发现，解释不太理想的学生通过这样一种方式的学习，其收获是不小的。采取如此方法，不仅调动了学生的积极性，活跃课堂气氛，而且增强了学生的参与意识，提高了学生的自学能力。"冶金传输原理"课程中的经验公式较多，对于这部分内容，我们的处理方法也是以讲清公式的来源和应用，以及应用的注意事项为主，选择具有代表性的例题或习题讲明解题的思路。例如，对流换热中的计算公式很多、很复杂，几乎都是经验公式。对于计算公式，我们不要求学生去死记硬背，但是如何应用是必须要求掌握的。教材中的例题不完善，为了加深学生对此公式的理解和应用，我们特别安排了一次习题课，专门讲解对流换热公式的选择和应用，效果非常好。

（5）以学生为中心，从工程实际出发启发学生思维，以培养学生分析问题和解决问题的能力。在课堂教学中，以学生为中心，从工程实际出发启发学生思维，坚持提问式教学、启发式教学、讨论式教学方法交替贯穿于整个教学活动中，以充分挖掘学生的自主思考、自发学习的潜能。事实证明，这种既有明确目的又灵活多变的教学方法是非常受欢迎的，有效促进了学生的学习自主性，培养了学生的创新意识。具体做法是，每进行一章新的内容时，我们就针对冶金生产实际问题而提出问题。为了解决这些实际问题，学生应该具备哪些理论知识，由此引出新的内容。例如，学习动量传输的目的就是要解决流体流动的阻力损失问题，学习热量传输的目的就是要解决提高热效率和降低热损失问题，学习质量传输的目的就是要解决提高传质速率问题。在介绍热量传输一章时，我们就针对重钢炼钢厂的钢包目前存在温降大而不能满足浇铸要求这个问题而提出该如何解决？如果要解决这个问题，就必须进行这一章的学习。待本章内容学完后，我们又回过头来看先前提出的问题，请学生自己提出解决此问题的方案，作为课堂讨论内容。事实证明，这种有着明确目的的学习方法是非常有效的，不仅有利于培养学生分析问题和解决问题的能力，巩固了所学的知识，开拓了学生的思路，活跃了课堂学习的气氛，而且可以锻炼学生的逻辑思维和表达能力，提高学生对该课程学习的主动性，也有利于集中注意力，提高学习效率。

二、教学手段

传统的教学模式面临越来越严峻的挑战，课程教学改革必须依靠信息技术。在多年的教学实践中，通过制作多媒体课件，"冶金传输原理"课程已实现多媒体教学，这相对于传统的教学手段来说，教学效率大大提高，教学效果得到改善，教学质量也相应得到提高。教学课件的投入使用，增强了教学的直观性，教学内容更丰富，激发了学生的学习热情，使用效果良好。"冶金传输原理"课程已在我校课程中心设立了专门网站，网站中多媒体课件、电子教案、实验指导、参考资料等教学资源全面开放。课程在线答疑为网上教学互动提供了良好的环境支持，及时为学生解决疑难问题，为下一步的学习打好基础。课程网站有专人负责维护、升级和教学资源的更新，为学生自主学习搭建了良好平台。学生可根据自己的需要，不受授课地点和时间的限制，上网自主学习，这样大大地方便了学生，同时也体现了以学生为本的教学理念，它为广大学生提供了一种全新的、灵活机动的学习方式。这种依托现代网络技术的学习方式改变了原有单一、被动的接受模式，建立和形成发挥学生主体性的多样化的学习方式，促进学生在教师指导下主动地、富有个性地学习。实践证明，多媒体教学虽然有着突出的优点，但也存在一定的局限性。如在"冶金传输原理"的教学过程中，有些学生反映，用屏幕显示某些公式的推导过程显得有些机械、呆板，无法体现教师生动形象的指导思路。针对此类问题，我们进行了一些探索，即将多媒体课件教学与传统板书教学有机融合，充分利用多媒体教学的生动形象、高效和传统板书教学的讲解启发、表情动作，取长补短，相互补充，使课堂教学形式发生质的变化，也使多媒体教学在课堂教学中发挥更为有效的作用。

三、考试方法

本课程的成绩评定包括期末考试成绩和平时成绩两部分。期末考试采取闭卷考试，作业、课堂讨论、网络自主学习等平时成绩占总评成绩的30%~40%。为了推行教考分离，我们建立了"冶金传输原理"试卷库。试卷库的建设为改革课程考试方法，实施教考分离提供了有力的保证。试卷库的使用，其利在于能对教学内容严格按教学大纲要求进行规范化管理，克服教师在教学过程中的随意性和"自由教学"倾向，能激发学生的学习积极性，培养学生严谨的治学态度和作风，同时也能提高学生知识水平，培养学生的应变能力和分析问题与解决问题的能力。

4-5　教学效果（含校外专家评价、校内教学督导组评价及有关声誉的说明；校内学生评教指标和校内管理部门提供的近三年的学生评价结果）

经过课程组的不懈努力和探索，"冶金传输原理"课程已形成了实用性强的教学内容、独具特色的教学方法、先进的教学手段、教考分离的考试方式、教学与研究的有机融合到网络自主学习的完整教学体系。主讲"冶金传输原理"课程的教师教学效果好，深受校内外同行专家的好评，在历届学生的评价中均位居前列。学生实际动手能力、自主学习能力和科技创新能力得到培养和提高。教学效果评价如下。

一、北京科技大学博士生导师薛庆国教授评价

"冶金传输原理"课程是冶金工程专业重要的专业基础课，具有悠久的历史和鲜明的特色，在冶金专业人才培养中发挥了重要作用。

（1）具有一支较强的教学队伍。任课教师的年龄结构、学历结构、学缘结构、职称结构合理，教学经验丰富、教学思想活跃，注重教育思想和教学理念的更新并应用在教学中。任课教师学术造诣较高，承担多项省部级和企业项目并获得了省级科技奖励，发表了高水平的学术论文。而且注意教育与教学改革，承担了多项省部级教改项目，整个队伍适应新时期人才培养的需要。

（2）在教学内容上，结构合理，联系紧密，教学内容的组织与安排模式各环节紧密衔接，理论与实践紧密结合，有利于培养学生的创新思维和独立分析问题、解决问题的能力，促进了学生综合素质的提高。

（3）在教学方法上，形成了行之有效的教学方法体系并灵活应用在教学中，并取得了较好的教学效果。如采用启发式教学和讨论教学方法，改变传统的以教师为中心单向传授知识的教学方法，在教学过程中充分发挥学生的积极性、主动性、创造性，使教师与学生能够充分进行双向讨论、交流、研究和提高。

（4）在教学手段上，应用现代教育技术手段，采用课件、模拟动画等进行多媒体授课，使整体教学更加科学化、规范化、生动化和形象化，有效地调动了学生的学习积极性，使学生容易掌握重点和难点。

（5）"冶金传输原理"课程具有良好的实践教学和网络教学环境，有力保障了学生对理论知识的学习效果和工程实践能力、创新能力的提高。综上所述，我认为"冶金传输原理"课程已达到了省级精品课的水平。

二、重庆大学博士生导师、重庆市第二届学术技术带头人郑忠教授评价

经过近五年的建设，重庆科技学院冶金工程专业的专业基础课程"冶金传输原理"已形成了从理论教学、实验教学、试卷库考试到网络自主学习的完整教学体系。为满足应用型人才培养要求，在吸收国内外课程教学改革和教材研究成果基础上，结合作者多年教学经验而编写了《传输原理》教材，该教材符合应用型本科人才培养目标定位。实验教材配套齐全，很好地满足了冶金工程专业教学需要。已拥有一支教学经验丰富、实践能力较强的中青年骨干主讲教师队伍。坚持教学与研究相结合，推动了课程的建设与改革，促进了教师教学水平和学术水平的提高，成效显著，在应用型本科院校的"冶金传输原理"课程教学改革中已走在前列，这对应用型工艺性本科专业的专业基础课程改革和教学质量的提高有很好的示范作用和普遍的推广价值。

三、重庆科技学院教学督导专家郑公福高工评价

"冶金传输原理"是冶金工程专业重要的专业基础课。经过课程组的不懈努力和探索，"冶金传输原理"课程已形成了科学合理的教学体系。该课程选择的教学内容实用性强，教学方法独具特色，具有良好的实践教学和网络教学环境，实现了教考分离的考核方法。主讲冶金传输原理课程的教师教学效果好，在历届学生的评价中均位居前列。该课程信息量大，能及时将本学科前沿技术和最新科研教研成果融入课堂教学。课程内容基础性与先进性、经典与现代的关系处理得当；理论联系实际，融知识传授、能力培养、素质教育于一体，教书育人效果明显。近五年的建设，该课程已形成了学缘结构、职称结构、学历结构、年龄结构较为合理的教学梯队，已拥有一支教学经验丰富、实践能力较强的中青年骨干主讲教师队伍，特别是该课程负责人朱光俊教授担任其主讲教师，十分熟悉教学内容，概念准确，条理清晰，有较高的授课技巧。教学过程中富有激情，语言生动；表达能力强，既能突出重点，又能讲清难点；尤其注重理论联系实际，善于启发学生思维，调动学生的听课热情。把一门学生难学的专业基础课程变成了一门学生易学易懂的课程，教学效果好，受到校教学督导组的充分肯定。

四、重庆科技学院贾碧教授评价

"冶金传输原理"课程是冶金工程专业的一门重要专业基础课，该课程物理概念抽象，计算公式多，数学推导繁琐，计算过程复杂，是历届学生反映比较难学的课程，要讲好该门课程实属不易。在近五年的教学过程中，课程组长期坚持开展教学改革研究，不断探索新的教学内容、教学方法和教学手段，并将研究成果引入课堂教学，总结出的切实加强理论联系实际的原则、采用两个"三结合"的教学模式及坚持提问式教学、启发式教学、讨论式教学方法交替贯穿于整个教学活动中的有效教学方法是非常受欢迎的。目前，"冶金传输原理"课程已形成了从理论教学、实验教学、试卷库考试到网络自主学习的完整教学体系。结合培养应用型人才的要求，在重点介绍传输原理"三基本"内容的基础上，注重教学内容的针对性，加强了计算机应用内容，课内课外结合得当，获得了广大教师和历届学生的好评，对专业基础课的教学有很好的示范作用和推广价值。

五、重庆科技学院冶金工程专业2004级学生评价

通过"冶金传输原理"课程的学习，使我们掌握了冶金传输理论的基本概念、基本定律及基本解析方法，理解了强化冶金生产过程和改进生产工艺的传输理论基础，同时使我们具备了初步分析和解决冶金生产工艺过程的传输实际问题的能力。老师讲授的内容很有针对性，实用性强。如学习动量传输就是要解决流体流动的阻力损失问题，学习热量传输就是要解决提高热效率和降低热损失问题，学习质量传输就是要解决提高传质速率问题。老师结合冶金生产实际问题引导我们积极思考的教学方法也给我留下了深刻印象，如利用流体流动知识优化钢包底吹参数、利用传热知识解决钢包温降和连铸二冷配水等问题。这些都让我在现在的工作中很受益。

六、重庆科技学院冶金工程专业2005级学生评价

"冶金传输原理"这门课程是我们必修的专业基础课，这门课程的学习效果直接关系到专业课程的学习和对专业知识的掌握，同学们对这门课程非常重视。主讲"冶金传输原理"

课程的老师具有丰富的授课经验和实践经验，学术造诣深，对课程内容的讲解能够深入浅出，有时穿插一些冶金发展史和冶金工艺应用的例子，大大激发了我们学习本课程的兴趣，同学们经常在课间或课后向老师请教，有时发邮件与老师讨论问题。他们师德好，责任心强，非常关心我们的学习和生活，对我们要求也十分严格，成为了我们的良师益友。老师讲课多以课件结合板书的形式上课，课堂内容丰富，信息量大，使我们对课程内容的理解更加直观。实验采取分组循环法的集中实验教学方式，对我们全方位开放，人人都有机会动手实验，指导老师精心指导，培养了我们的动手能力。综合性实验的开出，使我们受到全面系统的训练，创新能力得到培养。该课程的学习为我们学好专业课奠定了良好的基础，在毕业设计中也发挥了重要作用。

七、重庆科技学院冶金工程专业 2006 级学生评价

"冶金传输原理"课程是比较难学的课程，通过任课教师的讲解，并借助丰富的网络课程资源，帮助我们克服了畏难情绪。在绪论课上，老师详细介绍了课程的性质、课程的内容、课程的特点、教学的目的、教材与教参、成绩评定等内容，这些内容让我们对课程有了较为全面的了解。为了拓宽我们的知识面和了解本学科的发展动态，老师还介绍了与本课程有关的科技期刊、本门课程的校内网络课程资源和省市级精品课程资源。在教学过程中，还引导我们利用课程资源进行自主学习。对于抽象的物理概念，老师都以生活或生产中的实例来帮助我们理解。每当遇到较难理解和掌握的内容时，老师尽量出些思考题，让我们课后去思考，然后再来讨论。这不仅调动了我们学习的积极性，活跃了课堂气氛，而且还增强了我们的参与意识，提高了我们的自学能力。在老师的引导下，我们取得了较好成绩，为后续专业课程的学习打下了坚实的理论基础。

4-6　课堂录像（课程教学录像资料要点）

三位主讲教师的授课内容：朱光俊：连续性方程；曾红：稳定导热；阮开军：质量传输基本概念及基本定律。

重庆科技学院教务处柏伟副处长对课堂录像资料的评价：三位主讲教师仪态端庄、声音洪亮、思路清晰、内容熟练、理论联系实际、课堂气氛活跃，师生互动效果好，反映出主讲教师具有丰富的教学经验和对教学内容的深入理解。该课程合理运用了现代化教学手段，课堂信息量大，增加了教学的直观性和趣味性，激发了学生的学习兴趣和学习热情，提高了教学效率，取得了好的教学效果。近三年来，按照《重庆科技学院学生评教指标体系》进行网上评教，"冶金传输原理"课程任课教师的评价结果均为优秀。

5. 自我评价

5-1　本课程的主要特色及创新点（限 200 字以内，不超过三项）

（1）紧扣专业培养目标，教学内容"三基本"。从"三传"类似角度阐述动量传输、热量传输、质量传输的基本概念、基本定律及基本解析方法，即传输原理"三基本"内容。结合培养应用型人才的要求，注重教学内容的应用性，开设独立实验课。

（2）突显专业基础特点，教学方法"三结合"。对教学重点内容采取教师讲授、学生习题和习题课方式相结合，对教学难点内容采取教师讲授、学生思考和课堂讨论方式相结合，即采用两个"三结合"的教学模式。以学生为中心，从工程实际出发启发学生思维，坚持多媒体课件教学与传统板书教学的协调应用。

（3）确保专业人才质量，教学研究"三融合"。坚持研究成果进课堂，即科研成果、教研成果、课堂教学"三融合"原则，以进一步充实和丰富教学内容，切实提高课程教学质量。

5-2 本课程与国内外同类课程相比所处的水平

本课程是冶金工程专业的重要专业基础课。该课程已形成了实用性强的教学内容、独具特色的教学方法、先进的教学手段、教考分离的考试方法、教学与研究的有机融合到网络自主学习的完整教学体系，在应用型本科院校的"冶金传输原理"课程教学改革中已走在前列，这对应用型工艺性本科专业的专业基础课程改革和教学质量的提高有很好的示范作用和推广价值。

5-3 本课程目前存在的不足

《传输原理实验指导书》尚未正式出版；"冶金传输原理"设计性实验尚待开发；网络课程资源中的自测题库有待完善。

6. 课程建设规划

6-1 本课程的建设目标、步骤及五年内课程资源上网时间表

建设目标：根据冶金工程专业应用型人才培养目标要求，努力探索并实践专业基础课程的课程体系、教学内容、教学方法、教学手段、考试方法的改革，切实加强教学队伍、教材、实验室和网络环境建设，突显应用型人才培养特色，确保应用型人才培养质量。按照精品课程要求，首先将本课程建成市级精品课程，最终建成国家级精品课程，并实现以下具体目标：

（1）完善网络课程资源中的自测题库建设。

（2）正式出版《传输原理实验指导书》。

（3）完善"冶金传输原理"电子教案和多媒体课件。

（4）根据教学需要，不断更新"冶金传输原理"试卷库。

（5）开发"冶金传输原理"设计性实验，完善"冶金传输原理"综合性实验。

步骤：

（1）2010年完善网络课程资源中的自测题库建设。

（2）2011年完善网上理论教学内容、实验教学内容，并实现网上提交作业。

（3）2012～2013年进一步修订、完善授课教案、多媒体课件及试卷库；正式出版《传输原理实验指导书》。

（4）2014 年撰写和发表教学改革研究论文，完成教学成果总结工作。

课程资源上网计划：按上述步骤不断完善课程教学大纲、授课教案、多媒体课件、学习指导及网上教学，并在使用中不断优化、补充。

6-2 三年内全程授课录像上网时间表

2011 年，第 1 篇教学内容。

2012 年，第 2 篇教学内容。

2013 年，第 3 篇教学内容。

2012～2013 年，实验教学授课内容。

6-3 本课程已经上网资源

网上资源名称列表及网址链接

（1）课程介绍

（2）教学团队

（3）教学大纲

（4）授课计划

（5）课件教案

（6）习题指导

（7）实验指导

（8）指定教材

（9）参考文献

（10）课程考核

（11）成果介绍

（12）授课录像

课程试卷及参考答案链接（仅供专家评审期间参阅）

7. 学校的政策措施

7-1 所在高校鼓励精品课程建设的政策文件、实施情况及效果

课程建设是学科专业建设的重要内容，是教学基本建设的精髓。精品课程建设是促进和加快课程建设的很好方式和载体，是学校教学质量与教学改革工程的重要组成部分。通过精品课程建设，有利于更好地推进教学内容、教学方法、教学手段和考核方式改革，有利于教学内容体系的整体优化，有利于全面提升师资队伍的教学水平，有利于全面提高教育教学质量。学校非常重视精品课程的建设，制定了《重庆科技学院精品课程建设管理办法》，在政策上对精品课程建设和管理予以保障。学校对精品课程的培育、立项、建设、评估、申报均给予全方位指导和支持，保证硬件及软件方面的建设。配置专用的教学网络设备，保证精品课程在网上能顺畅浏览，成立精品课程建设领导小组，设立精品课程建设专项资金，以保证精品课程建设有足够的启动经费、建设经费、验收评估经费和网上资源维护升级经费。对市

级精品课程和国家精品课程，除市教委、教育部拨发的精品课程建设支持经费外，学校按不低于1∶1的配套经费投入该课程的建设补助，以保证市级精品课程、国家精品课程的维护与资源共享。对获校级及以上的精品课程，任课教师的教学课时津贴上浮20%，上浮部分由学校给予专项补贴。对获精品课程的相应人员视为获得同级教学成果，同时，对在精品课程建设中取得成效的教师，在评优、学术研究、专业技术职务晋升、职务聘任、校内奖励分配等方面给予政策支持。在精品课程管理方面，学校对已获得校级、市级、国家"精品课程"称号的课程，每年组织专家对该课程在教学、管理、改革、资源更新等方面的情况进行检查与自查，对发现问题的精品课程提出改进措施，以保证精品课程建设目标的有效实现。由于我校支持鼓励精品课程建设的政策措施得力，且可操作性强，教师和学生参与热情高，目前我校的各级精品课程建设进展顺利，效果良好。

7-2 对本课程后续建设规划的支持措施

"冶金传输原理"是冶金工程专业的主干专业基础课程之一，主讲教师具有丰富的教学实际经验，两个"三结合"教学模式和从工程实际出发启发学生思维的教学方法深受学生好评，教学效果好。"冶金传输原理"课程建设思路清楚、目标明确、安排适当。对于该课程，除市教委拨发的精品课程建设支持经费外，学校将按不低于1∶1的配套经费投入该课程的建设补助，以保证该课程后续建设规划的顺利实现，充分发挥精品课程的资源共享和良好示范作用。

8. 说明栏

2008年1月，冶金工程专业被重庆市教育委员会批准为市级首批特色专业建设点。

第七章　实验教学示范中心

第一节　实验教学示范中心及其
在重庆科技学院的实施

一、实验教学示范中心的基本情况

为贯彻落实国务院批转教育部《2003～2007年教育振兴行动计划》和教育部第二次普通高等学校本科教学工作会议的精神，推动高等学校加强学生实践能力和创新能力的培养，加快实验教学改革和实验室建设，促进优质资源整合和共享，提升办学水平和教育质量，教育部决定在高等学校实验教学中心建设的基础上，从2005年5月开始启动国家实验教学示范中心的建设工作。

（一）建设目标

实验教学示范中心的建设目标是：树立以学生为本，知识传授、能力培养、素质提高协调发展的教育理念和以能力培养为核心的实验教学观念，建立有利于培养学生实践能力和创新能力的实验教学体系，建设满足现代实验教学需要的高素质实验教学队伍，建设仪器设备先进、资源共享、开放服务的实验教学环境，建立现代化的高效运行的管理机制，全面提高实验教学水平。为高等学校实验教学提供示范经验，带动高等学校实验室的建设和发展。

各省、自治区、直辖市建立省级实验教学示范中心，形成国家级、省级两级实验教学示范体系。国家级实验教学示范中心采取学校自行建设、自主申请，省级教育行政部门择优推荐，教育部组织专家评审的方式产生。从2005年至2007年，分批建立100个左右国家级实验教学示范中心。

（二）建设内容

实验教学示范中心应以培养学生实践能力、创新能力和提高教学质量为宗旨，以实验教学改革为核心，以实验资源开放共享为基础，以高素质实验教学队伍和完备的实验条件为保障，创新管理机制，全面提高实验教学水平和实验室使用效益。

国家级（省级）实验教学示范中心主要应具有：

（1）先进的教育理念和实验教学观念。学校教育理念和教学指导思想先进，坚持传授知识、培养能力、提高素质协调发展，注重对学生探索精神、科学思维、实践能力、创新能力的培养。重视实验教学，从根本上改变实验教学依附于理论教学的传统观念，充分认识并落实实验教学在学校人才培养和教学工作中的地位，形成理论教学与实验教学统筹协调的理念和氛围。

（2）先进的实验教学体系、内容和方法。从人才培养体系整体出发，建立以能力培养为主线，分层次、多模块、相互衔接的科学系统的实验教学体系，与理论教学既有机结合又相对独立。实验教学内容与科研、工程、社会应用实践密切联系，形成良性互动，实现基础与前沿、经典与现代的有机结合。引入、集成信息技术等现代技术，改造传统的实验教学内容和实验技术方法，加强综合性、设计性、创新性实验。建立新型的适应学生能力培养、鼓励探索的多元实验考核方法和实验教学模式，推进学生自主学习、合作学习、研究性学习。

（3）先进的实验教学队伍建设模式和组织结构。学校重视实验教学队伍建设，制定相应的政策，采取有效的措施，鼓励高水平教师投入实验教学工作。建设实验教学与理论教学队伍互通，教学、科研、技术兼容，核心骨干相对稳定，结构合理的实验教学团队。建立实验教学队伍知识、技术不断更新的科学有效的培养培训制度。形成一支由学术带头人或高水平教授负责，热爱实验教学，教育理念先进，学术水平高，教学科研能力强，实践经验丰富，熟悉实验技术，勇于创新的实验教学队伍。

（4）先进的仪器设备配置思路和安全环境配置条件。仪器设备配置具有一定的前瞻性，品质精良，组合优化，数量充足，满足综合性、设计性、创新性等现代实验教学的要求。实验室环境、安全、环保符合国家规范，设计人性化，具备信息化、网络化、智能化条件，运行维护保障措施得力，适应开放管理和学生自主学习的需要。

（5）先进的实验室建设模式和管理体制。依据学校和学科的特点，整合分散建设、分散管理的实验室和实验教学资源，建设面向多学科、多专业的实验教学中心。理顺实验教学中心的管理体制，实行中心主任负责制，统筹安排、调配、使用实验教学资源和相关教育资源，实现优质资源共享。

（6）先进的运行机制和管理方式。建立网络化的实验教学和实验室管理信息平台，实现网上辅助教学和网络化、智能化管理。建立有利于激励学生学习和提高学生能力的有效管理机制，创造学生自主实验、个性化学习的实验环境。建立实验教学的科学评价机制，引导教师积极改革创新。建立实验教学开放运行的政策、经费、人事等保障机制，完善实验教学质量保证体系。

（7）显著的实验教学效果。实验教学效果显著，成果丰富，受益面广，具有示范辐射效应。学生实验兴趣浓厚，积极主动，自主学习能力、实践能力、创新能力明显提高，实验创新成果丰富。

（8）鲜明的特色。根据学校的办学定位和人才培养目标，结合实际，积极创新，特色鲜明。

国家级实验教学示范中心评审面向全国各类本科院校，一般应是承担多学科、多专业实验教学任务的公共基础实验教学中心、学科大类基础实验教学中心和学科综合实验中心，重点是受益面大、影响面宽的基础实验教学中心。以物理、化学、生物、力学、机械、电子、计算机、医学、经济管理、传媒、综合性工程训练中心等学科和类型为主。国家级实验教学示范中心评审指标体系见表7-1。

表7-1　评审指标体系

一级指标	权重	二级指标	权　重
1. 实验教学	40%	1. 教学理念与改革思路	10
		2. 教学体系与教学内容	10
		3. 教学方法与教学手段	10
		4. 教学效果与教学成果	10
2. 实验队伍	20%	5. 队伍建设	10
		6. 队伍状况	10
3. 管理模式	20%	7. 管理体制	5
		8. 信息平台	5
		9. 运行机制	10
4. 设备与环境	20%	10. 仪器设备	10
		11. 维护运行	5
		12. 环境与安全	5

特色项目（10分）：实验教学中心在实验教学、实验队伍、管理模式、设备与环境等方面的改革与建设中做出的独特的、富有成效的、有积极示范推广意义的成果。

评审指标内涵及相关主要观测点见表7-2。

表7-2　评审指标内涵及相关主要观测点

一级指标	二级指标	指标内涵及相关主要观测点
实验教学	教学理念与改革思路	（1）学校教学指导思想明确，以人为本，促进学生知识、能力、素质协调发展，重视实验教学，相关政策配套落实； （2）实验教学改革和实验室建设思路清晰、规划合理、方案具体，适用性强，效果良好； （3）实验教学定位合理，理论教学与实验教学统筹协调，安排适当

一级指标	二级指标	指标内涵及相关主要观测点
实验教学	教学体系与教学内容	(1) 建立与理论教学有机结合，以能力培养为核心，分层次的实验教学体系，涵盖基本型实验、综合设计型实验、研究创新型实验等； (2) 教学内容注重传统与现代的结合，与科研、工程和社会应用实践密切联系，融入科技创新和实验教学改革成果，实验项目不断更新； (3) 实验教学大纲充分体现教学指导思想，教学安排适宜学生自主选择； (4) 实验教材不断改革创新，有利于学生创新能力培养和自主训练
	教学方法与教学手段	(1) 重视实验技术研究，实验项目选择、实验方案设计有利于启迪学生科学思维和创新意识； (2) 改进实验教学方法，建立以学生为中心的实验教学模式，形成以自主式、合作式、研究式为主的学习方式； (3) 实验教学手段先进，引入现代技术，融合多种方式辅助实验教学； (4) 建立多元实验考核方法，统筹考核实验过程与实验结果，激发学生实验兴趣，提高实验能力
	教学效果与教学成果	(1) 教学覆盖面广，实验开出率高，教学效果好，学生实验兴趣浓厚，对实验教学评价总体优良； (2) 学生基本知识、实验基本技能宽厚扎实，实践创新能力强，实验创新成果多，学生有正式发表的论文或省部级以上竞赛奖等； (3) 承担省部级以上教学改革项目，成果突出； (4) 实验教学成果丰富，正式发表的高水平实验教学论文多，有获省部级以上奖的项目、课程、教材； (5) 有广泛的辐射作用
实验队伍	队伍建设	(1) 学校重视实验教学队伍建设，规划合理； (2) 政策措施得力，能引导和激励高水平教师积极投入实验教学； (3) 实验教学队伍培养培训制度健全落实，富有成效
	队伍状况	(1) 实验教学中心负责人学术水平高，教学科研实践经验丰富，热爱实验教学，管理能力强，具有教授职称； (2) 实验教学中心队伍结构合理，符合中心实际，与理论教学队伍互通，核心骨干相对稳定，形成动态平衡； (3) 实验教学队伍教学科研创新能力强，实验教学水平高，积极参加教学改革、科学研究、社会应用实践，广泛参与国内外同行交流； (4) 实验教学队伍教风优良，治学严谨，勇于探索和创新
管理模式	管理体制	(1) 实施校、院级管理，资源共享，使用效益高； (2) 实验教学中心主任负责制，中心教育教学资源统筹调配
	信息平台	(1) 建立网络化实验教学和实验室管理信息平台； (2) 具有丰富的网络实验教学资源； (3) 实现网上辅助教学和网络化、智能化管理

一级指标	二级指标	指标内涵及相关主要观测点
管理模式	运行机制	（1）实验教学开放运行，保障措施落实得力，中心运行良好； （2）管理制度规范化、人性化，以学生为本； （3）实验教学评价办法科学合理，鼓励教师积极投入和改革创新； （4）实验教学运行经费投入制度化； （5）实验教学质量保证体系完善
设备与环境	仪器设备	（1）品质精良，组合优化，配置合理，数量充足，满足现代实验教学要求； （2）仪器设备使用效益高； （3）改进、自制仪器设备有特色、教学效果好
	维护运行	（1）仪器设备管理制度健全，运行效果好； （2）维护措施得力，设备完好； （3）仪器设备维护经费足额到位
	环境与安全	（1）实验室面积、空间、布局科学合理，实现智能化； （2）实验室设计、设施、环境体现以人为本，安全、环保严格执行国家标准，应急设施和措施完备； （3）认真开展广泛的师生安全教育

二、实验教学示范中心在重庆科技学院的实施

2006 年 5 月，重庆科技学院按照教育部和重庆市教委的要求在全校开始实验教学示范中心的建设申报工作，由于学校刚于 2004 年 5 月合校，组建时间短，前些年实验教学投入欠账多，基础相对薄弱，2006 年"工程训练中心"获批重庆市首批实验教学示范中心，随后 2008 年至 2012 年又有电工电子实验教学中心、化学化工实验教学中心、热能与动力工程实验教学中心、外语教学体验中心、冶金工程实验教学中心、大学物理实验教学中心、石油与天然气实验教学中心 7 个获批重庆市高等学校实验教学示范中心，至此，到 2012 年底共有市级实验教学示范中心 8 个。

第二节　冶金工程重庆市实验教学示范中心

现将重庆科技学院冶金工程重庆市实验教学示范中心申请书介绍如下。

重庆市高等学校实验教学示范中心

申　请　书

学校名称　　重庆科技学院

中心名称　　冶金工程实验教学中心

中心网址　　http：//jw. cqust. cn/sys. htm

中心联系电话　023-65023702

中心通信地址　重庆大学城重庆科技学院

申报日期　　2011 年 9 月 15 日

重庆市教育委员会　制

1. 实验教学中心总体情况

实验教学中心名称	冶金工程实验教学中心	所属学科名称		材料类
隶属部门/管理部门	重庆科技学院/冶金与材料工程学院		成立时间	2005 年 9 月
中心建设发展历程	冶金工程实验教学中心的前身是冶金实验室，真正开始建设始于 1985 年。1994 年建成的铁矿石检测实验室及 1996 年购置的真空感应炉逐渐确立了以应用型为特色的实验室建设方向。2004 年合校升本后，由于冶金工程学科被定为学校首批重点发展学科，开始了新一轮实验室的建设高峰期，2005 年成立冶金工程实验教学中心。到目前为止，我们争取到了中央地方共建基础实验室、中央地方共建特色优势学科冶金工程实验室等项目资金，同时学校专项投入建成的冶金技术与装备综合实践教学平台以及年度实验室建设经费的保障，使得目前的冶金工程实验教学中心设备总值近 1200 万元，实验用房 2500 平方米，完全能满足现代实验教学要求。 中心现有专、兼职教师 37 人，其中教授 6 人，副教授或高级工程师 11 人。每年面向冶金工程专业、冶金技术专业 400 余名学生开设专业基础实验和专业综合实验，面向建筑环境与设备工程、无机非金属材料工程、机械设计制造及自动化、安全工程等专业 600 余名学生开设专业基础实验，同时面向全校公选课"冶金概念"开设相关的实验，受益学生 2000 余人。中心是培养应用型人才的重要基地。在学校专项的支持下，打造了国内一流的冶金技术与装备综合实践教学平台。平台建设的基本思路是按照钢铁生产流程建了一条符合实验室条件的生产线，将实验、实习、实训进行有机融合，探索出适合应用型人才培养的新的实践教学体系。中心是高等教育质量工程的重要组成部分。近几年冶金工程开展的质量工程取得了初步成效，其中包括"国家级特色专业建设点"、"重庆市人才培养模式创新实验区"的申报成功，这些成绩的取得都是对中心的建设和教学成就的充分肯定。中心是广泛开展产学研合作的重要依托。通过与企业的广泛合作，目前与重庆钢铁集团公司合作共建了"冶金与材料工程实验实训基地"、"冶金与材料工程研究所"，与德胜集团川钢公司合作共建了"冶金工程研究所"、与中冶赛迪工程技术股份有限公司合作共建了"国家钢铁冶炼装备系统集成工程技术研究中心冶金实验室"，这些研究机构不仅为教师提供了科研平台，更重要的是为学生创新活动提供了舞台。每年在实验室和研究所里担任科研助手的学生近 20 人。中心是提高教师队伍素质的重要场所。近五年来，依托学科和特色专业建设，获得了国家级特色专业建设点、重庆市人才培养模式创新实验区、重庆市精品课程等质量工程项目 5 项；主持省部级教改项目 6 项；主编国家"十一五"规划教材 2 部，行业规划教材 7 部。 目前冶金工程实验教学中心已经建立了适应新型应用型人才培养的实验教学体系，拥有先进的实验设备和具有创新性的实习实训平台，培育了一支结构合

中心建设发展历程	理、团结协作的实验教学队伍，开设了高质量的专业基础实验和专业实验，为学生提供了培养实践能力和创新能力的优质实践教学环境。中心已经接待了来自国内著名冶金企业、高校的考察队伍 1000 余人次，已经发挥了广泛的示范和辐射作用。						
中心主任	姓名	朱光俊	性别	女	出生年月	1965.11	民族	汉族

中心主任	专业技术职务	教授	学位	工学硕士	毕业院校	北京科技大学
	通信地址	重庆大学城重庆科技学院冶金与材料工程学院			邮　编	401331
	电子邮箱	zhugjun@163.com			联系电话	023-65023709

中心主任	主要职责	（1）负责制定中心建设规划和年度计划，并组织实施和检查执行情况。 （2）负责组织实施实验室的教学改革和教学研究。 （3）制定措施合理调配资源，努力提高实验技术水平和实验教学质量。 （4）组织制定并负责审定实验室的中长期发展规划。 （5）组织制定和修订中心各项规章制度，督促各种规章制度执行。 （6）组织实验教材的编写、修改与出版工作，不断完善实验教案。 （7）推动中心的科研、技术开发和技术服务等。 （8）定期组织检查，总结实验中心工作。 （9）服从学校领导的工作安排，完成上级下达的其他各项工作任务。
	教学科研主要经历	自 1986 年参加工作以来，一直从事热工基础类课程的教学工作。先后为冶金工程专业、冶金技术专业、无机非金属材料工程专业、建筑环境与设备工程专业、机械设计制造及自动化专业讲授了"冶金传输原理"、"热工基础"、"硅酸盐热工过程及设备"、"工程热力学"等专业主干课程，并指导相关专业毕业设计。 　　近年来主持主研市级科研课题 5 项，市级教研课题 2 项，其中主研的市科委课题"蓄热式热风炉优化节能烧炉"获重庆市 2006 年度科技进步三等奖（排名第二）。质量工程建设成绩突出，主讲的"热工基础"课程 2005 年获重庆市精品课程、"冶金传输原理"课程 2010 年获重庆市精品课程、2009 年成功申报重庆市"冶金工艺类专业应用型本科人才培养模式创新实验区"。以第一作者在《北京科技大学学报》、《重庆建筑大学学报》、《Journal of Ecotechnology Research》、《冶金能源》、《中国冶金教育》等国内外刊物发表论文 20 余篇。

中心主任	教学科研主要成果	**近五年来主持的市级教学研究课题：** （1）应用型本科人才工程实践能力培养的研究与实践，重庆市教委教学改革研究重点项目，2010～2012 年。 （2）面向市场　突出特色——冶金工程品牌专业建设的研究与实践，重庆市教委教学改革研究一般项目，2007～2009 年。 **近五年来作为第一署名人发表的主要教学研究论文：** （1）"冶金传输原理"课程的教学改革与实践，教育与职业，中文核心期刊，2009 年。 （2）提高大学课堂教学质量的途径探析，教育与职业，中文核心期刊，2011 年。 （3）实施产学研合作　适应行业发展需求，中国冶金教育，2011 年。 （4）更新教育观念　培养应用型本科人才，中国冶金教育，2009 年。 （5）日本东北大学本科人才培养的启示，中国冶金教育，2008 年。 **主编的冶金行业"十一五"规划教材：** （1）《冶金热工基础》，冶金工业出版社，2007 年。 （2）《传输原理》，冶金工业出版社，2009 年。 **近五年来承担的市级学术研究课题：** （1）低钒钢渣酸性浸取提钒机理研究，重庆市科委自然科学基金项目，2008～2010 年，主持人。 （2）富氧燃煤固硫剂及添加剂的研制，重庆市教委科学技术研究项目，2007～2008 年，主持人。 （3）煤的富氧洁净燃烧技术研究，重庆市教委科学技术研究项目，2003～2005 年，主持人。 （4）重庆市住宅建筑能耗标识体系的研究，重庆市建委科学技术研究项目，2005 年，主持人。 （5）蓄热式热风炉优化节能烧炉，重庆市科委自然科学基金，2000～2003 年，主研人。 **近五年来发表的主要学术论文：** （1）中小型转炉炉壳变形的数值模拟，北京科技大学学报，全国中文核心期刊，第 1 作者，2007 年，EI 收录。 （2）空调运行模式对住宅建筑采暖空调能耗的影响，重庆建筑大学学报，全国中文核心期刊，第 1 作者，2006 年，EI 收录。 （3）住宅建筑采暖空调能耗模拟方法的研究，重庆建筑大学学报，全国中文核心期刊，第 1 作者，2006 年，EI 收录。 （4）Experiment study on sulfur fixing of coal combustion, Journal of Ecotechnology Research, 第 1 作者，2006 年。 （5）燃煤固硫剂及添加剂的研究进展，冶金能源，全国中文核心期刊，第 1 作者，2008 年。

中心主任	教学科研主要成果	**获得的学术研究表彰/奖励：** 蓄热式热风炉优化节能烧炉，重庆市科技进步三等奖，排名第2，2006年。								
专职人员	职称或学位	正高级	副高级	中级	其他	博士	硕士	学士	其他	总人数	平均年龄
	人数	6	11	14	6	3	25	6	3	37	38
	占总人数比例	16%	30%	38%	16%	8%	68%	16%	8%		

教学简况	实验课程数	实验项目数（含可选）	面向专业数	实验学生人数/年	实验人时数/年
	19	122	9	3100	9.1万

环境条件	实验用房使用面积/m²	设备台件数	设备总值/万元	设备完好率
	2500	213	1200	100%

教材建设	出版实验教材数量/种		自编实验讲义数量/种	实验教材获奖数量/种
	主　编	参　编		
	0	0	8	0

近五年经费投入数额、来源及主要投向	（1）经费投入数额：1340万（其中2006年专项65万，2006年中央地方共建基础实验室125万，2007年中央地方共建专业实验室240万，2008年年度建设经费50万，2008年重钢共建投入30余万，2009年使用材料工程结余经费40万，2009年专项投入790万）。 （2）经费投入来源：学校年度建设经费、学校学科专项投入、中央地方共建。 （3）经费主要投向：专业基础和专业实验室、冶金技术与装备综合实践教学平台。 　　每年的具体情况如下： （1）2006年。学校专项65万，建设铁矿性能检测实验室；中央地方共建基础实验室，与材料工程专业共获得经费240万，其中125万用于冶金工程基础实验室建设。 （2）2007年。中央地方共建特色优势学科专项经费240万，分别在2008年和2010年两次执行完成，建成冶金数模实验室、资源环境实验室、炼铁实验室、炼钢实验室。 （3）2008年。年度实验室建设经费100万，实际用于冶金工程实验室50余万，其余用于材料工程实验室。重庆钢铁公司捐建价值30余万元的现代钢铁企业沙盘模型。 （4）2009年。材料工程专业节余40万实验室建设费划归冶金工程使用，购买真空炉和冶金物理化学计算软件、数据库。学校专项投入790余万，建成冶金技术与装备综合实践教学平台（包括烧结杯系统、冷热带钢轧制系统、冶金企业虚拟实习实训系统、冶金过程计算机仿真系统软件、钢铁企业动态模型系统）。

近五年中心人员教学科研主要成果	中心教师近5年来主持国家级质量工程项目1项，省部级质量工程项目4项；获得省部级优秀教学成果奖1项，校级优秀教学成果奖3项；省部级教学改革与教学研究项目6项，以第一作者发表教学改革研究论文40余篇。获得省部级科研成果奖4项，主持科研项目30余项，以第一作者发表期刊论文70余篇（其中SCI、EI收录20余篇）。主编国家级规划教材2部，行业规划教材7部，副主编2部。

中　心　成　员　简　表

序号	姓名	性别	出生年月	学位	中心职务	专业技术职务	所属二级学科	中心工作年限	中心工作职责	是否专职	兼职人员所在单位
1	朱光俊	女	1965.11	硕士	主任	教授	钢铁冶金	21	负责中心全面工作	专	
2	万新	男	1964.04	硕士	副主任	教授	钢铁冶金	21	负责中心实验教学运行管理	专	
3	张明远	男	1971.12		副主任	高级工程师	钢铁冶金	17	负责中心实验设备管理	专	
4	吕俊杰	男	1963.07	硕士		教授	钢铁冶金	17	金属熔炼试验；毕业论文指导	专	
5	梁中渝	男	1954.08	硕士		教授	钢铁冶金	17	物性检测实验；毕业论文指导	专	
6	夏文堂	男	1964.11	博士		教授	有色金属冶金	4	有色金属冶金；毕业论文指导	专	
7	杨治立	男	1969.05	硕士		副教授	钢铁冶金	13	金属熔炼试验；毕业论文指导	专	
8	韩明荣	女	1963.02	硕士		副教授	冶金物理化学	19	冶金原理实验；毕业论文指导	专	

序号	姓名	性别	出生年月	学位	中心职务	专业技术职务	所属二级学科	中心工作年限	中心工作职责	是否专职	兼职人员所在单位
9	雷亚	男	1954.06	学士		教授	钢铁冶金	6	毕业论文指导	兼	研究所
10	曾红	女	1968.02	硕士		副教授	冶金热能工程	17	仪表实验；毕业论文指导	专	
11	杜长坤	男	1964.02	硕士		高级工程师	钢铁冶金	6	毕业论文指导	兼	研究所
12	任正德	男	1964.08	硕士		副教授	钢铁冶金	17	炼钢实验；毕业论文指导	兼	研究所
13	阳辉	男	1966.09	硕士		副教授	金属压力加工	19	冷热带钢轧制；毕业论文指导	专	
14	杨治明	男	1970.02	硕士		副教授	计算机应用	12	冶金动态模型	专	
15	尹建国	男	1977.05	博士		高级工程师	有色金属冶金	2	有色金属冶金；毕业论文指导	专	
16	周书才	男	1971.03	硕士		副教授	钢铁冶金	6	冶金数模实验；毕业论文指导	专	
17	吴明全	男	1968.08	学士		副教授	钢铁冶金	6	毕业论文指导	兼	研究所
18	石永敬	男	1974.07	博士		讲师	钢铁冶金	3	炼铁实验；毕业论文指导	专	
19	胡林	男	1967.01	学士		讲师	钢铁冶金	16	烧结杯试验；毕业论文指导	专	

序号	姓名	性别	出生年月	学位	中心职务	专业技术职务	所属二级学科	中心工作年限	中心工作职责	是否专职	兼职人员所在单位
20	高艳宏	女	1975.11	硕士		讲师	钢铁冶金	6	炼铁实验；毕业论文指导	专	
21	高逸锋	男	1979.04	硕士		讲师	有色金属冶金	5	毕业论文指导	兼	研究所
22	任蜀焱	男	1973.10	硕士		讲师	金属压力加工	11	冷热带钢轧制；毕业论文指导	专	
23	刘饶川	男	1979.04	硕士		讲师	金属压力加工	6	冷热带钢轧制；毕业论文指导	专	
24	王令福	男	1951.10	学士		讲师	钢铁冶金	17	毕业论文指导	专	
25	田世龙	男	1963.08	学士		工程师	钢铁冶金	6	毕业论文指导	兼	研究所
26	张生芹	女	1974.01	硕士		讲师	冶金物理化学	9	物理化学实验；毕业论文指导	专	
27	杨艳华	女	1981.11	硕士		讲师	钢铁冶金	4	热工实验；毕业论文指导	专	
28	邓能运	男	1968.07			工程师	钢铁冶金	17	传输原理实验	专	
29	朱永祥	男	1965.05			工程师	金属压力加工	19	冷热带钢轧制	专	
30	袁晓丽	女	1981.08	硕士		讲师	钢铁冶金	4	炼铁实验	专	

序号	姓名	性别	出生年月	学位	中心职务	专业技术职务	所属二级学科	中心工作年限	中心工作职责	是否专职	兼职人员所在单位
31	张倩影	女	1983.05	硕士		讲师	钢铁冶金	4	炼钢实验	专	
32	柳浩	男	1983.10	硕士		助教	钢铁冶金	3	烧结杯试验	专	
33	吴云君	男	1982.10	硕士		助教	自动化	3	虚拟仿真	专	
34	王宏丹	女	1985.05	硕士		助教	钢铁冶金	2	冶金数模实验	专	
35	高绪东	男	1984.01	硕士		助教	钢铁冶金	2	冶金性能检测	专	
36	朱虹	女	1980.02	学士		助教	钢铁冶金	3	中心文件管理	专	
37	周雪娇	女	1984.12	硕士		助教	有色金属冶金	1	有色金属冶金实验指导	专	

2. 实验教学

2-1　实验教学理念与改革思路（学校实验教学相关政策，实验教学定位及规划，实验教学改革思路及方案等）

　　重庆科技学院是经国家教育部批准设立的一所普通全日制本科院校。冶金工程实验教学中心是随着冶金工程学科发展而逐渐建成并完善的。由于我们有60年的办学历史，在背靠强大行业的同时，我们也取得了应有的声誉。近几年的快速发展，我们在高等教育质量工程方面取得了重大进展，获得了"国家级特色专业建设点"、"重庆市特色专业建设点"、"人才培养模式创新实验区"等质量工程项目，这些项目无一例外都是围绕应用型人才培养和实践教学环节的创新而开展的。另外在硬件的投入上学校采用先行一步的战略，到目前为止软、硬环境的建设都取得了较好的效果。冶金工程实验教学中心秉承"学生为本，依托行业，突出应用，注重能力"的教学理念，以实现知识和能力集成为工程素质为宗旨，以培养新时代的卓越工程师为目标，广泛联系企业以实现人才培养模式的转变，实验教学环节突出应用效果，实现学生工程能力和创新能力的跨越。

一、学校实验教学的相关政策

　　学校高度重视实验教学，制定了一系列规章制度及措施等文件，为提高实验教学质量提供了有力的政策支撑和制度保障。同时，中心根据自身的特点，制定了相关的制度及措施，形成了完善的实践教学、实验室相关教学管理规定。

冶金工程实验教学中心于 2009 年建成校级实验教学示范中心，学校十分重视中心的建设与管理，从管理体制改革、人员配备、实验室教改专项资助、政策配套和经费落实等方面给予支持，为我们创建市级实验教学示范中心提供了强有力的保证。

二、实验教学定位及规划

中心定位：坚持"立足冶金学科，面向主干专业，服务全校学生"的中心定位，为冶金工程专业学生提供一流的教学实验装备，提供创新活动的虚拟操作平台和模拟工程环境，提供理论联系实际的实习实训场所；为全校所有专业的学生提供了解和认识冶金大行业直观认识基地；为相关专业的教学提供相应的专业基础平台支持；提供广泛服务社会的产学研合作空间。通过以上工作的开展，最终达到培养高素质应用型人才的目的。

中心规划：以钢铁生产流程为主线，构建"三大平台，三种能力，一个目标"的实验教学体系，着重培养冶金工程专业学生的工程意识、实践能力和创新能力。强调产学合作，以企业共建为依托，为学生创造更加真实的实验实训环境。

突出应用，注重能力是应用型本科人才培养的核心，而构建有利于培养学生实践能力和创新能力的实验教学体系、建设符合行业发展现状及技术先进的实验教学环境、培养高素质的教师队伍和制定高效运行的管理机制，是切实落实"学生为本，依托行业，突出应用，注重能力"的教学理念，全面提高教学质量的重要保障。我们将在校级实验教学示范中心的基础上，将冶金工程实验教学中心建成为重庆市实验教学示范中心。

三、实验教学改革思路及方案

（一）实验教学改革思路

以教育部高校实验教学示范中心建设思想为指导，根据我校冶金工程学科专业发展和人才培养定位，结合行业发展，构建先进的实验教学理念、创新的实验教学体系、开放的实验教学环境、高效的管理运行机制，造就一支具有开拓创新精神的满足实验教学的师资队伍，着力培养学生的工程实践能力和创新能力，努力提高应用型人才培养质量。

（二）实验教学改革方案

（1）实验教学打破按课程开设课内实验和集中实验的格局，全部开设成独立实验课程。

（2）针对学生的专业不同、兴趣和能力不同、知识结构层次不同，设置基础性实验、综合设计性实验和创新性实验。

基础性实验为必修实验，内容包括冶金原理、冶金传输原理、冶金自动化仪表等三门独立实验课程和一些课内实验，目的在于满足实验教学大纲中规定的实验内容，加深学生对基本理论、基础知识和基本技能的掌握，初步培养学生的动手能力和分析能力，激励学生的学习兴趣。

综合设计性实验为必修实验，内容包括冶金基础综合性实验、冶金专业综合设计性实验，这些实验是在基本实验基础上进行的难度较大、综合性较强的提高性实验，目的在于培养学生应用专业知识进行综合分析的能力。

创新性实验为选择性实验,主要针对高年级本科生和学生科技创新,目的在于为学生提供一个良好的实验研究平台,培养学生的创新能力。

(3)依托特色学科方向,将高水平的科研成果转化为实验教学资源。冶金工程专业经过多年的发展,形成了以钢铁冶金及新材料制备、冶金过程数学物理模拟、冶金过程强化与节能减排等优势特色学科方向,取得了省部级多项研究成果,将高水平的科研成果转化成实验教学资源,为学生开设创新性实验,提升学生的科学研究能力。

(4)改革实验教学考核方式。针对不同的实验课程类型,制定不同的实验教学考核方式。如基础性实验教学采取统一管理、统一批阅、统一评分的模式;综合性实验教学可以由实验教师制定评分标准,也可以由小论文方式完成;创新性实验采取课外学分制度,完成效果由指导教师进行批阅,并给出成绩。

(5)建立完善的实验教学质量监控保障体系。在学校实验教学监控保障体系和冶金学院教学质量监控体系的框架之下,构建中心的质量监控保障体系,对实验教学全过程进行质量跟踪检查、调控、考核与评价,建立实验教学督导制,制定严格的教学规章制度和实验室工作规程,将实验教学管理与实验室管理由行政管理向目标管理转化,使实验教学质量得到保证。

2-2　实验教学总体情况(实验中心面向学科专业名称及学生数等)

实验中心面向全校 9 个专业(不含"冶金概论"公选课所覆盖的所有专业)开设 122 个实验项目,实验年人时数达 9.5 万以上。每年到实验中心实验的学生达 3000 人以上,具体情况参见表 2-2-1 和表 2-2-2。

表 2-2-1　实验中心面向学科专业实验教学情况统计(2010～2011 学年)

序号	专业性质	专业名称	班级	实验室名称	人数	学时数	人时数
1	本科	冶金工程(普)	冶金工程 07	专业	106	56	5936
			冶金工程 08	基础	127	64	8128
			冶金工程 10	基础	64	8	512
2	本科	冶金工程(应)	冶金工程 07	专业	42	56	2352
			冶金工程 08	基础	61	56	3416
3	本科	无机非金属材料工程	无机非 08	基础	64	4	256
4	本科	金属材料工程	金材 08	基础	65	8	520
5	本科	建筑环境与设备工程	建环 08	基础	53	76	4028
6	专科	冶金技术	冶金技术 08	专业	112	56	6272
			冶金技术 09	基础	139	54	7506
7	专科	冶金技术	冶金技术 08	数模室	46	8	368
8	本科	各专业(选修)	每学期 5 个班,每班 200 人以上	实践平台	2000	6	12000
9	本科	自动化	自动化 10	实践平台	116	4	464

续表 2-2-1

序号	专业性质	专业名称	班级	实验室名称	人数	学时数	人时数
10	本科	物流管理	物流管理10	实践平台	153	4	612
11	本科	人力资源管理	人力资源管理10	实践平台	95	4	380
12	专科	冶金技术	冶金技术08	实践平台	112	30	3360
13	本科	冶金工程（普）	冶金工程08	实践平台	127	30	3810
14	本科	冶金工程（应）	冶金工程08	实践平台	61	30	1830
15	岗位培训	达钢、德钢、金广		专业	400	56	22400
合计（9个专业）					3943	610	84150

表 2-2-2　实验中心面向学科专业开放情况统计（2010～2011 学年）

序号	开放性质	专业名称	班级	人数	估计学时数	人时数
1	学生创新	冶金工程	冶金工程07	35	100	3500
2	科研助手	冶金工程	冶金工程07	15	400	6000
3	学生预约	冶金工程 冶金技术	冶金工程07 冶金工程08 冶金工程09	22	40	880
4	科普基地	全校及社会		300	4	1200
合　计				372	544	11580

注：学生创新活动有9个校级立项小组（28人）、2个院级立项小组（7人），测算每人实验室工作
　　时数平均100；科研助手分布在炼铁实验室（6人）、炼钢实验室（3人）、有色实验室（6人），
　　结合科研项目参与相应的实验工作。

2-3　实验教学体系与内容（实验教学体系建设，实验课程、实验项目名称及综合性、设计性、创新性实验所占比例，实验教学与科研工程和社会应用实践结合情况等）

一、实验教学体系

实验教学体系如图 2-3-1 所示。

秉承"学生为本，依托行业，突出应用，注重能力"的教学理念，坚持"立足冶金学科，面向主干专业，服务全校学生"的中心定位，构建"三大平台，三种能力，一个目标"的实验教学体系。以国家级特色专业建设、实验教学示范中心建设、精品课程建设、学生创新活动的组织以及教改项目的实施为重点，以开设综合性实验、设计性实验和创新性实验为切入点，着力培养学生的工程应用能力，尝试提高学生分析问题和解决问题的能力，按照"分层次教学，模拟工程环境"的实验组织方式，促进学生知识、能力、素质全面协调发展。

冶金工程实验教学中心是服务于冶金工程应用型人才培养的实践教学基地，因此中心既要满足冶金行业人才知识结构培养的要求，又要充分拓展人才专业能力提高的需要，三大平

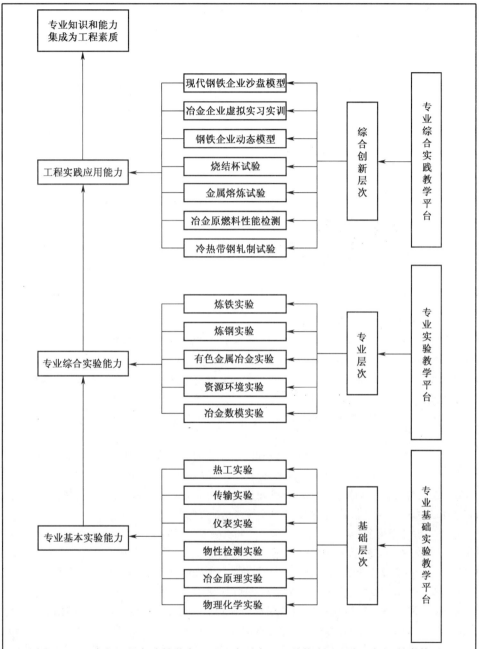

图 2-3-1　冶金工程实验教学中心"三大平台，三种能力，一个目标"教学体系

台的设定就是为了充分保障学生的知识结构能够符合行业技术发展的要求。

专业基础实验教学平台：冶金工程专业三大专业基础支持是金属学、冶金原理和传输原理，其中金属学部分的实验教学归在材料工程实验中心，冶金原理和传输原理归冶金工程实验中心。围绕着两大专业基础以及衍生出来的物理化学、仪器仪表、物性检测、热工基础等，共同构成了覆盖相关课程体系的实验教学环节。通过基础层次的实验教学，让学生掌握本专业所必需的理论基础知识和基本动手能力，为下阶段的专业学习储备必需的知识和能力基础。

专业实验教学平台：基于冶金工程专业目前所承办的两个专业方向，即钢铁冶金和有色金属冶金，按照相对独立的工艺过程和工艺环节构建了 5 个实验室，相对应的课程所需的实验教学均可以在对应的实验室中组织实验教学环节。通过专业层次的实验教学环节实施，帮助学生深入认识冶金工艺过程，加深对专业理论的认识并逐渐形成体系，使学生具备冶金工程师所需的基本理论知识和专业能力。

专业综合实践教学平台：该平台引入缩微仿真系统，再现炼铁、炼钢、轧钢等冶金工艺过程，将实验、实习、实训进行有机融合，是目前国内面向应用型冶金工程师培养的唯一一个高水平实践教学平台。在该平台上主要完成实习实训环节，同时还可开展大量的学生创新活动、系统工程训练、教师指导下的科研活动以及技术开发。对于在平台上开展的活动，最终的目的是强化工程环境，培养学生对专业知识和专业能力的集成，为学生尽早转变成具有较强工程意识的冶金工程师创造条件。

二、实验课程情况

实验课程的开设主要有以下几种情况：

（1）面向冶金工程专业。4 门独立设置的实验课程包括"冶金传输原理实验" 32 学时 2 学分，"冶金自动化技术实验" 16 学时 1 学分、"冶金原理实验"集中排 2 周 2 学分、"专业综合实验"集中排 2 周 2 学分。实验课程没有单独再设选修课，但是在每门课程中都有相应的实验选做项目。

另外在部分专业理论教学课程中安排了实验项目，"物理化学" 10 学时、"工艺岩相矿相学" 8 学时的实验课教学。

（2）面向相关工程类专业。中心还承担了相关工程专业的实验课程，这其中包括建筑环境与设备工程专业的"热工实验" 20 学时、"仪表与控制实验" 20 学时；部分专业的实验课程中的部分实验在本中心完成，包括金属材料工程专业的"材料物理性能实验"、"材料现代测试技术"；无机非金属材料工程专业的"热工实验"、"专业基础实验"和"专业综合实验"；安全工程专业、热能与动力工程专业和机械设计制造及自动化专业的"工程流体力学"；化学工程与工艺专业的"化工仪表自动化"等。

（3）面向全校公选课程。我校是一所以石油行业和冶金行业为背景的工科院校，学校为此专门设置了"石油概论"和"冶金概论"两门课程要求学生选修。"冶金概论"每学期开设 5 个班，每班人数 200 人左右，课程设置 6 学时的校内实践平台实验，主要安排"冶金企业虚拟实习实训系统" 4 学时和"钢铁企业动态模型系统" 2 学时的演示实验，通过这些项目的实施使我校所有专业的毕业生了解大工业生产的现实状况，并为他们烙上行业的印记以满足学生就业和企业对各类人才的需求。

三、实验项目情况

实验项目总数 122 个，其中基础实验 46 个，占实验总数的 37.7%；专业实验 43 个，占实验总数的 35.2%；创新性实验 33 个，占实验总数的 27%。实验项目中验证性实验 39 个，占总数的 31.9%；综合性设计性实验 46 个，占总数的 37.7%；创新性实验 33 个，占实验总数的 27%；演示性实验 4 个，占总数的 3.3%。具体见表 2-3-1 和表 2-3-2。

表 2-3-1　教学实验项目统计

序号	项　目　名　称	实验类型	实验要求	学时	面　向　专　业
1	液体饱和蒸气压的测定	验证	必做	4	冶金、无机、化工
2	溶液表面张力的测定	验证	选做	4	冶金、无机、化工
3	一级反应——H_2O_2 的分解	验证	必做	4	冶金、无机、化工
4	电池电动势的测定	验证	选做	4	冶金、无机、化工
5	流体流动状态	验证	选做	2	冶金、建环、安全、热动、无机、机设
6	流体流速和流量测量	验证	必做	2	冶金、建环、安全、热动、无机、机设
7	附面层特性	验证	必做	2	冶金、建环、安全、热动、无机、机设
8	流体流动时的能量平衡	验证	必做	2	冶金、建环、安全、热动、无机、机设
9	流体通过突然扩张段时特性	验证	选做	2	冶金、建环、安全、热动、无机、机设
10	流体通过弯管时特性	验证	必做	2	冶金、建环、安全、热动、无机、机设
11	流态化	验证	选做	2	冶金、建环、安全、热动、无机、机设
12	阻力综合参数测定	综合	选做	4	冶金、建环、安全、热动、无机、机设
13	换热器综合性能测试	综合	必做	4	冶金、建环、安全、热动、无机、机设
14	强制对流换热系数的测定	验证	选做	4	冶金、建环、安全、热动、无机、机设
15	材料导热系数的测定	验证	必做	4	冶金、建环、安全、热动、无机、机设
16	中温法向辐射率测量	验证	必做	4	冶金、建环、安全、热动、无机、机设
17	自由对流横管管外放热系数测定	验证	必做	4	冶金、建环、安全、热动、无机、机设
18	综合传热实验	综合	必做	4	冶金、建环、安全、热动、无机、机设
19	热电偶制作与校验	验证	必做	4	冶金、建环、化工
20	热电高温计测温	验证	必做	2	冶金、建环、化工
21	动圈表的校验	验证	选做	2	冶金、建环、化工
22	温度变送器的使用及调整	验证	必做	2	冶金、建环、化工
23	压力（差压）变送器的使用及调整	验证	选做	2	冶金、建环、化工
24	调节器的使用及调整	验证	选做	4	冶金、建环、化工
25	压力表检测	验证	必做	2	冶金、建环、化工
26	可编程控制器	综合	选做	4	冶金、建环、化工
27	数字温度显示仪表使用	验证	必做	2	冶金、建环、化工

续表2-3-1

序号	项目名称	实验类型	实验要求	学时	面向专业
28	红外线气体分析仪的使用	验证	选做	4	冶金、建环、化工
29	集散控制系统	验证	选做	4	冶金、建环、化工
30	碳气化反应平衡气相成分的测定	验证	必做	4	冶金
31	用固体电解质电池测金属氧化物的 $\Delta_f G_{MO}^{\ominus}$	验证	选做	4	冶金
32	碳酸盐分解压力的测定	验证	必做	4	冶金
33	熔体表面张力的测定	验证	选做	4	冶金
34	炉渣性能综合测定	综合	选做	8	冶金
35	炉渣熔化温度的测定	验证	必做	4	冶金
36	物质分解速度测定	验证	必做	4	冶金
37	相图的测定	验证	必做	4	冶金
38	固态物质物性综合分析	综合	必做	4	冶金
39	氧化物在熔渣中的溶解动力学	综合	选做	4	冶金
40	铁-水系电位-pH图测定	验证	选做	8	冶金
41	锌焙砂浸出过程动力学	综合	选做	8	冶金
42	金属氧化物还原动力学	综合	选做	8	冶金
43	铁矿粉烧结实验	演示	选做	8	冶金
44	铁矿粉造球和球团矿焙烧实验	综合	选做	6	冶金
45	减重法测定铁矿石的还原度	综合	必做	8	冶金
46	铁矿石熔滴性能测定	综合	选做	8	冶金
47	铁矿石低温粉化试验（静态法）	综合	必做	6	冶金
48	铁矿球团相对自由膨胀指数的测定试验	综合	选做	6	冶金
49	炉渣黏度测定实验	综合	选做	6	冶金
50	炉渣熔点测定实验	综合	选做	4	冶金
51	铁矿石气相还原实验	综合	选做	8	冶金
52	烧结矿、焦炭的转鼓指数测定	综合	选做	4	冶金
53	高温冶金熔体表面张力测定实验	综合	选做	8	冶金
54	焦炭的反应性及抗磨性测定实验	综合	必做	6	冶金
55	不定型MgO质坩埚的打结实验	综合	选做	4	冶金
56	感应炉烘炉和洗炉实验	综合	选做	4	冶金

续表2-3-1

序号	项 目 名 称	实验类型	实验要求	学时	面 向 专 业
57	浇注成型实验	演示	选做	4	冶金
58	感应炉熔炼实验	综合	必做	12	冶金
59	高温炉拆装实验	验证	选做	6	冶金
60	工艺矿物岩相鉴定	验证	必做	2	冶金
61	工艺矿物矿相鉴定	验证	必做	2	冶金
62	综合热分析	综合	必做	6	冶金、无机、金材
63	差热分析	综合	必做	4	冶金、无机、金材
64	热重分析	综合	必做	4	冶金、无机、金材
65	铁电粉体粒度分析	综合	必做	4	冶金、无机、金材
66	固态物质（铁电粉）物性综合分析	综合	必做	6	冶金、无机、金材
67	雷诺数的测定	验证	必做	2	冶金、无机、金材
68	冶金过程虚拟仿真实验	设计	必做	4	冶金、材控
69	冶金工艺流程动态模型实验	设计	必做	2	冶金、材控
70	铁矿粉富氧烧结实验	综合	选做	16	冶金
71	冶金废料造球和球团矿焙烧实验	综合	选做	4	冶金
72	锡精矿还原熔炼	综合	选做	8	冶金
73	铝土矿高压溶出	综合	必做	8	冶金
74	铜电解精炼-电流频率的测定	验证	必做	8	冶金
75	铝电解过程电流效率测试	综合	选做	8	冶金
76	硫酸锌水溶液电积过程	综合	必做	8	冶金
77	离子交换法分离铜钴	综合	必做	12	冶金
78	氢还原制取钨粉	综合	必做	12	冶金
79	离子交换制取仲钨酸铵	综合	选做	8	冶金
80	用二(2-乙基己基)磷酸(P_2O_4)萃取分离钴镍的分离系数 β 的测定	综合	必做	8	冶金
81	硫化铜矿的造锍熔炼	综合	选做	8	冶金
82	H形结构焊接变形控制	综合	选做	2	冶金、材控
83	T形结构焊接弯曲试验	综合	必做	2	冶金、材控
84	能耗法确定轧制力矩	综合	必做	2	冶金、材控
85	轧机能耗曲线测定	验证	必做	2	冶金、材控

续表 2-3-1

序号	项 目 名 称	实验类型	实验要求	学时	面 向 专 业
86	轧制压力与轧机刚度系数的测定	综合	必做	2	冶金、材控
87	轧机工作机座拆装测绘	综合	必做	2	冶金、材控
88	钢铁流程虚拟电影系统参观	演示	必做	3	各专业
89	钢铁流程动态模型参观	演示	必做	3	各专业

注：我校以石油和冶金为两大行业背景，因此要求所有学生必须在"冶金概论"和"石油概论"两门课中选修一门。

表 2-3-2　创新实验项目统计

序号	项 目 名 称	实验类型	实验要求	面向专业	项目来源
1	粉矿的毛细水含量测定	综合	选做	冶金工程	过程提炼
2	粉矿的吸附水含量测定	综合	选做	冶金工程	过程提炼
3	钢中氧、氮分析实验	综合	选做	冶金工程	设备开发
4	渣/金反应平衡实验	综合	选做	冶金工程	设备开发
5	V-Ti 铁水的纯净度实验	综合	选做	冶金工程	成果转换
6	矿粉在微波炉中的碳热还原	综合	选做	冶金工程	设备开发
7	陶瓷烧结实验	综合	选做	冶金工程	过程提炼
8	金属化学物（Mg_2Si）的微波合成	综合	选做	冶金工程	成果转换
9	特种矿粉的还原富集	综合	选做	冶金工程	成果转换
10	矿石热爆裂实验	综合	选做	冶金工程	过程提炼
11	不定型耐火材料的导热系数测定	综合	选做	冶金工程	设备开发
12	烧结矿中铁酸钙的矿相分析	综合	选做	冶金工程	过程提炼
13	碱金属对焦炭热性能的影响实验	综合	选做	冶金工程	成果转换
14	焦炭反应性钝化实验	综合	选做	冶金工程	成果转换
15	煤的爆炸性测定	综合	选做	冶金工程	设备开发
16	粉体的粒度组成测定	综合	选做	冶金工程	设备开发
17	煤的发热量测定	综合	选做	冶金工程	过程提炼
18	煤的可磨性指数测定	综合	选做	冶金工程	过程提炼
19	煤的反应性测定	综合	选做	冶金工程	过程提炼
20	煤粉灰熔性测定	综合	选做	冶金工程	过程提炼
21	软磁耐蚀合金的熔炼制备	综合	选做	冶金工程	成果转换
22	磁钢 Al-Ni-Co 的冶炼成型	综合	选做	冶金工程	成果转换
23	烧结混合料制粒工艺特性	综合	选做	冶金工程	过程提炼

续表 2-3-2

序号	项　目　名　称	实验类型	实验要求	面向专业	项目来源
24	烧结抽风风机调频实验	综合	选做	冶金工程	成果转换
25	烧结矿落下、转鼓实验	综合	选做	冶金工程	过程提炼
26	高磷铁矿脱磷实验	综合	选做	冶金工程	成果转换
27	转炉高磷钢渣除磷	综合	选做	冶金工程	成果转换
28	轻烧白云石的反应活性测定	综合	选做	冶金工程	过程提炼
29	Ansys 对钢的凝固过程的有限元仿真	综合	选做	冶金工程	成果转换
30	煤粉燃烧烟气成分测定分析	综合	选做	冶金工程	设备开发
31	煤粉燃烧速率测定	综合	选做	冶金工程	设备开发
32	锌焙砂浸出实验	综合	选做	冶金工程	过程提炼
33	块煤的冶金性能测定	综合	选做	冶金工程	成果转换

中心在实验教学中不断更新实验项目，将教师科研项目和学生的创新项目进行提炼，形成了一系列的创新性实验项目。这些项目有的是科研成果转换形成的，有的是科研过程中提炼的，还有的是针对新的设备开发出来的。在 33 项创新性实验项目中，有 12 项是科研或创新项目成果转化而来的，有 13 项是在研究过程中提炼出来的，还有 8 项是对新设备开发出来的。

四、实验教学与科研、工程和社会实践结合

中心建设的高速发展与重庆钢铁公司的环保搬迁正好在同一时期。搬迁总投资 200 多亿，是重庆市近年来的最大工程项目，其产钢从目前的 350 万吨增加到 650 万吨。新重钢的产品在保持船板、压力容器钢等传统优势品牌基础上，将开发一大批高附加值产品，还可为重庆支柱汽车摩托车产业提供更多高品质产品。产能的提升和新产品的开发，急需一大批钢铁冶金的实用人才。因此，在实验教学中在充分考虑学科专业发展的特点以外，充分结合区域性人才需求的要求，主动联合重庆钢铁公司共建成立了"冶金与材料工程研究所"、与德胜集团川钢公司共建了"冶金工程研究所"，积极与"国家钢铁冶炼装备系统集成工程技术研究中心"联合，寻找互补优势推动地方经济和高等教育协调发展。在这些研究和合作中，将获得大量横向科研课题放在中心运行，鼓励教师将项目研究的实验工作转化为教学实验，指导学生完成。

中心建设中，在充分论证和学校的大力支持下重点打造了行业特色鲜明、创新意识浓厚、注重知识能力集成的冶金技术与装备综合实践教学平台（以下简称平台）。该平台经过近 5 年持续不断地建设，在中央地方共建、学校专项资助，总投入超过 1000 余万元。目前这套系统在国内的冶金高校中处于领先水平，而且已经在教学中发挥了较大作用。

创建具有冶金教育特色的实验教学体系是中心的工作重点，冶金工业是传统行业，但同时也是与国家经济发展密切相关的行业，当前的行业政策虽然以淘汰落后产能为主，但同时也是为了给整个行业注入新的活力，因此其旺盛的应用型人才需求现状短期内无法改变。虽然目前我们在冶金教育领域无法领先，但在其中的实践性教学环节即应用型人才培养范畴我

们可以做到国内一流，这是基于我们有一流的硬件平台，同时还有多年的应用型人才培养积累以及高水平的质量工程项目为支撑。

2-4 实验教学方法与手段（实验技术、方法、手段，实验考核方法等）

一、实验技术

（1）中心重视实验技术研究，除不定期组织内部教学研讨以外，还派出专业教师到东北大学、北京科技大学、西安建筑科技大学、安徽工业大学、华南理工大学等兄弟院校进行交流学习、进修培训，既提高了教师的自身专业素养，又提升了中心的实验技术开发应用能力。

（2）根据行业特点将实验课程分层次设置，"三大平台，三种能力，一个目标"的实验教学体系体现了重视知识能力培养，强化知识能力集成的实验教学目标。

（3）近5年来，中心利用中央和地方共建项目以及学校专项投入资金，新购置了价值1340余万元的先进实验设备，对提高中心的实验技术水平发挥了重要作用。

（4）中心在2009年进行了冶金生产一条线的建设（包括烧结杯系统、冷热带钢轧制系统、冶金过程计算机仿真系统软件），然后将信息学院建设的冶金企业虚拟实习实训系统、钢铁企业动态模型系统以及中心前期建设的熔炼系统、铁矿石性能检测系统、一些大型分析检测设备共同搭建了"冶金技术与装备综合实践教学平台"，这为我们树立先进的实验教学理念、更加紧密结合行业应用创建了一种新的模式。

（5）中心现拥有冶金技术与装备综合实践教学平台，不仅开设了高水平的专业综合性实验，还为学校注重行业背景建立广泛应用于相关专业的实验教学。

二、实验方法

（1）中心实行部分开放式实验教学，学生通过参加创新活动、教师科研助手等形式，可自主选择实验项目。在选择实验项目时，鼓励学生选择综合性或设计性实验，有些实验项目有几种不同的实验方案，要求学生开动脑筋，认真思考，根据实验过程中出现的情况选择下一步实验方案。这样可锻炼学生的思维能力和创新意识。

（2）中心采取以学生为主的自主式实验方式，部分专业基础实验项目及专业综合实验项目的实验工作由学生独立完成，有利于提高学生的自我管理能力和独立分析处理问题的能力。

（3）中心的实验教学广泛采用分组协作、分工实验、集中讨论的方式，由于中心以大型设备为主，受到台套数的限制基本上3~6人一组，形成了合作研究式的学习方式，教师与学生充分交流，就实验实训内容共同探讨，既增强了学生实践创新能力，又培养了相互协作的团队精神。

三、实验教学手段

（1）应用信息化手段。中心运用现代化技术及先进的实验教学手段，积极探索理论教学与实验教学的结合点，将实践性较强的理论教学内容结合实验内容讲解。中心要求将所有的实验项目全部制作成多媒体实验教学课件，方便教学使用和挂在网上让学生自主学习。

（2）现场教学手段。作为应用性学科，学院建立了6个稳定的实习基地，在这些基地均有技术中心、钢研所、质量部等机构，在这些部门进行实验教学的补充环节进行现场教学（见表2-4-1）。

表2-4-1 实验教学现场补充基地

序号	实习基地	现场试验教学部门	主 要 内 容
1	重庆钢铁公司	烧结厂分析室、实验室	参观化学分析；烧结杯实验现场教学
2	攀枝花钢铁公司	—	—
3	川威钢铁公司	技术质量部	烧结矿性能分析；钢种质量检验
4	长城特钢公司	—	—
5	达州钢铁公司	钢研所	钢的品种、矿石性能
6	德胜集团川钢公司	技术中心	炼钢、炼铁工艺分析

四、实验考核方法

中心实验教学的考试与考核，采用多元考核办法进行综合评定，对不同课程和不同形式的实验采用不同的考核方法，并鼓励创新。

（1）对于独立设课的实验课程，采取平时成绩与期末考试成绩相结合的方式。平时成绩主要考察学生的实验出勤、纪律安全、实验操作、实验报告等4个方面综合评定，最后由实验教师给出实验成绩（见表2-4-2）。

表2-4-2 独立设课的实验课考核方式

项目	比率/%	评 分 要 点
实验出勤	10	按照教师布置的规定出勤并在正确的岗位。 优（10）、良（8）、中（7）、及格（6）、差（0）
纪律安全	10	学生在实验室须按照《重庆科技学院实验室安全卫生制度》、《重庆科技学院学生实验室守则》规范在实验室内的行为。 优（10）、良（8）、中（7）、及格（6）、差（0）
实验操作	40	按照实验指导书正确完成实验项目的具体操作。 优（40）、良（32）、中（28）、及格（24）、差（0）
实验报告	40	符合学校关于实验报告的规范，数据真实准确、叙述清楚、结论科学、撰写认真。 优（40）、良（32）、中（28）、及格（24）、差（0）

（2）对于没有独立设课的实验课程，采取平时成绩的方式考核，平时成绩根据实验学时数结合理论教学学时数，成绩占课程总成绩的10%～20%。

（3）学生独立完成实验后，教师检查学生的实验数据，不合格者重做。

2-5　实验教材（出版实验教材名称、自编实验讲义情况等）

　　教材建设一直以来都是我们学科专业建设的重点，在"十一五"期间主编出版了 2 部国家级规划教材，2008～2010 年主编出版了 7 部行业规划教材，副主编出版了 2 部教材。已经启动的"十二五"行业规划教材已经完成立项，准备完成系列实验实训教材的编写工作。具体情况见表 2-5-1。

表 2-5-1　实验教材统计

序号	实验教材名称	适用课程	是否自编	出版情况
1	冶金原理实验指导书	专业基础实验	自编	
2	冶金传输原理实验指导书	专业基础实验	自编	
3	冶金自动化技术实验指导书	专业基础实验	自编	
4	工程流体力学实验指导书	专业基础实验	自编	
5	热工实验指导书	专业基础实验	自编	
6	仪表与控制实验指导书	专业基础实验	自编	
7	轧制测试技术实验指导书	专业基础实验	自编	
8	冶金工程专业综合实验指导书	专业综合实验	自编	
9	冶金工程实验教程	专业基础实验 专业综合实验		行业规划教材立项 2011 年出版
10	冶金工程实习实训教程	专业实习实训		行业规划教材立项 2012 年出版

3. 实验队伍

3-1　队伍建设（学校实验教学队伍建设规划及相关政策措施等）

　　建设一支高素质的实验教学队伍是实验室建设的关键，也是提高教学质量的根本保障。多年来，学校一贯重视实验教学队伍的建设，制定了明确的规划，出台了一系列的相关政策和措施，吸引了一批高水平的教师参与实验教学，调动了实验教师的积极性。

　　中心计划 1～3 年内新增 1～2 名博士生，晋升教授 1～2 名，副教授 2～3 名，专职实验员 2～3 名，并不断加强在职培训工作以加快中心师资队伍的建设步伐，确保队伍素质不断适应新的实验教学要求。

　　继续深入开展外聘教师工作，聘请相关科研院所、企业的专家为教学实习指导教师。中心做到每人每年外出参加 1～2 次学术交流、短期培训、工程实践等活动，以提高教师的实验教学水平。

　　学校重视和支持实验教学队伍建设，中心在岗位设置、聘任、评职评审中制定了能体现出激励机制的政策。主要通过引进、送培、在职进修等手段，来实现人员素质的提高和队伍的壮大。为了进一步培养和造就一支结构合理、基础扎实、思想政治觉悟高、职业道德素质与业务工作能力较强的实验教师队伍，中心主要有以下政策措施：

（1）改革实验室专职人员成长模式。鼓励实验室专职人员担任理论课教学，指导学生毕业论文；积极支持实验室专职人员承担科研项目，倡导有科研项目的教师积极带动实验室人员参与项目；支持实验人员申请教改项目，并按学校相关政策建立奖励机制。

（2）倡导高水平任课教师兼职实验室工作。学校要求理论课程教师兼任实验指导工作，并鼓励教授、副教授、博士参加实验教学指导、实验教材编写、实验仪器设备的开发、创新实验的指导，带领实验专职人员在实验教学、实验创新、实验室建设等方面发挥重要作用。加强实验中心的实力，推动实验室良好的运行和发展，提高实验室人员结构层次。

（3）改革现有考核方法。学校和学院在设岗、聘任中制定了向实验人员倾斜的相应政策，实验室所承担的理论教学、指导毕业生论文、科研、教改等工作量计入量化考核。

3-2　实验教学中心队伍结构状况（队伍组成模式，培养培训优化情况等）

一、队伍组建模式及结构

冶金工程实验教学中心队伍以专职、兼职相结合的模式组成，在建设过程中特别强调"双师型"教师的引进和培养，特别强调高水平教师的实验教学环节参与。中心现有专、兼职人员37人，其中专职实验教师31人，兼职实验教师6人；"双师型"教师22人；具有教授职称的6人，副教授或高级工程师11人，讲师或工程师14人；具有博士学位的3人，硕士学位的25人；45岁以下教师25人，平均年龄38岁。

表3-2-1～表3-2-3是中心实验教学队伍现状。

表3-2-1　职称结构

项　目	专职教师	兼职教师	正高级	副高级	中级	其他
人　数	31	6	6	11	14	6
所占比例/%	84	16	16	30	38	16

表3-2-2　学历结构

项　目	博士	硕士	学士	其他
人　数	3	25	6	3
所占比例/%	8	68	16	8

表3-2-3　年龄结构

项　目	30以下	31～40	41～50	51～60	60以上	平均年龄
人　数	8	11	15	3	0	38
所占比例/%	22	30	40	8	0	

二、培养培训相关情况

中心的人才队伍建设面临两大难题，一是地理位置导致高层次人才引进困难，二是行业发展现状导致高学历人才引进困难。为此，学校专门对冶金工程实验教学中心教师队伍建设给了特殊政策，主要体现在以下方面：

（1）团队建设依托中心开展。学校在 2004 年就开展了团队建设，形成以教授为核心、副教授和若干青年教师为骨干的科研团队。目前中心有 4 个科研团队正在围绕科研工作展开多种形式的实验教学工作。

（2）鼓励在职教师攻读学位。近 3 年来，在学校政策的激励下已经有 3 名教师考上博士研究生攻读博士学位，今年还将继续该项工作。

（3）选派中心教师以多种形式进修培训。到院校、研究单位和企业进行考察、参观和学习，多种渠道筹集资金选派中心教师参加相关学术会议，扩大了实验教师的视野、升华了教学思想和理念，实验教学能力得到了逐步提高。近年来，实验教师外出参加培训、考察、学习达 100 余人次。

（4）多种形式的教学研究促进实验教学进步。近 3 年我们在教学研究和质量工程项目上取得了突出成绩，这些工作的开展使得教师队伍的整体素质得到了大幅度提高，对形成具有鲜明特色的实验教学体系也起到了促进作用。

（5）推动科学研究提高实验教学水平。鼓励实验教师承担或参与实验教学研究、科研开发工作，通过参与研究提高学术水平和教学能力。主讲教师既是理论课教学的承担者，又是实验课程教学的承担者，同时还将其科学研究过程融入实验教学过程中。

3-3　实验教学中心队伍教学、科研、技术状况（教风，教学科研技术能力和水平、承担教改、科研项目，成果应用，对外交流等）

中心教师本着严谨求实、开拓创新的精神，取得了一系列的成果。

一、教风方面

中心教师中有原重庆市学术技术带头人后备人选 1 人，重庆市高校中青年骨干教师 4 人，重庆市优秀中青年骨干教师资助计划 2 人，海外进修学习经历 3 人。有市级教学团队 1 个，校级科研创新团队 4 个。指导学生科技创新获奖 2 项，获得各种荣誉 20 余项（见表 3-3-1）。

表 3-3-1　获得的主要荣誉统计

序号	获奖称号	颁奖单位	获奖者	获奖时间
1	重庆市高校首批中青年骨干教师	重庆市教委	任正德	2004 年
2	重庆市高校第三批中青年骨干教师	重庆市教委	吕俊杰	2006 年
3	重庆市高校第四批中青年骨干教师	重庆市教委	朱光俊	2007 年
4	重庆市高校第五批中青年骨干教师	重庆市教委	夏文堂	2008 年
5	第四届"挑战杯"中国大学生创业计划大赛重庆赛区优秀指导教师	重庆市教委	吴明全	2004 年
6	第六届"挑战杯"中国大学生创业计划大赛重庆赛区优秀指导教师	重庆市教委	吴明全	2008 年

序号	获 奖 称 号	颁奖单位	获奖者	获奖时间
7	宝钢教育优秀教师奖	中国宝钢集团	朱光俊	2004 年
8	宝钢教育优秀教师奖	中国宝钢集团	任正德	2005 年
9	宝钢教育优秀教师奖	中国宝钢集团	吕俊杰	2010 年
10	个人三等功	重庆科技学院	朱光俊	2005 年
11	个人三等功	重庆科技学院	朱光俊	2006 年
12	集体一等功	重庆科技学院	朱光俊等	2006 年
13	优秀共产党员	重庆科技学院	吕俊杰	2006 年
14	个人一等功	重庆科技学院	朱光俊	2007 年
15	集体一等功	重庆科技学院	吕俊杰等	2008 年
16	优秀教师	重庆科技学院	吕俊杰	2008 年
17	集体三等功	重庆科技学院	朱光俊等	2009 年
18	个人三等功	重庆科技学院	朱光俊	2010 年
19	集体一等功	重庆科技学院	朱光俊等	2010 年
20	集体一等功	重庆科技学院	朱光俊等	2010 年
21	集体特等功	重庆科技学院	吕俊杰等	2010 年
22	第一战略期突出贡献奖	重庆科技学院	朱光俊	2010 年
23	第一战略期突出贡献奖	重庆科技学院	吕俊杰	2010 年
24	第一战略期突出贡献奖	重庆科技学院	万　新	2010 年

二、教学方面

近 5 年来，中心教师主持国家级质量工程项目 1 项，省部级质量工程项目 4 项；获得省部级优秀教学成果奖 1 项，校级优秀教学成果奖 3 项；省部级教学改革与教学研究项目 6 项，以第一作者发表教学改革研究论文 40 余篇；主编国家级规划教材 2 部，行业规划教材 7 部，副主编 2 部。具体情况见表 3-3-2 ~ 表 3-3-6。

表 3-3-2　主持的质量工程项目统计

序号	项 目 名 称	项目来源	负责人	立项时间
1	冶金工程国家特色专业点	教育部	吕俊杰	2010 年
2	冶金传输原理精品课程	重庆市教育委员会	朱光俊	2010 年
3	冶金工艺类专业应用型本科人才培养模式创新实验区	重庆市教育委员会	朱光俊	2009 年
4	热工基础精品课程	重庆市教育委员会	朱光俊	2005 年
5	冶金工程教学团队	重庆市教育委员会	吕俊杰	2011 年

表 3-3-3　获得的教学成果奖统计

序号	成 果 名 称	获奖等级	年度	主要人员	颁奖单位
1	创新炼铁工程环境和实践教学模式，提高学生工程实践能力	优秀教学成果三等奖	2004 年	张明远	重庆市人民政府
2	依托行业，突出应用，建设冶金工程特色专业	优秀教学成果一等奖	2008 年	吕俊杰	重庆科技学院
3	产学研结合，培养高素质"工程化"人才的探索与实践	优秀教学成果二等奖	2005 年	任正德	重庆科技学院
4	大学生科技创新能力培养研究与实践	优秀教学成果二等奖	2008 年	杜长坤	重庆科技学院

表 3-3-4　主持的教改项目统计

序号	项 目 名 称	项目来源	负责人	立项时间
1	应用型本科人才工程实践能力培养的研究与实践	重庆市教育委员会	朱光俊	2010 年
2	冶金工程专业卓越工程师教育改革的研究与探索	重庆市教育委员会	吕俊杰	2011 年
3	冶金工程专业办学特色的研究与实践	重庆市教育委员会	吕俊杰	2009 年
4	钢铁冶金学科培育及应用型冶金工程特色专业建设的研究与实践	中国冶金教育学会	吕俊杰	2009 年
5	工艺性专业应用型人才培养创新体制建设与实践	重庆市教育委员会	吕俊杰	2006 年
6	面向市场　突出特色——冶金工程品牌专业建设的研究与实践	重庆市教育委员会	朱光俊	2006 年

表 3-3-5　在公开刊物上发表教改论文统计

序号	论 文 名 称	发表刊物	作者	发表时间	备　注
1	"冶金传输原理"课程的教学改革与实践	教育与职业	朱光俊	2009.3	中文核心
2	提高大学课堂教学质量的途径探析	教育与职业	朱光俊	2011.2	中文核心
3	工艺性专业应用型人才实验教学改革的研究与实践	教育与职业	张明远	2010.11	中文核心
4	大学生科技创新能力培养的探索与实践	教育与职业	吴明全	2010.12	中文核心
5	传统工艺性专业实验室建设的探索	教育与职业	万新	2009.1	中文核心

续表 3-3-5

序号	论 文 名 称	发表刊物	作者	发表时间	备 注
6	高校产学研结合教育模式初探	教育与职业	吕俊杰	2009.5	中文核心
7	冶金工程特色专业的建设与实践	教育与职业	杨治立	2009.6	中文核心
8	专业基础实验在创新能力培养中的作用	实验室研究与探索	韩明荣	2009.9	中文核心
9	高校实验室技术档案规范化管理浅探	兰台世界	任蜀焱	2006.5	中文核心
10	冶金工程品牌专业建设的目标	中国冶金教育	朱光俊	2006.2	
11	日本东北大学本科人才培养的启示	中国冶金教育	朱光俊	2008.12	
12	日本东北大学本科教学与管理	重庆科技学院学报	朱光俊	2009.4	
13	更新教育观念，培养应用型本科人才	中国冶金教育	朱光俊	2009.8	
14	实施产学研合作 适应行业发展需求	中国冶金教育	朱光俊	2011.3	
15	专业实验室教学与科研平衡发展探索	实验室研究与探索	万新	2006.12	
16	高素质创新人才培养探索	中国成人教育	吕俊杰	2006.4	
17	产学研结合，培养高素质应用型冶金专业人才的实践	中国冶金教育	吕俊杰	2006.8	
18	"热工基础"精品课程建设的探索与实践	中国冶金教育	吕俊杰	2006.12	
19	转变教育观念，办出应用型本科教育特色	中国冶金教育	吕俊杰	2007.10	
20	强化实践与创新，努力培养高素质应用型工程技术人才	中国冶金教育	吕俊杰	2009.8	
21	建立"双赢"校企合作机制探索"订单式"人才培养新模式	重庆科技学院学报	吕俊杰	2010.3	
22	全国冶金工程专业人才培养的现状与思考	中国冶金教育	吕俊杰	2010.6	
23	重视冶金工程专业人才的培养	中国冶金教育	吕俊杰	2010	
24	应用型人才培养特色的研究与实践	中国冶金教育	吕俊杰	2010	
25	冶金工程专业培养高素质创新人才的探索与实践	中国冶金教育	吕俊杰	2010	

续表 3-3-5

序号	论文名称	发表刊物	作者	发表时间	备注
26	中国铁合金行业人才培养的现状与思考	中国冶金教育	吕俊杰	2010	
27	冶金工程专业人才培养的现状与办学特色思考	重庆科技学院学报	吕俊杰	2010	
28	应用型冶金工程人才培养方案的思考	中国冶金教育	杨治立	2008.2	
29	提高冶金工程专业毕业设计（论文）质量的思考	重庆科技学院学报	杨治立	2009.4	
30	应用型冶金工程专业基础课教学改革探讨	重庆科技学院学报	韩明荣	2009.3	
31	冶金原理课程教学中注重对学生能力培养的探讨	中国冶金教育	韩明荣	2009.8	
32	以创新加快培养应用型冶金人才	中国冶金报	杜长坤	2008-03-22	B3版
33	冶金工程专业本科毕业设计（论文）的探索	中国冶金教育	任正德	2009.8	
34	树立和落实科学发展观　实现学院跨越式发展	中国冶金教育	吴明全	2006.8	
35	冶金工程本科专业物理化学课程教学改革的思考	中国冶金教育	张生芹	2009.8	
36	"自主学习"教学模式在"物理化学"课程教学中的应用	中国冶金教育	张生芹	2010.2	
37	多媒体教学模式下的物理化学课堂互动	重庆科技学院学报	张生芹	2010.6	
38	"物理化学"课程"课堂+自主学习"教学模式探讨	重庆科技学院学报	张生芹	2010.9	
39	冶金工程专业本科毕业设计模式与创新人才培养	重庆科技学院学报	周书才	2009.7	
40	工科专业课课堂教学改革浅析	中国冶金教育	袁晓丽	2009.8	
41	深化实习教学规范化，努力培养高素质的冶金专业人才	中国冶金教育	张倩影	2010.8	
42	"冶金工程专业英语"课程的教学改革	中国冶金教育	杨艳华	2010.8	
43	冶金工程特色专业建设的机遇与挑战	重庆科技学院学报	石永敬	2010.2	
44	冶金原理实验的改革与实践	中国冶金教育	邓能运	2010.2	

表 3-3-6 出版教材统计

序号	教材名称	作者	出版社	出版时间	备注
1	炼钢设备及车间设计	王令福主编	冶金工业出版社	2007 年	国家规划
2	炼铁设备及车间设计	万新主编	冶金工业出版社	2007 年	国家规划
3	冶金热工基础	朱光俊主编	冶金工业出版社	2008 年	行业规划
4	冶金原理	韩明荣主编	冶金工业出版社	2008 年	行业规划
5	炼铁学	梁中渝主编	冶金工业出版社	2009 年	行业规划
6	传输原理	朱光俊主编	冶金工业出版社	2009 年	行业规划
7	炼铁厂设计原理	万新主编	冶金工业出版社	2009 年	行业规划
8	炼钢厂设计原理	王令福主编	冶金工业出版社	2009 年	行业规划
9	炼钢学	雷亚主编	冶金工业出版社	2010 年	行业规划
10	连续铸钢	周书才副主编	冶金工业出版社	2007 年	行业规划
11	炉外处理	杨治立副主编	冶金工业出版社	2008 年	行业规划

三、科研方面

近 5 年来，中心教师获得省部级科研成果奖 4 项，主持科研项目 30 余项，以第一作者发表期刊论文 70 余篇（其中 SCI、EI 收录 20 余篇）。具体情况见表 3-3-7 ~ 表 3-3-9。

表 3-3-7 科研成果统计

序号	成果名称	主要完成者	获奖等级	获奖时间
1	金属熔体热力学和流固反应动力学的新模型研究	高逸锋（排名第4）	云南省自然科学一等奖	2009 年
2	蓄热式热风炉优化节能烧炉	梁中渝、朱光俊	重庆市科技进步三等奖	2006 年
3	耐腐蚀新型软磁合金的研究	雷亚、杨治立、张明远	重庆市技术发明三等奖	2008 年
4	达钢进口矿替换关系的应用研究	万新（排名第2）	四川省科技进步三等奖	2010 年

表 3-3-8 主持科研项目统计

序号	项目名称	项目来源	负责人	立项时间
1	钡系复合合金的杂质控制与精炼	重庆市自然科学基金	吕俊杰	2006 年
2	转炉中碳铬铁渣中铬的形态研究	重庆市自然科学基金	杨治立	2007 年
3	低钒钢渣酸性浸取提钒机理研究	重庆市自然科学基金	朱光俊	2008 年
4	Mg_2Si 热电材料微波固相合成及机理研究	重庆市自然科学基金	周书才	2009 年

续表 3-3-8

序号	项目名称	项目来源	负责人	立项时间
5	巫山高磷铁矿低温高效除磷技术研究	重庆市自然科学基金	夏文堂	2009 年
6	FeO-SiO$_2$-V$_2$O$_3$ 低钒渣系黏度特性的研究	重庆市自然科学基金	张生芹	2010 年
7	铜合金表面磁控溅射沉积 CrN/AlN 多层涂层的黏附特性及高温摩擦磨损行为研究	重庆市自然科学基金	石永敬	2010 年
8	转炉吹炼中碳铬铁的脱硫技术开发	重庆市教委	任正德	2005 年
9	富氧燃煤固硫剂及添加剂的研制	重庆市教委	朱光俊	2007 年
10	冶金过程固体废弃物循环利用应用研究	重庆市教委	万新	2008 年
11	基于冶金高炉的垃圾飞灰高温熔融处理应用基础研究	重庆市教委	张明远	2011 年
12	重庆市住宅建筑能耗标识体系的研究	重庆市建委	朱光俊	2005 年
13	提高南钢热风炉送风温度的技术研究	南京钢铁股份有限公司	杜长坤	2006 年
14	重钢铁矿粉烧结试验及冶金性能检验	重庆钢铁股份有限公司	万新	2007 年
15	氮化钒铁的研制	攀钢（集团）公司	吕俊杰	2007 年
16	高钛渣沸腾氯化试验	云南超拓钛业有限公司	万新	2008 年
17	纯净工业硅产品的开发	重庆艾克米科技有限公司	吕俊杰	2008 年
18	3.8MV·A 矿热炉生产 Ca-Si 合金技术的研究	河南奥鑫合金有限公司	吕俊杰	2009 年
19	重钢新区纯净钢开发的 LF 高效精炼技术研究	重庆钢铁股份有限公司	任正德	2009 年
20	碳热法真空冶炼金属铝的开发研究	广汉金益冶金炉料有限公司	吕俊杰	2009 年
21	提高钒钛球团矿产量研究	四川川威集团有限公司	万新	2009 年
22	高结晶矿粉烧结矿冶金性能研究	重庆钢铁股份有限公司	万新	2009 年
23	钢铁企业人力资源创新能力开发研究	达州钢铁集团有限责任公司	杜长坤	2009 年
24	重钢富氧烧结试验研究	重庆钢铁股份有限公司	万新	2009 年
25	现代化钢铁企业的企业文化发展规划研究	四川金广实业股份有限公司	万新	2009 年

续表 3-3-8

序号	项目名称	项目来源	负责人	立项时间
26	伺服阀上下导磁体热冲工艺研究	中国航天科技集团公司一院第十八研究所	朱光俊	2009 年
27	巫山高磷铁矿高效去磷的开发研究	重庆钢铁股份有限公司	夏文堂	2009 年
28	重钢新区高炉喷煤技术研究	重庆钢铁股份有限公司	梁中渝	2009 年
29	优化烧结矿冷却参数，降低冷却工序电耗	重庆钢铁股份有限公司	万新	2010 年
30	微量元素对转炉吹炼和溅渣护炉的影响研究	首钢水钢集团公司	任正德	2010 年
31	1350m³ 高炉及二期烧结系统优化的技术研究	四川德胜钢铁公司	杜长坤	2011 年
32	冶金石灰在烧结生产中深化应用研究	重庆钢铁股份有限公司	万新	2011 年
33	253MA 耐热不锈钢连铸工艺开发	太原钢铁股份有限公司	周书才	2010 年
34	降低炼钢厂钢铁料消耗的技术攻关	四川德胜钢铁公司	周书才	2010 年
35	200mm×200mm 铬不锈钢方坯连铸开发	攀长钢集团公司	周书才	2010 年
36	LF 炉高效精炼渣系的开发	长特四厂长山实业公司	周书才	2011 年

表 3-3-9　在公开刊物上发表论文统计（SCI、EI、中文核心）

序号	论文名称	发表刊物、会议名称	作者	发表时间	收录情况
1	Extracting Cu, Co, and Fe from white alloy with HCl by adding H_2O_2	The Journal of the Minerals, Metals & Materials Society	夏文堂	2010. 11	SCI
2	Effect of electromagnetic stirring on solidification structure of austenitic stainless steel in horizontal continuous casting	China Foundry	周书才	2007. 3	SCI
3	Structural and tribological properties of CrTiAlN coatings on Mg alloy by closed-field unbalanced magnetron sputtering ion plating	Applied Surface Science	石永敬	2008. 9	SCI
4	Effect of nitrogen content on the properties of $CrN_xO_yC_z$ coating prepared by DC reactive magnetron sputtering	Applied Surface Science	石永敬	2008. 7	SCI

续表 3-3-9

序号	论 文 名 称	发表刊物、会议名称	作者	发表时间	收录情况
5	Effects of N_2 content and thickness on CrN_x coatings on Mg alloy by the planar DC reactive magnetron sputtering	Applied Surface Science	石永敬	2009.4	SCI
6	Deposition of nano-scaled CrTiAlN multilayer coatings with different negative bias voltage on Mg alloy by unbalanced magnetron sputtering	Vacuum	石永敬	2010.3	SCI
7	Numerical analysis of electromagnetic field and flow field in high casting speed slab continuous casting mold with traveling magnetic field	Journal of Iron and Steel Research International	王宏丹	2010.9	SCI
8	空调运行模式对住宅建筑采暖空调能耗的影响	重庆建筑大学学报	朱光俊	2006.5	EI
9	住宅建筑采暖空调能耗模拟方法的研究	重庆建筑大学学报	朱光俊	2006.12	EI
10	中小型转炉炉壳变形的数值模拟	北京科技大学学报	朱光俊	2007.6	EI
11	ZrO_2 涂层在小高炉单套风口上的试验研究	耐火材料	万新	2007.6	EI
12	铝镍钴定向凝固过程的模拟研究	材料工程	杨治立	2009.1	EI
13	Effects of monohydroxy alcohol additives on the seeded agglomeration of sodium aluminate liquors	Light Metals	尹建国	2006.2	EI、ISTP
14	Study on the oscillation phenomena of particle size distribution during the seeded agglomeration of sodium aluminate liquors	Light Metals	尹建国	2006.2	EI、ISTP
15	Effect of cationic polyacrylamide on the seeded agglomeration process of sodium aluminate liquors	Light Metals	尹建国	2009.2	EI、ISTP
16	Effect of environmental light on the Raman spectrum of sodium aluminate liquors	Light Metals	尹建国	2010.3	EI、ISTP
17	反应磁控溅射沉积工艺对 Cr-N 涂层微观结构的影响	中国有色金属学报	石永敬	2008.4	EI
18	电磁搅拌对马氏体不锈钢连铸坯组织和表面质量的影响	铸造技术	周书才	2006.12	EI
19	电磁搅拌对水平连铸奥氏体不锈钢组织的影响	特种铸造及有色合金	周书才	2006.12	EI

序号	论　文　名　称	发表刊物、会议名称	作者	发表时间	收录情况
20	低频电磁场对奥氏体不锈钢铸坯组织的影响	材料＊工程	周书才	2008.11	EI
21	烧结优化配矿模型的设计与软件开发	中南大学学报	袁晓丽	2009.6	EI
22	MnO_2 对煤粉中 CaO 固硫效率影响的热力学分析	Scientific Research Publishing，USA	张生芹	2010.7	ISTP
23	高炉喷吹无烟煤助燃催化剂实验研究	Scientific Research Publishing，USA	杨艳华	2010.7	ISTP
24	自热熔炼节能途径探析	冶金能源	朱光俊	2006.2	中文核心
25	重钢炼钢厂80t钢包热分析	炼钢	朱光俊	2006.8	中文核心
26	Experiment study on sulfur fixing of coal combustion	Journal of Ecotechnology Research	朱光俊	2006.8	核心
27	燃煤固硫剂及添加剂的研究进展	冶金能源	朱光俊	2008.6	中文核心
28	硫铝酸盐水泥处理冶金固体废弃物的研究	环境工程	万新	2010.2	中文核心
29	碳硅热法冶炼硅钙合金新工艺	铁合金	张明远	2006.4	中文核心
30	纯净高硅硅锰合金的生产实践	铁合金	张明远	2007.4	中文核心
31	镁合金表面镀覆工艺现状与发展	表面技术	张明远	2007.4	中文核心
32	高炉用焦炭热性能控制指标的研究	中国煤炭	张明远	2010.1	中文核心
33	矿热炉和电弧炉冶炼稀土硅铁的实践	稀土	吕俊杰	2006.8	中文核心
34	生产硅钙、硅钙钡系列合金的杂质控制与精炼	铁合金	吕俊杰	2006.12	中文核心
35	中国铁合金工业的结构调整与发展趋势	铁合金	吕俊杰	2007.6	中文核心
36	工业硅冶炼脱 P 的探讨	铁合金	吕俊杰	2009.5	
37	工艺因素对 LNGT72 磁钢定向凝固的影响研究	热加工工艺	杨治立	2010.11	中文核心
38	钢包稳态温度场的有限元模拟	特殊钢	杨治立	2007.3	中文核心
39	转炉炉身应力的变化规律	冶金能源	杨治立	2007.2	中文核心
40	铬渣无害化和资源化处置技术研究现状	冶金能源	杨治立	2008.3	中文核心
41	电解二氧化锰生产过程中硫酸锰溶液深度除钼的试验研究	中国锰业	夏文堂	2008.4	
42	硫酸锰溶液深度除钼研究	无机盐工业	夏文堂	2008.6	中文核心

续表 3-3-9

序号	论 文 名 称	发表刊物、会议名称	作者	发表时间	收录情况
43	化学二氧化锰吸附硫酸锰溶液中痕量钼的工艺研究	电池工业	夏文堂	2008.12	中文核心
44	硫酸锰溶液深度除钼的试验探讨	矿冶	夏文堂	2009.1	中文核心
45	难选镍钼矿的预处理试验研究	矿冶	夏文堂	2010.6	中文核心
46	重钢 $750m^3$ 高炉开炉达产实践	炼铁	吴明全	2005.6	中文核心
47	铜铸钢复合冷却壁应力场的模拟计算与分析	冶金能源	吴明全	2009.2	
48	重钢 $750m^3$ 高炉多环布料的应用	炼铁	吴明全	2009.3	中文核心
49	电磁搅拌对不锈钢铸坯质量的影响研究	铸造技术	吴明全	2009.5	中文核心
50	炼钢粉尘处理工艺的最新发展	冶金能源	王令福	2006.8	中文核心
51	六流连铸中间包内型优化水模试验	冶金能源	王令福	2007.6	中文核心
52	Cu 基大块非晶合金的热力学预测	材料导报	周书才	2007.2	中文核心
53	M-EMS 对马氏体不锈钢连铸坯质量的影响	炼钢	周书才	2007.2	中文核心
54	CrMn 系奥氏体不锈钢 Mn 合金化的热力学研究	炼钢	周书才	2008.4	中文核心
55	富氧气氛下钙基固硫剂固硫的热力学和动力学分析	洁净煤技术	张生芹	2007.4	
56	钙基固硫剂对煤燃烧固硫的动力学研究	中国稀土学报	张生芹	2008.8	中文核心
57	FeO-V_2O_5 二元系在 980℃ 下的平衡	中国有色冶金	张生芹	2010.2	中文核心
58	不同钙基固硫剂 $CaCO_3$、Ca（OH）$_2$ 在煤粉燃烧中固硫性能比较	中国稀土学报	张生芹	2010.4	中文核心
59	喷吹预热煤粉对高炉能量影响的计算分析	工业炉	高艳宏	2010.6	中文核心
60	机械活化晶种对过饱和铝酸钠溶液分解过程的影响	中国稀土学报	尹建国	2006.10	中文核心
61	阳离子聚丙烯酰胺强化铝酸钠溶液种分附聚过程的机理	中国有色金属学报	尹建国	2008.6	中文核心
62	种分附聚过程中氢氧化铝粒度分布的振荡曲线	中国有色金属学报	尹建国	2009.4	中文核心
63	直流磁控溅射研究进展	材料导报	石永敬	2008.2	中文核心
64	板坯连铸旋流浸入式水口水模实验研究	中国稀土学报	石永敬	2008.8	中文核心

续表3-3-9

序号	论文名称	发表刊物、会议名称	作者	发表时间	收录情况
65	无钟炉顶布料协同性的研究	钢铁	高绪东	2010.2	中文核心
66	提高 EAF 微碳铬铁生产中 Cr 的利用率	材料导报	任正德	2007.5	
67	Thermodynamic analysis on sodium carbonate decomposition of calcium molybdenum	中国有色金属学会会刊（英文版）	夏文堂	2007.6	
68	纯净钙、钡系复合合金的杂质控制与精炼实践	重庆科技学院学报	吕俊杰	2008.4	
69	光触媒 TiO$_2$ 催化机理及空气净化方法探悉	重庆工学院学报	曾红	2006.8	
70	Effect of cationic polyacrylamide on the seeded agglomeration of sodium aluminate liquors	5th International Conference on Hydrometallurgy	尹建国	2009.7	
71	拉曼光谱仪在过饱和铝酸钠溶液结构表征中的应用	第十五届全国光散射会议	尹建国	2009.10	
72	Effect of monocarboxylic acid on the seeded agglomeration process of sodium aluminate liquors	The 2nd International Solvothermal & Hydrothermal Association Conference	尹建国	2010.7	
73	分子相互作用体积模型与正规溶液模型在二元固态合金中的比较研究	昆明理工大学学报（理工版）	高逸锋	2006.8	
74	高炉煤气袋式除尘系统的问题及改进	环境工程学报	韩明荣	2007.10	中文核心
75	燃煤助燃添加剂的研究现状	重庆科技学院学报	杨艳华	2009.2	
76	烧结计算配矿模型的设计与应用	重庆科技学院学报	袁晓丽	2009.3	
77	加快非传统资源铁矿开发保障钢铁工业可持续发展	重庆科技学院学报	夏文堂	2010.1	

4. 体制与管理

4-1　管理体制（实验中心建制、管理模式、资源利用情况等）

一、实验中心建制

冶金工程实验教学中心设中心主任 1 人，副主任 2 人，教学秘书 1 名，专兼职实验教学人员 37 人。下设专业基础实验教学平台、专业实验教学平台、专业综合实践教学平台。平台下的每个实验室（或系统）实行专人负责管理（见表4-1-1）。

表 4-1-1　冶金工程实验教学中心管理体制

校级管理	中心管理	平　台	实验室（系统）	管理人
主管校长	中心主任	专业基础实验教学平台	物理化学实验室	张生芹
			冶金原理实验室	韩明荣
			物性检测实验室	高艳宏
			仪表实验室	曾红
			传输实验室	邓能运
			热工实验室	杨艳华
		专业实验教学平台	炼铁实验室	梁中渝
			炼钢实验室	田世龙
			有色金属冶金实验室	尹建国
			资源环境实验室	夏文堂
			冶金数模实验室	周书才
		专业综合实践教学平台	现代钢铁企业沙盘模型	吕俊杰
			冶金企业虚拟实习实训系统	杨治明
			钢铁企业动态模型系统	吴云君
			烧结杯系统	柳浩
			冶金原燃料性能检测系统	袁晓丽
			熔炼系统	杨治立
			冷热带钢轧制系统	朱永祥

二、管理模式

（1）冶金工程实验教学中心是一个依托于冶金工程专业、覆盖全校的实验教学中心，中心实行校、院两级管理模式。

（2）中心严格执行《高等学校实验室工作规程》、《高等学校仪器设备管理办法》以及国家、重庆市和学校有关部门制定的相关规定。建立了完善的实验室管理制度，实验室管理责任到人，职责明确。

（3）中心实行主任负责制，中心主任负责中心总体规划、教学改革、课程建设、教师队伍建设、教育教学资源统筹调配等。中心的运行经费由学校以专项的形式划拨，确保专款专用。教务处实践教学科对实验教学进行宏观指导和管理，总务处对实验仪器设备购置使用进行管理。

（4）中心统一组织安排实验教学工作，统一规划和开展实验教学的整体改革及实验室建设，其中包括新实验技术、实验项目与内容的研究、编写实验教材、实验网络教学资源的开发等，统一调配实验教学资源。

（5）中心加强实验室工作的档案管理、仪器使用维修记录、仪器设备的账、卡、物等资料都进行规范化管理。

三、资源利用情况

冶金工程实验教学中心在学校的领导下实现了实验教学资源共享，提高了使用效益，包括实验场地、实验仪器设备等硬件资源和实验教学、实验室管理等软件资源的全面共享。实验教学中心面向全校 9 个专业开设实验课，开设各类教学实验项目 122 项，每年接纳学生实验 3000 人以上，完成学生实验人时数 9.5 万以上，并且为毕业设计、实习、实训、大学生第二课堂、科技创新活动、教师科研开发提供实验场地与设备。

4-2　信息平台（网络实验教学资源，实验室信息化、网络化建设及应用等）

中心目前已经建成了"冶金工程实验教学中心网站"，主要功能是提供丰富的网上教学资源和相关实验教学管理，网址是：http://jw. cqust. cn/sys. htm。

一、网络实验教学资源

网络实验教学资源包括实验教学大纲、实验教材、实验计划、教学课件、教学视频等网络资源，丰富了学生的学习内容，对实验课程学习起到了良好的辅助作用，具体内容如图 4-2-1 所示。

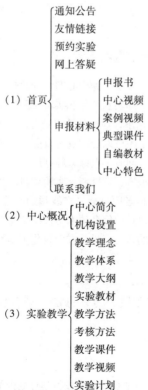

（1）首页
- 通知公告
- 友情链接
- 预约实验
- 网上答疑
- 申报材料
  - 申报书
  - 中心视频
  - 案例视频
  - 典型课件
  - 自编教材
  - 中心特色
- 联系我们

（2）中心概况
- 中心简介
- 机构设置

（3）实验教学
- 教学理念
- 教学体系
- 教学大纲
- 实验教材
- 教学方法
- 考核方法
- 教学课件
- 教学视频
- 实验计划

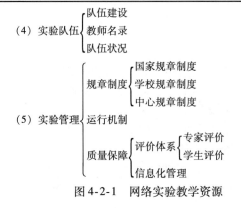

图 4-2-1　网络实验教学资源

二、集成化的网络管理系统

实验室信息化管理的宗旨是在开放的实验环境下，为实验教学提供最优化的实验教学资源，为实验教师提供简便有效的实验室管理和实验教学方法，为学生提供虚拟与现实相结合的优化的实验环境与资源，使学生在真正的实验环境中利用最少的时间，掌握基本的实验操作技能，并在此基础上能进行一些力所能及的创造性、开放性的实验研究。

开放实验室信息化管理主要是基于网络的实验支持服务系统及管理系统，在功能实现方面主要有四个目标模块，实验教学管理模块、实验教学资源模块、实验室管理模块、学生自主学习模块。

三、网上预约、网上答疑及实验教学资料下载

信息化管理后的冶金工程实验教学中心是以学生为中心的、开放性的、人性化的实验教学系统。学生可以根据各自的学习计划灵活选择实验项目和实验时间。学生可通过校园网在中心网站的"在线预约实验"提出实验预约请求，通过计算机处理后，根据预约时段、实验室资源情况，系统管理人员给出审批结果，学生可以随时查看自己的预约情况和实验项目进展情况并可以下载实验课件或视频进行预习。同时，上课教师则通过项目管理系统查阅学生预约和选题情况、回答学生提问、批改实验报告、审批创新实验项目。实验中心还安排专职实验员负责系统的日常维护与答疑。实验课程老师可通过在线预约实验系统发布实验项目、实验课时、实验开放时间、实验指导教师等信息。信息技术与传统实验教学的整合，一方面提高了教师积极运用信息技术达到实验教学的目的；另一方面淡化了学科本位意识，提倡了以学生的整体发展为本的理念。

4-3　运行机制（开放运行情况，管理制度，考评办法，质量保证体系，运行经费保障等）

一、开放运行情况

（1）除教师安排的正常实验教学时间外，中心面向全校教学计划内的学生开放实验课。

开放实验以预约的方式开展，为了便于管理本院学生可直接向中心预约，外院的学生需通过学院教务办公室进行预约。开放实验期间有教师值班指导学生实验或安排实验室管理人员负责管理。学生完成实验后要求学生填写实验开放记录。

（2）学生创新活动所开展的实验，中心为其提供实践研究的空间和锻炼的机会，开放过程要求其活动的指导教师必须在场，完成后学生需要做好设备检查及清洁卫生，填写好开放记录方能离开。

（3）参与教师的科研课题的实验，教师按学生实际给予指导，完成后学生需要做好设备检查及清洁卫生，填写好开放记录方能离开。

二、管理制度

中心各种管理制度健全，包括实验室管理制度、仪器设备管理制度、实验室开放管理制度、实验教学管理制度、实验中心人员管理制度等。主要管理制度有：《国有资产管理办法》，《高等学校仪器设备管理办法》，《高等学校实验室工作规程》，《重庆科技学院固定资产管理办法》，《重庆科技学院实验守则》，《重庆科技学院实验安全卫生制度》，《重庆科技学院贵重仪器设备管理办法》，《各种大型设备的操作规程》，《中心安全防火责任书》，《中心对外开放暂行办法》，《中心低值品、易耗品管理办法》，《中心实验设备管理办法》。

三、考评办法及质量保证体系

（一）考评办法

中心采用年度考核和聘期考核相结合的方式，年度考核由学校布置，学院负责，进行聘任考核；聘期考核由学校组织，统一进行；学校建立了有效的工作竞争机制，采取晋职晋级、评优、表彰、奖励等有效手段，调动实验教师的工作积极性；对出现重大教学事故的教师和年度考核不合格的教师，暂停晋职晋级资格。

（二）质量保证体系

学校、实验中心制定了一系列实验教学保障体系，要求教师从人才培养方案、教学大纲、授课计划、教学实施等环节严把质量关，实施实验教学全过程管理，保证了实验教学质量；在学生网上评教的基础上，建立了中心评优机制和奖励机制，调动了教师的积极性；教务处和学院专门设立了由在职教师和离退休教师组成的实验教学质量检查与评估督导组，现场检查，不定期听课，随机对实验教学进行检查和督导，对实验教学质量的提高起到有效的促进作用。

中心对于实验教学严把平时考勤关、纪律关，要求实验教师认真准备每次实验，认真指导每一位学生，学生不许无故旷课，缺课同学找机会补上，学生分组进行实验，要求学生实际操作仪器设备，认真分析整理实验报告，培养学生的团队精神，锻炼学生的实验技能，提高分析解决问题的能力。

冶金是一个大行业，非常注重对生产流程的认识和工程分析能力的培养，因此要做好实验教学环节注重模拟真实环境和整合知识进行分析是非常重要的，实验课程鼓励教师结合每一实验利用案例分析的方式组织学生讨论，确保实验教学环节的质量真正在高水平上运行。

四、运行经费保障

重庆科技学院一直将石油和冶金作为强大的行业背景予以关注，在实验教学经费方面也一直给予充分保障，每年根据建设和发展需要对实验中心单独核拨建设经费和运行维护费用，使得中心实验教学工作能够有效地运行和进一步完善、发展。与此同时，学院利用自身的造血功能也每年给予中心耗材补贴、人员培训、学术交流和图书购置。中心严格控制经费的使用范围，保证经费用在冶金工程实验教学中心的建设和运行上。

5. 设备与环境

5-1　仪器设备配置情况（购置经费保障情况，更新情况，利用率，自制仪器设备情况等，列表说明主要仪器设备类型、名称、数量、购置时间、原值）

一、仪器设备购置经费保障

仪器设备购置经费由中心以立项的形式提出申请，填写申请表，组织答辩，经学校教学委员会考察，学校最后审批进行招标。

中心设备购置原则：实用性、先进性、性价比高、可靠性高、数量合理。

近五年中心投入的基本建设概况见表5-1-1。

表5-1-1　近五年中心投入的基本建设概况

建设项目	总投资/万元	执行情况/万元	主要建设内容
2006年学校专项	65	65	铁矿石性能检测实验室（后扩充为冶金原燃料性能检测系统）
2006年中央与地方共建基础实验室	125	125	冶金工程基础实验室
2007年中央地方共建特色优势学科专业实验室	240	240	冶金数模实验室、资源环境实验室、炼铁实验室、炼钢实验室
2008年学校年度实验室建设经费	50	50	教学设备购置以及大型设备配套
2008年重庆钢铁公司共建	30	30	现代钢铁企业形成沙盘模型
2009年材料工程专业结余资金划转	40	40	购买真空炉和冶金物理化学计算软件、数据库
2009年学校专项	790	790	烧结杯系统、冷热轧制系统、冶金过程仿真软件
合　计	1340	1340	

二、设备更新情况

设备由中心整体规划分期投入，近五年共投入经费 1340 万元，设备总值已经超过 1200 万元，设备具体情况见表 5-1-2 ~ 表 5-1-4。

表 5-1-2　近五年中心设备更新情况

序号	年　　度	仪器、设备台件数	年更新率/%
1	2005 年	36	—
2	2006 年	56	35.7
3	2007 年	146	61.6
4	2008 年	201	27.4
5	2009 年	211	4.7

表 5-1-3　实验室主要设备清单（近五年购置）

购置年度	设　备　名　称	原值/元	数量
2005 年	智能控制器	7000.00	1
	熔化结晶温度测定仪	74700.00	1
	金相试样抛光机	2300.00	1
	试样切割机	7200.00	1
	金相镶嵌机	2970.00	1
	桥式放大机	1000.00	1
	精密温度自动控制仪	8200.00	1
	磁化特性自动测量仪	72270.00	1
	不间断电源	500.00	1
	数字立式光学计	18000.00	1
	激光工业标记机	54800.00	1
	平衡架	2200.00	1
	电热鼓风干燥器	3000.00	1
	低温试验箱	48000.00	1
	无心磨床	67998.00	1
	万能外圆磨床	58781.40	1
	卧轴矩台平面磨床	61000.00	1
	电火花高速穿孔机	23000.00	1
	电火花数控线切割机床	36000.00	1
	箱式电阻炉 SX2-10-1	16000.00	2

续表 5-1-3

购置年度	设 备 名 称	原值/元	数量
2005 年	箱式电阻炉 RJX-50-1	46892.00	1
	箱式电阻炉 SX2-12-1	5000.00	1
	磁性比较表	2000.00	1
	软磁交流测量装置	522500.00	1
	软磁直流测量装置	522500.00	1
	电子计重秤	620.00	1
	量块	1240.00	1
	数字特斯拉计	1500.00	1
	智能磁通表	5000.00	1
	磁场热处理电磁铁	82500.00	1
	振筛机	580.00	1
	电容式充磁电源	64800.00	1
	高频熔炼设备	96952.00	1
	超声波清洗机	9800.00	1
	等温炉	3000.00	1
2006 年	甲烷钢瓶	650.00	1
	乙炔钢瓶	750.00	1
	金相显微镜	10600.00	1
	精密数字压力计	4160.00	2
	综合热分析仪	114200.00	1
	气体分析器	1580.00	2
	电子分析天平	10200.00	2
	实验电阻炉 SK2-2-12	12000.00	4
	实验电阻炉 SK2-3-12	4500.00	2
	无油真空泵	1920.00	2
	CO_2 气体钢瓶	1900.00	2
2007 年	炉渣高温性能测定装置	188000.00	1
	炉渣高熔化温度测定装置	107000.00	1
	实验室电炉	7200.00	1
	电热鼓风干燥器	3950.00	1
	行星式齿轮球磨机	13500.00	1
	台式匀胶机	7700.00	1

续表 5-1-3

购置年度	设 备 名 称	原值/元	数量
2007 年	超声波清洗机	17000.00	1
	玛瑙研钵	1850.00	1
	相图测定装置	18340.00	2
	温度变送器	1940.00	2
	二氧化碳测定仪	2950.00	2
	稳光平板法导热系数测定仪	11325.00	1
	粒状材料导热系数测定仪	16900.00	1
	中温法向辐射率测试仪	5450.00	1
	自由对流横管管外放热系数测试装置	10345.00	1
	微型可编程控制器	2750.00	2
	差动热分析仪	65900.00	1
	热重分析仪	90000.00	1
	硅钼槽圆形升降炉	55000.00	1
	热电偶校验仪	10800.00	4
	自由对流横管管外放热系数测试装置	35000.00	5
	平板法测定绝热材料导热系数实验台	34000.00	5
	球体法测定材料的导热系数实验台	29000.00	5
	综合传热性能实验台	49800.00	6
	中温法向辐射率测量仪	14500.00	5
	热电偶点焊机	2800.00	4
	网络型可编程控制器高级实验装置	48000.00	4
	速率常数测试装置	12180.00	3
	数字电位差综合测定仪	29600.00	8
	微电泳仪	34200.00	1
	旋转式黏度计	3150.00	1
	数字黏度计	7200.00	1
	红外快速水分测定仪	5800.00	1
	精密天平	10700.00	1
	电子天平	2120.00	4
	电子分析天平	4900.00	1
	静水力学天平	2380.00	1
	电热干燥箱	5900.00	1

续表 5-1-3

购置年度	设 备 名 称	原值/元	数量
2007 年	电热鼓风干燥器	1370.00	1
	松装密度测定仪	16000.00	1
	热压机	17000.00	1
	高温抽直空管式电阻炉 SKLN-φ8X	52000.00	1
	高温抽直空管式电阻炉 40-XYL	26000.00	1
	丙酮超声波清洗仪	1420.00	1
2008 年	数据处理万能测长仪	128000.00	1
	铁矿石荷重软化性能测试系统	190000.00	1
	焦炭反应性及反应后强度测定系统	138000.00	1
	气体清洗/干燥配气系统	20000.00	1
	圆盘造球机	35000.00	1
	煤气发生系统	95000.00	1
	电动葫芦	23000.00	1
	教学差热分析仪	100000.00	2
	热重分析仪	103500.00	1
	电感微压力变送器	5800.00	4
	温度变送器	2300.00	2
	无油真空泵	3150.00	3
	比表面积分仪	86000.00	1
	红外测温仪	1640.00	2
	校验信号发生器	9600.00	4
	交直流脉冲电源	8500.00	1
	铁矿石还原粉化性能和球团矿自由膨胀系数	190000.00	1
	笔记本电脑	22000.00	2
	HP 计算机 HP DX2710 MT	95000.00	20
	HP 计算机 HP DC7800	7820.00	1
	HP 工作站 HPXW4600	12180.00	1
	煤粉爆炸性能测定仪	29800.00	1
	煤的着火温度测定仪	21429.00	1
	哈氏可磨性指数测定仪	19400.00	1
2009 年	单体式热量仪	34440.00	1
	干粉激光粒度分析仪	130000.00	1

续表 5-1-3

购置年度	设 备 名 称	原值/元	数量
2009 年	球团矿抗压强度测定系统	95000.00	1
	红外测温仪	14880.00	1
	可控气氛高频感应系统	230000.00	1
	木炭干馏系统	115000.00	1
	烧结装置	1650000.00	1
	小型轧制生产线	1730000.00	1
	冶金过程计算机仿真系统软件	310000.00	1
	气体分析仪	122940.00	1
	冶金企业虚拟实习实训系统	1360000.00	1
	钢铁企业动态模型系统	1680000.00	1
合　　计		11994458.4	213

注：近五年实验室投入 1340 万元，其中部分款项用于办公条件改善和设施改建，因此实际反映在设
　　备表中资产为 1200 万元左右。

表 5-1-4　实验室自制设备清单

序　号	设 备 名 称	价格/元	数量	时间
1	炉渣高温性能测定装置	188000.00	1	2007 年
2	炉渣高熔化温度测定装置	107000.00	1	2007 年
3	铁矿石荷重软化性能测试系统	190000.00	1	2008 年
4	焦炭反应性及反应后强度测定系统	138000.00	1	2008 年
5	气体清洗，干燥配气系统	20000.00	1	2008 年
6	圆盘造球机	35000.00	1	2008 年
7	煤气发生系统	95000.00	1	2008 年
8	铁矿石还原粉化性能和球团矿自由膨胀系数	190000.00	1	2008 年
9	球团矿抗压强度测定系统	95000.00	1	2009 年
10	木炭干馏系统	115000.00	1	2009 年
11	烧结装置	1650000.00	1	2009 年
12	小型轧制生产线	1730000.00	1	2009 年
13	冶金过程计算机仿真系统软件	310000.00	1	2009 年
14	冶金企业虚拟实习实训系统	1360000.00	1	2009 年
15	钢铁企业动态模型系统	1680000.00	1	2009 年

三、设备利用率

具有高品质的实验教学设备和国内一流的实践教学平台，三个层次配合课程体系完成教学实验，平台注重培养学生实践能力和工程素质，整个实验教学设备配置合理、数量充足，满足现代实验教学要求，实验室每天（除节假日）都对学生开放，仪器设备使用效益高。

充分利用自制设备开发新的实验项目，为学生提供更多的创新实践机会。同时，在设备维护维修过程中，学生全过程参与，提升了其动手能力。

5-2　维护与运行（仪器设备管理制度、措施、维护维修经费保障等）

一、仪器设备管理制度及措施

在执行学校管理制度的前提下，实验教学中心详细制定了仪器设备管理制度，实行实验室管理岗位责任制，所有仪器设备由专人保管，账、物、卡三统一；定期组织有关教师和实验室技术人员进行学习和研讨，使实验室管理工作迈向科学化、制度化的轨道。

实验教学中心实行仪器设备维护制度。仪器设备维修维护有记录，大型仪器设备使用记录完整，仪器维修维护有专项经费，保证仪器设备运行良好。

二、维护维修经费保障情况

按照学校规定大型设备维修报批后由学校招标进行维修，常规的修理维护费和耗材费均由学院的实验实习经费开支。目前这两笔费用都能及时拨付支持设备的维护修理，保障有力。

5-3　实验中心环境与安全（实验室智能化建设情况，安全、环保等）

中心的实验室分布在冶金科技大楼，配套设施先进，布局科学合理，具备良好的通风、照明、空调、网络通信等设施。中心配备安全防火消防设备，防火通道畅通，并聘请专业物业管理公司进行 24 小时不间断安全管理。强电系统符合规范。学校保卫处安排 24 小时值班，负责实验室外围的安全，对出现的问题做到及时处理，为实验设备和实验教学提供了安全保障。中心自成立以来从未发生过安全事故。

6. 特色

根据学校的办学定位和专业人才的培养目标，结合学校和学院的实际，积极探索，形成本中心的鲜明特色：

（1）以钢铁工艺流程为主线，建成具有国内一流水平的校内实践教学平台。应用型人才培养，工程环境缺失是一个主要问题，我们分阶段建设并最终建成了国内一流的具有现代化水平的产学研一体化"冶金技术与装备综合实践教学平台"，该实践教学平台引入缩微仿真系统，再现炼铁、炼钢、轧钢等冶金工艺过程，很好地满足了冶金、材料、机械、信息等专业的实验实训需要。在冶金工程专业实验室建设中，也以冶金工艺流程为主线建设实验室。

即资源环境实验室对应采矿和铁矿石造块工艺过程，炼铁实验室对应高炉炼铁工艺过程，炼钢实验室模拟炼钢工艺过程，有色金属冶金实验室注重对过程的基础理论实验。这种建设体现了应用型人才应具有的综合应用能力，创建一流的互动工艺实训环境，在行业高校内引起较大反响并得到充分肯定。

（2）以钢铁冶金学科优势为依托，将高水平的科研成果转化为实验教学资源，提升学生的创新能力。冶金工程专业经过多年的发展，形成了以钢铁冶金及新材料制备、冶金过程的数学模拟、冶金过程强化与节能减排等优势特色学科方向，取得了省部级多项研究成果，将高水平的科研成果转化成实验教学资源，为学生开设了 V-Ti 铁水的纯净度实验、磁钢 Al-Ni-Co 的冶炼成型、高磷铁矿脱磷实验、Ansys 对钢的凝固过程的有限元仿真等一系列创新性实验项目，构建了冶金工程实验教学的优势资源，提升了学生的创新能力。

（3）以工程项目为依托，建立产学研实验教学新模式，提升学生的工程应用能力。密切结合冶金生产实际，依托冶金工程项目，建立了提升学生工程应用能力的实验教学新模式。通过与冶金企业的广泛合作，目前与重庆钢铁集团公司合作共建了"冶金与材料工程研究所"，与德胜集团川钢公司合作共建了"冶金工程研究所"，每年针对重钢和德胜进行科技攻关近 10 项，每年在实验室和研究所里担任科研助手的学生近 20 人。这些研究机构不仅为教师提供了科研平台，提高了教师的理论水平和专业能力，丰富充实了实验教学内容，更重要的是为培养学生解决工程实际问题、提升工程应用能力提供了舞台。

7. 实验教学效果与成果

7-1　实验教学效果与成果（学生学习效果，近五年来主要实验教学成果，获奖情况等）

中心的建立，不断改进实验教学方法，优化实验教学程序，逐年增加了综合性实验、设计性实验，积极组织学生创新活动，完善了实验教学体系。根据科技发展以及人才培养的需要，对实验教学大纲、指导书进行了更新，严格实验教学管理制度，完善了实验教学质量评价手段。按照中心实验室运行管理要求，建立并完善了实验室的管理规章制度，保证了实验室高效、有序的运行，取得了良好的教学效果，同时锻炼了一支实验教学队伍，促进了科研等其他工作的良性发展。

一、学生学习效果

中心重视实验教学环节，吸收科研和教学的新成果，更新实验内容，减少验证性实验，强化操作性实验，增加设计性实验、综合性实验和创新性实验，教学覆盖面广，实验开出率高，使每个参加实验的学生亲自操作，学生实验兴趣浓厚，积极主动，学生通过实验教学加强了基本实验方法和技能的训练，培养了严谨的科学态度和求实创新的学风。学生毕业后到国内外各钢铁企业工作，由于实际操作技能、分析问题、解决问题及创新能力较强，受到各单位的普遍欢迎，目前我校冶金工程、冶金技术毕业生供不应求，就业率100%。国内钢铁企业对我校学生的总体评价是：毕业生能吃苦，动手能力强，作风过硬。

二、主要实验教学成果

（1）建立了以工艺流程为主线的实验教学新体系；

（2）教师科研成果转化为创新性实验项目，改革了实验教学内容；

（3）建立了丰富的网上教学资源，实现了实验教学的网络化管理；

（4）自编教材 8 部，立项出版的冶金工程系列实验实训教材 2 部；

（5）自制实验设备 15 台套，设备总值 790 余万元，在实验教学中发挥了较大作用。

三、社会、经济效益

中心除满足在校学生的实践教学外，也对外进行岗位技术工人培训，充分利用了实验教学资源，同时也满足冶金企业的人才培训需要。近年来，开展岗位技术工人培训 600 余人次，为地方经济建设、钢铁企业的发展作出了积极贡献，同时提高了学校在冶金行业的知名度和影响力。

7-2　辐射作用

冶金工程实验教学中心具有先进的教学理念，合理的教学定位，实用的教学体系，强大的师资队伍，优质的教学环境，已经在学生工程实践能力和创新能力培养中发挥了巨大作用，辐射作用明显，主要表现在以下几个方面：

（1）人才培养。实验教学中心面向全校 9 个专业开设实验课程，开设各类教学实验项目 122 项，每年接纳学生实验 3000 人以上，完成学生实验人机时数 9.5 万。中心还为学生毕业设计、实习、实训、大学生第二课堂、学生科技创新活动及教师科研开发提供实验场地与设备。

（2）科学研究。近年来中心在完成实验教学的基础上，还承担了重庆大学、昆明理工大学、四川大学等院校的博士、硕士研究课题的实验研究工作，及重钢、太钢、昆钢、攀钢、南钢、达钢、威钢、水钢、德胜等钢铁企业的科研和检测项目，这些研究工作已转化为学生的工程应用性与创新性实验项目。

（3）社会服务。中心已与重钢共建"冶金与材料工程实验实训基地"、"冶金与材料工程研究所"，与德胜集团川钢公司共建"冶金工程研究所"和"德胜集团新生力培养基地"，与中冶赛迪共建"国家钢铁冶炼装备系统集成工程技术研究中心冶金实验室"。研究所每年针对重钢和德胜进行科技攻关近 10 项，基地每年为重钢、德胜、金广、达钢等钢铁企业订单培养近 400 人。2010 年，中心与中国金属学会炼铁专委会联合举办全国高炉工长培训班，2011 年将继续举行。

（4）行业影响。中心已经接待来自国内著名冶金企业、高校的考察队伍 1000 余人次。2009 年 10 月，我校承办的全国冶金高校党委书记和校（院）长会，来自全国 35 所高校的 70 多位领导出席了会议，与会代表参观了本中心并予以高度评价。2011 年 7 月，第十九届全国高校冶金工程专业教学研讨会在我校召开，来自全国 35 所高校的 50 多位代表出席了会议并参观本中心，中心的定位和建设得到了代表们的充分肯定。

8. 自我评价及发展规划

8-1　自我评价

（1）先进的教学理念与清晰的改革思路。冶金工程实验教学中心的实验教学定位合理，符合学校的发展定位、人才培养目标定位与冶金工程的学科特点。实验教学理念先进、改革思路清晰、方案合理、内容具体，可操作性强。学校重视实验教学，资金和相关政策配套落实。

（2）实用的教学体系与教学内容。通过多年的建设，构建了"三大平台，三种能力，一个目标"的冶金实验教学新体系。实验教学内容涵盖了基础性、综合性、工程应用性、创新性实验，融入了工程应用和科技创新。以"钢铁生产流程为主线"贯穿各个实验教学，突出了实验教学的"分层次教学，模拟工程环境"教学特点。

（3）先进的教学方法与教学手段。通过网络教学平台的建立，实现了实验教学的网络化，通过引进现代化的实验手段和实验技术，实现了实验手段的现代化。全面开放实验室，建立了以学生为中心的开放式实验教学模式和自主式、合作式、研究式相结合的学习模式。实验考试考核的方法多样化，调动了学生学习的积极性。

（4）结构合理的实验教学队伍。建设了一支结构合理、思想素质高、业务能力强、勇于开拓进取，理论教学与实验教学互通的实验教学队伍，保证了教师在实验课中的主导地位，促进了科研成果转化为实验项目。

（5）先进的设备安全环境。中心地处"冶金科技大楼"，营造了仪器设备先进、资源共享、开放服务、高效运行、安全环保的实验教学环境。中心为学生的自主学习、研究性学习和个性发展创造了条件，对全面提高学生的实践能力和创新能力起到明显的作用。

（6）科学的管理模式。实验中心实施校、院两级管理，中心主任负责制。实验中心建设了实验教学平台和实验室管理的网络信息平台，实现了网上辅助教学和网络化、智能化管理。通过实验教学统一安排、实验场地统一使用、实验人员统一管理、实验仪器设备统一购置与管理，实现了实验中心的开放管理，实现了教学资源的统筹调配和共享，提高了使用效益。

（7）成果与发展。中心特色鲜明，发展思路清晰，建设目标明确。中心的改革与建设成效显著，获得多项校级、市级以上的教学研究成果与奖励。

8-2　实验教学中心今后建设发展思路与规划

一、建设发展思路

（1）实现冶金工程实验室、钢铁冶金重点学科和冶金工程国家特色专业与冶金工程实验教学示范中心的紧密结合，按照市级实验教学示范中心的建设标准和高等教育发展的要求，加快冶金工程实验教学示范中心建设的步伐。

（2）以培养学生实践能力、创新能力和提高教学质量为宗旨，以实验教学改革为核心，以实验资源开放共享为基础，以高素质实验教学队伍和完备的实验条件为保障，并依托学科、专业优势和特色，建立起冶金工程实验教学大平台，使之发展成为特色鲜明、具有较强示范辐射作用，市内一流、区域先进的实验教学示范中心。

（3）深化落实"教学、科研、学科、工程"四位一体的实验教学队伍建设，不断提高教师的教学水平和业务能力，并使中心成为国内一流的应用型人才培养基地，成为凝聚、培养冶金新技术的研发基地。

（4）继续加大实验中心的硬件和软件建设，不断更新实验仪器设备，不断改进实验教学方法与手段，保持该示范中心在国内同类高校、同类专业的领先地位。

二、建设规划

（1）继续坚持促进学生知识、能力和素质协调发展的教育理念，进一步完善实验教学体系结构，对承担的冶金、材料工程类课程的实验教学内容进行合理的布局，协调基础性实验、综合设计性实验、工程应用性实验和创新性实验在教学内容和培养目标方面的关系，改革其教学组织方式，培养学生的自主学习意识，提高其研究能力和创新能力。

（2）大力推进实验教学改革与研究，不断更新实验教学内容，促进实验教学与科研的紧密结合，探索更为先进的教学方法和教学模式，进一步加强开放性和研究性实验教学环节，建立和完善更为科学、合理的教、学考评机制和教学质量监控保障体系，不断提高实验教学质量。吸收先进的实验教学设计思想，完成对各门课程中的实验项目的优化整合和典型实验的改造，加强实验教材和多媒体辅助教学项目的建设，按照新的思路编写与实验课程体系配套的实验、实训教材，在内容上兼顾经典与现代的结合，提高实验教材的教学指导和学习参考价值，并制作与之配套的实验教学课件。

（3）进一步落实实验教学队伍建设规划，不断优化队伍结构和提高整体教学水平，形成一支稳定、敬业、精干、高效、富有开拓创新精神的教学、教辅队伍。对在岗实验技术人员，加强其进修和业务培训。

（4）进一步提高实验教学和实验室管理的信息化水平，广泛开展实验教学交流活动，深入开展实验教学研究，不断借鉴先进的实验教学理念和管理经验。通过上述措施，使中心的科研、实验、教学、管理等水平稳步提高。同时不断完善多层次的实验设备资源共享体系，为各个层次的冶金及相关专业的实验教学提供优质的服务和技术保障。

9. 各部门意见

学校意见	冶金工程实验教学中心与钢铁冶金重点学科互为依托，是冶金工程国家级特色专业和重庆市冶金工艺类专业应用型本科人才培养模式创新实验区的重要支柱。中心教学指导思想明确、定位准确、建设思路清晰，凝练出了以"学生为本，依托行业，突出应用，注重能力"的实验教学理念，构建了有利于培养学生实践能力和创新能力的"三大平台、三种能力、一个目标"的冶金实验教学新体系，教学内容先进、有创新，突出钢铁生产工艺流程特色。中心特别重视研究成果向教学的转化，特别重视产学研的深度融合，自主研制了高水平的教学设备，在钢铁冶金方向构建了具有国内一流水平的实验教学条件和环境，开发了一批贴近工程实际的特色实验项目运用于学生的实验教学中。中心的一些成功做法具有较好的辐射和示范作用。

学校意见	同意推荐冶金工程实验教学中心申报重庆市级实验教学示范中心。 　　　　　负责人签字：　　　　　　　（公章） 　　　　　　　　　　　　　　　年　月　日
专家组意见	组长签字：　　　　　　　　（公章） 　　　　　　　　　　　　　　　年　月　日
重庆市教委意见	负责人签字：　　　　　　　（公章） 　　　　　　　　　　　　　　　年　月　日
是否推荐国家级实验教学示范中心	重庆市教委意见： 　　　　　负责人签字：　　　　　　　（公章） 　　　　　　　　　　　　　　　年　月　日

第八章 教 学 团 队

第一节 教学团队及其在重庆科技学院的实施

一、教学团队的基本情况

根据《教育部财政部关于实施高等学校本科教学质量与教学改革工程的意见》（教高〔2007〕1号）精神，为提高我国高等学校教师素质和教学能力，确保高等教育教学质量的不断提高，在高等学校本科教学质量与教学改革工程中设立了教学团队建设项目。教育部高教司《关于组织2007年国家级教学团队评审工作的通知》（教高司函〔2007〕136号），于2007年8月年率先开始在全国进行国家级教学团队的遴选工作，2007年12月公布首批100个国家级教学团队。

（一）建设目的

教学团队项目的实施，旨在通过建立团队合作的机制，改革教学内容和方法，开发教学资源，促进教学研讨和教学经验交流，推进教学工作的传、帮、带和老中青相结合，提高教师的教学水平。

（二）建设内容

根据地域分布和行业分布现状，在全国高校中建立1000个老中青搭配合理、教学效果明显、在师资队伍建设方面可以起到示范作用的国家级教学团队，资助其开展教学研究、编辑出版教材和教研成果、培养青年教师、接受教师进修等工作。

（三）国家级教学团队的基本要求

（1）团队及组成。根据各学科（专业）的具体情况，以教研室、研究所、实验室、教学基地、实训基地和工程中心等为建设单位，以系列课程或专业为建设平台，在多年的教学改革与实践中形成团队，具有明确的发展目标、良好的合作精神和梯队结构，老中青搭配、职称和知识结构合理，在指导和激励中青年教师提高专业素质和业务水平方面成效显著。高职团队中应有来自行业、企业一线的高水平兼职教师。

（2）带头人。本科团队带头人应为本学科（专业）的专家，具有较深的学术造诣和创新性学术思想；高职团队带头人应在本行业的技术领域有较大的影响力，具有企业技术服务或技术研发经历。长期致力于本团队课程建设，坚持在本校教学第一线为本/专科生授课。品德高尚，治学严谨，具有团结、协作精神和较好的组织、管理和领导能力。一名专家只能担任一个国家级教学团队的带头人。

（3）教学工作。教学与社会、经济发展相结合，了解学科（专业）、行业现状，追踪学科（专业）前沿，及时更新教学内容。教学方法科学，教学手段先进，重视实验/实践性教学，引导学生进行研究性学习和创新性实验，培养学生发现、分析和解决问题的兴趣和能力。在教学工作中有强烈的质量意识和完整、有效、可持续改进的教学质量管理措施，教学效果好，团队无教学事故。

（4）教学研究。积极参加教学改革与创新，参加过省部级以上教改项目如面向21世纪课程改革计划、新世纪教学改革工程、国家级精品课程、教育部教学基地、国家级双语课程改革、实验教学示范中心、国家示范性高职院校建设计划、中央财政支持的实训基地建设项目等，申报国家级教学团队应获得过国家级教学成果奖励；申报省级教学团队应获得过省（部）级教学成果奖励。

（5）教材建设。重视教材建设和教材研究，承担过面向21世纪课程教材和国家级规划教材编写任务。教材使用效果好，获得过优秀教材奖等相关奖励。

（四）实施办法

本项目采取学校先行建设，教育部组织评审，教育部、财政部联合批复立项的方式进行。2007年评审、资助100个国家级教学团队，2008年至2010年，每年评审、资助300个国家级教学团队，并加强对教学团队的评估。

二、教学团队建设在重庆科技学院的实施

2007年，重庆科技学院按照教育部和重庆市教委的要求在全校开始教学团队的遴选，市级教学团队的申报工作，从2007年开始先后有石油工程教学团队（负责人：范军，2007年）、大学英语系列课程教学团队（负责人：刘寅齐，2008年）、工科物理系列课程教学团队（负责人：唐海燕，2009年）、无机非金属材料教学团队（负责人：贾碧，2010年）、冶金工程教学团队（负责人：吕俊杰，2011年）、思想政治教育理论与实践教学团队（负责人：彭晓玲，2011年）、控制工程教学团队（负责人：施金良，2012年）、土木工程教学团队（负责人：刘东燕，2012年）和油气储运工程教学团队（负责人：李文华，2012

年），至此到 2012 年底共有市级教学团队 9 个。

第二节　冶金工程市级教学团队

现将重庆科技学院冶金工程市级教学团队推荐表介绍如下。

2011 年重庆市高等学校教学团队推荐表

（本科）

团 队 名 称　　冶金工程教学团队

团队带头人　　　　吕俊杰

所 在 院 校　　　重庆科技学院

推 荐 部 门　　　重庆科技学院

重庆市教育委员会 制

二〇一一年一月

一、团队基本情况简介

（一）团队人员构成

有团队成员 30 人，其中教授（教授级高工）6 人，副教授、高级工程师 10 人，博士 3 人、在读博士 6 人，硕士 23 人，重庆市高等学校优秀中青年骨干教师 4 人，重庆市技术学术带头人后备人选 1 人、国外访问学者 2 人，重庆市高等学校中青年骨干教师资助计划 2 人。该团队老、中、青相结合，平均年龄 40 岁。

（二）团队负责人

根据冶金工程专业的具体情况，以冶金教研系为团队建设单位，以冶金系列课程为建设平台，在多年的教学改革与实践中形成该团队。团队负责人吕俊杰教授是冶金工程国家特色专业建设点负责人，重庆市第三批高校优秀中青年骨干教师，宝钢教育基金全国优秀教师；是国内铁合金领域仅有的四名教授之一，独立著书四本，主持国家、省（部）级及横向科研、教研项目 14 项；以第一作者或独著发表专业、教研论文 60 多篇，其中全国中文核心期刊论文 33 篇，被 EI 等收录 5 篇。

（三）教学情况

冶金工程教学团队每年承担了冶金工程本科 180 多人，担任了冶金物理化学、冶金原理、钢冶金学等 10 多门本科课程的教学任务。每年有近 200 学生参加各种认识实习、生产实习、毕业实习和课程单元设计、毕业设计、专题实验和专业综合实验，该团队成员教学内容新，工作认真，教学效果好，能圆满完成教学任务。

（四）科研情况

自 2005 年以来，该团队成员共承担来自重庆市攻关、重庆市自然科学基金、重庆市教委和攀钢集团、四川达钢集团、四川川威集团、四川德胜集团等科学研究项目 100 多项，总经费 1000 多万元。其中"金属熔体热力学和流固反应动力学的新模型研究"获 2009 年云南省自然科学一等奖（完成人：高逸锋等），"蓄热式热风炉优化节能烧炉"获 2006 年重庆市科技进步三等奖（完成人：梁中渝、朱光俊等），"耐腐蚀新型软磁合金的研究"获 2008 年重庆市技术发明三等奖（完成人：雷亚、杨治立等），"达钢进口矿替换关系的应用研究"获 2010 年四川省科技进步三等奖（完成人：万新、张明远等），发表专业研究论文 100 多篇，其中全国中文核心期刊论文 80 多篇，被 SCI、EI 等收录近 30 篇，获得国家发明专利 3 项。

（五）教研情况

该团队积极参加教学改革与建设，"冶金工程"被批准为国家特色建设专业点，"冶金传输原理"被批准为重庆市高等学校精品课程，冶金工艺类专业获重庆市级人才培养模式创新试验区，冶金工程实验教学中心是学校实验教学示范中心。2005～2010 年主持省（部）级教学改革项目 5 项。在教学改革中，2009 年获得国家优秀教学成果二等奖 1 项；2009 年获得重庆市第三届优秀教学成果二等奖 1 项、三等奖 1 项；2004 年获得重庆市第二届优秀教学成果三等奖 1 项，共发表教研、教改论文 30 多篇，其中发表的教育类核心期刊论文 10 篇。

（六）教材建设情况

该团队自 2005 年以来出版国家高等教育"十一五"规划教材 2 本（《炼钢设备及车间设计》《炼铁设备及车间设计》），主编冶金行业"十一五"规划教材 7 本（《冶金热工基础》、《冶金原理》、《炼铁学》、《炼钢学》、《炼铁厂设计原理》、《传输原理》、《炼钢厂设计原理》）；副主编冶金行业"十一五"规划教材 3 本《炉外精炼》、《连续铸钢》、《铁矿粉烧结原理与工艺》目前均已由冶金工业出版社出版。

二、团队成员情况

（一）带头人情况

姓　　名	吕俊杰	出生年月	1963.07	参加工作时间	1983.08
政治面貌	中共党员	民　族	汉	性　别	男
最终学历（学位）	研究生/硕士	授予单位	北京科技大学	授予时间	1988.06
高校教龄	23 年	职　称	教授	行政职务	专业负责人
联系地址、邮编	重庆科技学院冶金与材料工程学院，401331				
办公电话	65023701		移动电话		13108909895
电子邮件	ljj630707@163.com				
获奖情况（省部级以上）					
（1）2006 年重庆市高等学校第三批优秀中青年骨干教师； （2）2010 年获宝钢教育基金全国优秀教师奖； （3）2010 年主持的"冶金工程"专业批准为国家特色专业建设点； （4）1993 年获省（部）级优秀教学成果二等奖； （5）1999 年获全国高等工程教育研究先进个人； （6）2000 年获重庆市"关心、支持青少年科技教育"先进个人； （7）2007 年主持的"冶金工程"专业批准为重庆市首批特色专业建设点； （8）2010 年主研的"冶金传输原理"获重庆市本科精品课程					

主要学习、工作简历		
起止时间	学习工作单位	所学专业/所从事学科领域
1979. 09 ~ 1983. 07	东北大学	钢铁冶金/冶金工程
1983. 08 ~ 1985. 08	重庆钢铁设计研究院	钢铁冶金/冶金工程
1985. 09 ~ 1988. 06	北京科技大学	钢铁冶金/冶金工程
1988. 07 至今	重庆科技学院	钢铁冶金/冶金工程

（二）成员情况（成员人数29人）

姓名	年龄	参加工作时间	最终学历（学位）	专业	高校教龄	职称	职务
梁中渝	57	1975.3	研究生	炼铁	34 年	教授	
雷 亚	58	1972.8	大学	炼钢	34 年	教授级高工	副校长
朱光俊	45	1986.7	研究生	钢铁冶金	25 年	教授	院长
夏文堂	46	1986.7	博士	冶金工程	4 年	教授	系书记
万 新	46	1986.7	研究生	钢铁冶金	21 年	教授	副主任
杜长坤	46	1985.7	本科	钢铁冶金	23 年	高工	总支书记
杨治明	42	1992.7	研究生	钢铁冶金	19 年	副教授	
任正德	46	1985.7	研究生	钢铁冶金	21 年	副教授	副院长
周书才	40	1997.7	研究生	冶金工程	5 年	副教授	
张明远	39	1993.7	本科	钢铁冶金	16 年	高工	实验中心主任
尹建国	40	1994.7	博士研究生	冶金工程	6 年	高工	
韩明荣	48	1986.7	研究生	钢铁冶金	23 年	副教授	
曾 红	41	1991.7	研究生	冶金工程	16 年	副教授	
杨治立	42	1992.7	研究生	冶金工程	19 年	副教授	系主任
吴明全	43	1993.7	研究生	钢铁冶金	18 年	副教授	总支副书记
胡 林	42	1989.7	本科	钢铁冶金	17 年	讲师	
高逸锋	31	2002.7	本科	冶金工程	5 年	讲师	
王令福	59	1969.7	本科	炼钢	17 年	工程师	
田世龙	48	1984.7	研究生	钢铁冶金	14 年	工程师	
高艳宏	34	2001.7	研究生	钢铁冶金	5 年	讲师	

续表

姓名	年龄	参加工作时间	最终学历（学位）	专业	高校教龄	职称	职务
张生芹	36	2001.7	研究生	钢铁冶金	5 年	讲师	
邓能运	42	1991.7	本科	冶金工程	18 年	工程师	
杨艳华	30	2007.7	研究生	冶金工程	2 年	讲师	
袁晓丽	30	2007.7	研究生	冶金工程	2 年	讲师	
石永敬	34	1999.7	博士研究生	冶金工程	3 年	讲师	
张倩影	29	2008.4	研究生	冶金工程	4 年	讲师	
高绪东	28	2006.7	研究生	冶金工程	2 年	助教	
王宏丹	28	2008.7	研究生	冶金工程	3 年	助教	
柳 浩	28	2009.7	研究生	冶金工程	2 年	助教	

三、教学情况

（一）主要授课情况（2005 年以来）

课程名称	授课人	起止时间	总课时
铁合金冶金学	吕俊杰	2005.01～2010.12	256
冶金工程概论	吕俊杰	2005.01～2010.12	64
冶金工程概论	夏文堂	2008.01～2010.12	128
冶金传输原理	杨艳华	2005.07～2010.12	160
冶金传输原理	朱光俊	2005.01～2010.12	400
钢冶金学	任正德	2005.01～2010.12	392
冶金工艺矿物学	万 新	2005.01～2010.12	256
铁冶金学	梁中渝	2005.01～2010.12	392
炼铁原料	胡 林	2005.01～2010.12	280
钢铁厂设计原理	万 新	2005.01～2010.12	168
钢铁厂设计原理	王令福	2005.01～2010.12	168
冶金物理化学	韩明荣	2005.01～2010.12	560
冶金原理	张生芹	2005.01～2010.12	560
冶金工程概论	杨治立	2005.01～2010.12	128

续表

课程名称	授课人	起止时间	总课时
计算机在冶金中的应用	杨治立	2005.01～2010.12	224
冶金实验研究方法	张明远	2005.01～2010.12	224
耐火材料	杜长坤	2005.01～2010.12	192
连续铸钢	周书才	2005.01～2010.12	192
炉外精炼	田世龙	2005.01～2010.12	192
热工检测及调节	曾 红	2005.01～2010.12	224

（二）教材建设情况（主要教材的编写和使用情况)

教材名称	作者	出版社	出版时间	入选规划或获奖情况
炼铁设备及车间设计	万新 主编	冶金工业出版社	2007 年	国家高等教育"十一五"规划教材
炼钢设备及车间设计	王令福 主编	冶金工业出版社	2007 年	国家高等教育"十一五"规划教材
冶金原理	韩明荣 主编	冶金工业出版社	2008 年	冶金行业"十一五"规划教材
炼钢学	雷亚 主编	冶金工业出版社	2010 年	冶金行业"十一五"规划教材
炼铁学	梁中渝 主编	冶金工业出版社	2009 年	冶金行业"十一五"规划教材
炼铁厂设计原理	万新 主编	冶金工业出版社	2009 年	冶金行业"十一五"规划教材
炼钢厂设计原理	王令福 主编	冶金工业出版社	2009 年	冶金行业"十一五"规划教材
冶金热工基础	朱光俊 主编	冶金工业出版社	2006 年	冶金行业"十一五"规划教材
传输原理	朱光俊 主编	冶金工业出版社	2007 年	冶金行业"十一五"规划教材
炉外处理	杨治立 副主编	冶金工业出版社	2008 年	冶金行业"十一五"规划教材
连续铸钢	周书才 副主编	冶金工业出版社	2007 年	冶金行业"十一五"规划教材

续表

教材名称	作者	出版社	出版时间	入选规划或获奖情况
铁矿粉烧结原理与工艺	袁晓丽 副主编	冶金工业出版社	2010 年	冶金行业"十一五"规划教材
铁合金冶炼工艺学	许传才	冶金工业出版社	2006 年	
钢铁冶金原理	黄希祜	冶金工业出版社	2002 年	普通高等教育"九五"国家级重点教材
现代冶金学（钢铁冶金卷）	朱苗勇	冶金工业出版社	2005 年	
钢铁冶金概论	薛正良	冶金工业出版社	2006 年	冶金行业"十一五"规划教材
有色冶金概论	华一新	冶金工业出版社	2007 年	高等学校规划教材

（三）教学成果获奖情况（限市级、国家级奖励）

项目名称	奖励名称	奖励级别	时间
实施"万千百十"工程，培养行业紧缺应用型专门人才	国家第六届优秀教学成果奖	二等	2009 年
服务于应用型人才培养的实践教学运行管理方法和信息平台研究	重庆市第三届优秀教学成果奖	二等	2009 年
因材施教，多形式多层次培养应用型人才的工程实践能力	重庆市第三届优秀教学成果奖	三等	2009 年
创新炼铁工程环境和实践教学模式，提高学生工程实践能力	重庆市第二届优秀教学成果奖	三等	2005 年
《冶金工程概论》多媒体课件	重庆市多媒体教育软件大赛	三等	2009 年

（四）教学改革项目（省部级以上、2000 年以来，如精品课程、教学基地等，限 15 项）

项目名称	经费/万元	项目来源	起止时间
国家冶金工程特色专业建设点	20	教育部 财政部	2010～2014
重庆市冶金工程特色专业建设点	10	重庆市	2008～2011

续表

项目名称	经费/万元	项目来源	起止时间
"冶金工艺类专业应用型本科人才培养模式创新实验区"获市级人才培养模式创新试验区	20	重庆市	2009～2013
"冶金传输原理"市级精品课程	1	重庆市	2010～
"热工基础"市级精品课程	1	重庆市	2005～
重庆市实验教学示范中心	20	重庆市	2006～
应用型本科人才工程实践能力培养的研究与实践（重庆市教委重点教改项目编号：102119）	1	重庆市	2010～2012
工艺性专业应用型人才培养创新体制建设与实践（重庆市教委教改项目编号：0634152）	0.5	重庆市	2007～2009
冶金工程专业办学特色的研究与实践（重庆市教委教改项目编号：0903041）	0.5	重庆市	2009～2011
面向市场　突出特色——冶金工程品牌专业建设的研究与实践（重庆市教委教改项目编号：0634192）	0.5	重庆市	2007～2009
钢铁冶金学科培育及应用型冶金工程特色专业建设（中国冶金教育学会重点项目，项目编号：YZG09026）	1	中国冶金教育学会	2009～2011

（五）教学改革特色（团队设置特色、专业特色、课程特色，切实可行的创新性改革措施、实验教学或实践性教学、资源建设、网络教学等）

1. 团队设置特色

冶金工程教学团队一直立足西部，针对西部矿产资源特点和社会经济发展和需求开展了系列的教学和研究工作，冶金工程专业教学团队一批年轻的冶金学者在继承老一辈冶金工作者的基础上，结合学科发展的交叉领域，不断拓宽研究内容。在长期的科学研究过程中，已形成了钢铁冶金工艺优化与节能减排、冶金资源综合利用、复合合金与冶金辅料的开发等特色研究方向和创新团队。在发展过程中形成了一支以中青年学术带头人为主，老中青的有效结合，专业和年龄结构合理、学术层次较高、科技创新能力较强、爱岗敬业、教学经验丰富的教学研究型教学团队。

团队以中青年为主，老中青相结合，年龄结构合理，学位层次较高，学术造诣深，整体素质好，教学水平高。团队成员有在国内著名大学或研究院所获得学位或学习工作经历，这使团队"师承百家，博采众家"，具有教学理念先进和勇于创新的特点。团队人员专业特色突出，科研水平较高，科研成果转化为教学能力强。团队成员熟悉冶金工程专业的整体情况，了解存在的问题，紧密结合教学实际开展冶金工程专业的教学改革和教学法研究。教学改革和教学法研究的成果及时应用，付诸实践。主讲教师都承担科研课题，指导学生进行科学研究。既搞教学又搞科研，使团队成员了解学科前沿和发展动态，能够将本科教学、教学改革与科学研究紧密结合，将本学科的发展前沿知识和自己的科技成果引入到本科教学中去。不断更新教学内容，让学科发展与科技进步同步进行，保证教学内容的先进性。使学生学到课本上尚没有的学科前沿知识，学生在浓厚的学术氛围里接受熏陶，培养创新精神和科研能力，提高学生的综合素质。

2. 专业特色

学科建设水平是专业发展水平的标志，是教学、科研、学术整体水平的重要反映，是能否可持续发展的根本。只有高水平的学科，才能聚集一批高水平的人才，建设高水平的人才基地，形成浓厚的学术氛围，社会才能对其产生认同感、信任感。因此，学科发展状况对于专业的发展具有战略性和全局性的影响。在冶金工程专业的发展过程中，始终坚持以冶金工程特色学科结构和人才培养模式为依托，形成了"以学科建设为龙头，以本科教学为中心，全力打造特色专业"的办学特色，带动了教学团队和专业特色的建设。

冶金工程专业自1951年开办，现已有60年的历史，是国内具有一定的学术地位的冶金专业人才培养基地与科学研究基地。老、中、青之间"传、帮、带"，一批青年骨干迅速成长，已形成了一支专业水平较高、业务能力强的教学团队。在"冶金工程"国家特色专业和重庆市工程实验教学示范中心等平台建设的基础上，进一步提升了重庆科技学院"冶金工程"专业在国内同类高校、同类专业中的地位和声望，保证了冶金行业应用型人才的培养质量。

冶金工程专业始终坚持以教育观念创新为先导，以提高教学质量和加强素质教育为核心，不断深化教学改革，加强专业建设、教材建设、实验平台建设和实习基地建设，突出和确立了本科教学工作的中心地位，并将其落实到了实处。长期以来，较好地处理了新形势下规模与质量、发展与投入、教学与科研、改革与建设的关系，牢固树立了人才培养质量是专业发展生命线的观念。近年来，为确立本科教学的中心地位，冶金工程专业积极开展了相关工作，主要以加强制度和队伍建设为抓手，不断创新各项工作，并以各项工作创新为突破口，成效明显，教授全部回归了本科教学课堂；通过学生评教、领导听课、同行评价、教学督导评价以及教学质量—票支持（否决）制等相关制度，进一步抓好了课堂教学质量；通过毕业论文/设计答辩资格审查制，进一步提高了本科生毕业论文的质量；实现了学生创新性、综合型设计型实验零的突破；积极探索新机制，实行新举措通过实施"辅导员+本科生导师制"，有效保障了冶金工程专业的人才培养质量。此外，还积极进行了人才培养模式、课程体系、教学内容和教学方法的建设与改革，其中，项目"冶金工程专业应用型人才培养系列教材建设"突破了传统的只重视理论轻视实践的编写模式，从培养新世纪高素质应用型人才的实际需要出发，并将本学科最新的科研成果引入教材中加以介绍，构筑了冶金工程应用型本科系列教材。

3. 课程特色

早在冶金系成立之初，就设置了专门化课程和专业，如炼铁专业、炼钢及铁合金专业等，由此开设了各种金属冶炼的工艺技术课程。当时，我校老一辈的教师就参与了有关钢铁冶金的教材编写和全国统一教学大纲的制定等工作，并于20世纪50年代开设了冶金专业包括钢铁、冶金物化等的专业实验课，并且为顺应国家产业政策和地方经济的发展，将相关课程不断完善、改进后一直开设至今。自从1997年国家教委发布《普通高等学校本科专业设置》以后，为适应当今科技高速发展，学科不断分化综合，边缘学科、交叉学科层出不穷，工程系统的综合性、复杂性不断增加以及随着我国市场经济的建立和发展，各行业、部门之间条块分割的局面被打破，原来狭窄的行业性专业设置已明显不能适应形势发展的需要，冶金工程专业已经按照进一步拓宽专业口径的要求，做出了相应的调整：

（1）进一步拓宽专业口径，调整、改造、重组现有专业，模糊专业界限，按大类专业设置、招生和制订教学计划，实行"通才"教育和"专才"教育相结合的方针，增强学生的就业适应能力。

（2）按照拓宽基础，淡化专业意识、加强素质教育和创新能力培养的思路设计教学计划，改变长期以来注重专业需要和偏重知识传授的做法，综合考虑调整学生的知识、能力、素质结构。

（3）改革教学内容和课程体系，改变过去教学内容划分过细，加强不同学科之间的交叉和融合，推进教学内容、教学手段的现代化。将原有的钢铁冶金和有色金属冶金两个专业合并成冶金工程专业，冶金工程专业的教学计划、课程体系及内容按钢铁冶金、有色冶金的宽口径专业要求安排，实行两个专业方向同时开课，由学生自选一个方向课程进行学习。保证了每一个学生可以涉足至少两个专业方向的课程并且做到主专业方向学精、辅专业方向学好。在课程体系中设置公共基础平台课，钢铁冶金、有色金属冶金两个特色专业课群和冶金工程实验实践平台科进行教学，结合大量特色科研成果的取得，及时将清洁冶金、冶金过程节能减排和过程强化、冶金过程全面信息化等内容引入课堂，为冶金工程专业课程增添了新的内容，成为我校冶金工程专业课程的亮点。新的课程体系在强调大冶金基础平台教学的同时，注重课程间内容的衔接，有效减少了课程门数，提高了教学效益。

4. 切实可行的创新性改革措施

（1）人才培养模式的改革与实践。根据人才培养目标，冶金工程专业一直在不断地探索新的人才培养模式，以培养学生的综合能力和基本素质为主线，以教学内容和课程体系改革为重点，整体优化理论教学体系和实践教学体系，促进学生知识、能力、素质的协调发展，以适应经济建设、科技进步和社会发展的需要。冶金工程专业人才培养宗旨是坚持以德为先，加强基础知识，拓宽专业口径，实施素质教育，注重创新精神培养，强化实践能力训练。全面实施知识、能力、素质教育，努力推动培养模式的"三个转变"，即"专才向通才、教学向教育、传授向学习"的转变。其核心内容主要有：

1）素质教育培养模式。根据"基础扎实、知识面宽、能力强、素质高、富有创新精神、实践能力和创业精神"的要求，针对冶金工程专业全面修订教学计划，进一步改革教学内容，优化课程体系，实施学分制。新的本科专业教学计划，突出"拓宽基础，加强培养创新精神和实践能力为重点的全面素质教育"的特点。

2）主、辅修制培养模式。改革教学内容和课程体系，改变过去教学内容划分过细，加强不同学科之间的交叉和融合，推进教学内容、教学手段的现代化，积极贯彻因材施教的原则，在学分制管理模式下，不断完善辅修专业和第二专业培养制度，允许和鼓励学生跨大类专业选课，推行主、辅修制。对在校期间有能力选学第二专业或辅修专业的学生，我们在考核和课时上也做了相应的调整，经考核合格后的学生，给予相应的奖励，致力于让优秀人才脱颖而出。

3）创新人才培养模式。冶金工程专业的人才培养模式突出创新能力的培养和学生个性发展，激发和培养学生的好奇心、求知欲，帮助学生自主学习，独立思考，鼓励学生的探索精神和创新思维，营造崇尚真知，追求真理的氛围，极力为学生的禀赋和潜能的充分开发创造出一种宽松的环境。让学生感受、理解知识产生和发展的过程，培养学生的科学精神和创新思维，重视培养学生收集处理信息的能力、获取新知识的能力、分析问题和解决问题的能力、语言文字表达以及团结协作和社会活动能力。另外，冶金工程专业相应地改进了教学方式和教学评价制度，积极实行启发式和讨论式教学，激发学生独立思考和创新的意识。特别是注意转变由教师单向传授知识，以考试分数作为衡量教育成果的唯一标准以及过于划一呆板的教育教学制度。

4）校、企联合产学研培养模式。为了有利于学生能力和素质的全面协调发展，加速本科生的社会化进程，增强学校的办学活力；有利于教育与生产劳动相结合的原则以及"学科基础—工程实践—综合训练"的有机结合，体现现代工程教育与科研生产的一体化、综合化趋势和工科院校面向 21 世纪教育教学改革的趋势。目前，在此模式上进行了许多有益的探讨和尝试，开展校际合作，已经与重庆钢铁股份公司、四川德胜集团进行了联合培养，努力开拓本科生人才培养的新途径。但要大规模实施此模式尚有一定困难，尚需政策支持，目前正在申请冶金工程专业卓越工程师培养教育计划。

（2）课程体系和教学内容的建设与改革：

1）教材建设。为进一步提高教育教学质量，编好书、用好书，保证高质量的教材进课堂，冶金工程专业进一步加强了对教材选用过程的管理。根据近年来冶金工程专业使用的教材及参考书统计，教材的构成和来源主要以全国性出版和高校正式出版的教材为主，确保了所选用教材的质量和水平。根据冶金工程学科领域的发展趋势，并结合当前的经济社会发展实际，制订了"十二五"教材建设规划。近年来出版了《传输原理》、《炼铁学》、《炼钢学》、《冶金原理》、《炼铁厂设计原理》、《炼钢厂设计原理》、《连续铸钢》、《冶金热工基础》、《炉外处理》等教材 12 部。出版的平台课教材质量高、特色鲜明，受到师生的好评。

2）课程建设。根据教学改革和学生素质教育的需求将基础课与专业课设置为基础平台课，钢铁、有色两大专业方向课和实验实践平台课，并让本科生从一年级起接受专业课程，由资深教授讲授，让学生"享受原汁原味的专业知识"；团队鼓励并引导学术造诣高、教学经验丰富、教学效果好的学术带头人主持精品课程建设工作。朱光俊教授负责的"冶金传输原理"课程 2010 年被评为市级精品课程。

3）科研成果进课堂。任课教师将科研成果引入教学内容，使学生了解到如何应用所学的知识解决实际问题，觉得具体、生动，不仅学到了理论知识，更重要的是学到了应用理论知识解决问题的方法，觉得理论知识大有用武之地，本学科大有发展前途。科研成果上讲座。

为了培养学生的创新能力，让学生了解本学科科技发展的动态，将学生带到本学科的前沿，开展科研成果讲座。请本学科在科研上取得重要成果的教师开学术讲座、作学术报告、介绍自己的最新研究内容和研究成果，介绍解决科学技术难题的方法和体会。这种讲座不是通常的学术报告，而是要求主讲者深入、细致地介绍解决该项科技问题的方法和过程，使学生学到科学研究的方法。

4）改革教学方法和教学手段。改革"填鸭式"的教学方法和"黑板加粉笔"的教学手段。采用"启发式、讨论式、研究式"的教学方法。变教师主动、学生被动为师生互动。布置一些章节由老师指导学生自学，学生讲解，大家讨论。开展"自学、自讲、自评"的教学活动。由科研内容提炼出问题，引导学生应用学习的知识去研究，培养学生科学研究的能力。课堂教学将 PPT 和粉笔+黑板相结合，课堂教学和课外网上交流相结合。采用多种形式相结合的考试方法。平时和考试相结合，笔试和口试相结合。平时成绩包括作业、课堂发言、自学、自讲、自评情况。笔试统一命题，统一判卷。

5）培养方案、课程设置和教学内容改革。我校的冶金工程专业是由过去的炼铁、炼钢专业合并而成的。为了适应专业的调整，对培养方案、课程设置和教学内容进行了改革和调整，使其能够满足专业发展的需要，实现了专业调整的平稳过渡，使专业教育更具特色。发表了《转变教学观念，努力办出应用型本科教育特色》，《生产实习规范化的探索与实践》，《冶金工程专业教学内容和方式改革初探》等论文。

（3）教学方法及手段的建设与改革。近年来我国高等教育改革发展迅猛，高等学校办学规模迅速扩大，高等教育已经由精英教育逐步发展成为大众化教育，这对高等教育的教学内容和教学方法的改革提出了客观要求，为此，冶金专业的教师近年来围绕改变观念，重视教改研究项目、注重专业素质教育、采用多媒体等先进教学手段开展教学以及变更传统考试模式，采取多种灵活考核方法等方面积极进行教学方法改革探索。在建设中，加强以下几个方面的工作：

1）加大了多媒体课程的建设力度。多媒体课件集文字、图表、声音、动画、影像等多种信息于一体，极大地丰富了授课信息，在相当程度上解放了授课教师的劳动，特别是动画的应用，使得即便是在现场也无法直接观察到的密闭反应器内部结构、反应过程等一目了然。因此，从使用结果来看，使用多媒体课件教学的专业课的教学效果总体上要比板书教学的效果好。冶金工程专业现有多媒体课件并运用于教学的课程共 14 门，占新教学大纲规定的 31 门课程的 32%，授课时间占专业课总学时数的 40% 以上。其中必修课 5 门，专业课 3 门，选修课 4 门。

2）关于改革考试方法的有关规定与执行情况。为了克服传统的单一考试方式即笔试闭卷考试的种种弊端，近年来冶金系对学生学习成绩的考核采取了多种方式的改革探索；冶金系近期加大了各门选修课、考查课的考核方式的改革力度，采取了更加灵活多样的考核方法，收到了比单一的笔试闭卷考试方式更客观、全面、公正的考核效果。

（4）教学质量监控体系的建设与改革。教育教学质量是高校教育教学能力和教学水平的根本标志，建立教育教学质量监控体系，制订相应的教学质量规定，是实现教学过程全面质量管理，保证教育教学质量的有效措施。冶金工程专业所有专业课程含实验课程均能够严格按照《教学计划》和《教学大纲》进行安排落实。根据学科发展需要，教学计划每一年至两年组织调整、修订。

1）教学管理制度和具体实施办法：

①文件与资料。严格执行培养方案、课程教学大纲、教学日历以及总课表的有关规定，教学计划、大纲、日历、教案等教学管理文件科学、规范、齐全，归档及时，合乎标准。

②工作制度。严格执行冶金与材料工程学院《本科教学质量监控体系及其运行管理文件》中规定的全部制度，运行效果较好。

③学籍管理。学籍管理完整、科学、规范，执行严格；学生考试与成绩管理严格、规范、准确；注册、升、留、降级管理规范、准确；毕业证书、学位证书、肄业证书及结业证书管理规范、准确无差错。

④教师管理。有科学、合理的教师档案管理及教师工作基本条例，有教师教学质量管理制度，执行效果良好；有教师教学工作奖惩制度，执行效果较好。

⑤教务管理。排课、调课及教学运行课表完整、规范，有教学任务书、总课表及教师任课名册，执行效果好；学院的教学资源管理得当、利用率高；任课教师配备合理，能胜任现代教学的需要；教学管理人员的岗位明确，有调课管理的暂行规定、课表管理规定、教学组织管理工作的若干规定以及关于加强教材选用管理有关规定，执行效果良好。

⑥教材建设与管理：积极组织开展课程建设和教材建设，推广现代化教学手段，教材建设人员配备整齐，能正常开展工作。有教材建设规划及优秀教材的评选方法，专业主干课程主要选用国家统编教材；有省部级以上获奖教材，并积极鼓励专业及教师编写本领域的任课教材。

⑦实验室管理。实验室管理规范，有实验室工作规程、实验室守则、本科实验教学管理条例等相关规定，执行效果较好。

2）教学质量监控及运行管理体系。根据教学规章制度及学校关于教学各环节的质量标准的基本要求，结合冶金工程专业的实际情况，制定了相应的教学各环节的质量标准，运行效果良好。具体体现在：

①教学计划管理。出台了课程教学管理暂行规定、课表管理规定、教学组织管理工作的若干规定、加强教材选用管理的有关规定以及加强考务管理、严肃考风考纪的有关规定，并能严格按规定执行，运行效果良好。

②教学运行管理。出台了关于学生考试作弊处理的有关规定，学生考试纪律的有关规定，学生课堂守则、期中、期末考试工作的有关规定，关于学生缓考的有关规定，关于整顿教学秩序、加强教学管理的规定，关于教师监考的有关规定，关于专业课教师调课、停课的有关规定，关于教学督导的有关规定，关于教学事故认定及处理的有关规定。

③教学质量监控管理。出台了《本科教学质量监控管理拟定条例》、《领导干部及有关人员听课的规定》、《关于开展课堂教学质量评价的通知》、《关于实施本科教学检查制度的有关规定》、《教学督导制度》等。其中本科教学质量监控管理拟定条例包括教师自我评价、教学督导及评价、学生评教、教学培训与达标测评、评价与测评的保障等有关内容，近期学院又出台了同行评价、教学质量一票否决制等制度，进一步加大了教学质量监控管理的力度。

④实践性教学管理。出台了《实验室工作规程本科实验教学管理条例》、《关于实习基地

建设和规划的要求》、《关于实习基地建设和规划的要求》、《实验室工作规程》、《关于学生工程实践创新能力培养的暂行办法》、《工程能力培养方案的研究与实践工程能力培养评价体系》等。实践教学体系设计科学合理，涵盖了大学四年基础实践（实验教学）、社会实践（社会服务、社会调查）、教学实习（毕业实习、生产实习、金工实习、认识实习）和综合实践（包括毕业设计、课程设计、课外科技活动）的全部实践教学内容，符合培养目标的要求。

⑤教学组织系统管理。出台了冶金系教师本科教学工作规程，关于加强教书育人，管理育人，服务育人工作的规定，关于教授，副教授承担本科教学的规定，期中教学检查的有关规定，关于评选优秀教师和教学管理工作者的实施细则，关于实验室工作人员岗位职责的有关规定等，执行效果较好。此外，教师本科教学工作规程对教师师德、教师职责、任课条件、课前准备、课堂教学、课外学习辅导、实践教学、学生成绩考核、教学纪律、教育理论研究和教学工作考绩等十一个教学环节进行了严格的规定。该规程的实施，增强我院教师爱岗敬业、教书育人的责任感和自觉性，提高了全体教师的整体教学质量，确保了人才的培养质量，使我院的本科教学工作逐步实现了科学化、规范化管理。

3）毕业设计管理体系。冶金工程专业从提高对毕业设计（论文）管理的认识入手，把毕业设计（论文）工作提高到与组织课堂教学并重的地位。在"强化管理、规范组织、精心指导、全面监控、科学评价"的指导思想下，认真按照《重庆科技学院毕业设计（论文）工作管理手册》要求组织实施，为提高毕业设计（论文）质量提供了制度上的保障。此外，从规范管理入手，以质量评价为突破口，把过程管理作为毕业设计（论文）质量的保证，把质量作为毕业设计（论文）教学工作的根本，将过程管理与目标管理相结合，构建了毕业设计（论文）质量监控体系和管理模式。对毕业设计（论文）选题、实习调研、方案论证、详细设计、实验、总结、撰写设计说明书或论文、答辩、成绩评定、质量评估、归档等环节制定一套科学有效的管理制度和检查评价指标体系。毕业设计的过程管理重点是加强"三期检查"，即初期检查、中期检查、后期检查。同时在"三期检查"严格把好对毕业设计（论文）质量影响较大的"五关"（选题关、指导教师聘任关、指导关、评阅与答辩关、质量评价关）。特别是2009年以来，冶金工程专业毕业生严格执行毕业答辩资格审查制，这是进一步提高毕业设计论文质量，加大教学管理力度的一项管理创新措施。毕业设计的末位复审制，无论是对学生还是对指导教师都起一个较有力的监督管理作用，有效地促进毕业设计论文教学管理工作的科学化和规范化。

5. 实验教学或实践性教学

实践教学包括实验教学和实习两个方面：（1）通过实验教学，使学生对一些典型的冶炼过程有较深入的感性认识；（2）通过认识实习、生产实习与毕业实习，让学生深入工厂，全面了解钢铁冶炼的生产工艺和技术经济指标，熟悉各种冶金设备，了解现有工厂技术水平以及今后的改进方向。通过以上实践教学，学生加深了对冶金工程基本原理的认识，能够把专业课讲述的内容和具体工厂生产的实践结合起来，对钢铁冶炼的实际生产过程有了全面的了解，对提高教学质量起到了积极的作用。开设了综合性实验，从二、三年级本科生中选派10%的学生参加实验室的研究工作，及早进行科研项目的实践与研究。冶金工程专业立足重庆科技学院，充分利用校、院、系现有的实验教学条件及设施，建立起了稳定的校内外实习基地。校内实习基地有：冶金实验实训中心、功能材料研究所、重钢冶金联合研究所等，这些校内实习基地每年都在承担着冶金工程专业大批本科生的创新性实验、实验教学以及毕业论文等工作。先后建立起了10多家稳定的校外实习基地和产学研基地。市内外实习基地主要有：重庆钢铁集团公司、重庆天泰铝业公司；省外实习基地主要有：攀枝花钢铁集团公司、川威钢铁公司、达州钢铁公司、四川德胜钢铁公司、四川金广实业公司等。这些企业每年都承担着冶金工程专业本科生的认识实习、生产实习和毕业实习工作。为学生工程实践能力的培养创造了较好的外部环境。

6. 资源建设

高水平的实验室建设。钢铁冶金学科是学校的重点学科，依托学科优势，建成综合实训平台，提高了实验室的建设水平。实验室购置了大量的先进设备、仪器，使实验室的科研水平和教学资源得到了大幅提升，为学科发展和创新型人才培养提供了强力的支撑。目前，本专业团队拥有教学及相关实验室 $3000m^2$，装备有价值2000多万元的教学实验平台和设备，冶金工艺实验室、资源实验室、冶金过程仿真实验室及学生创新活动实验室等。实验室配置合理，各功能区划分明确，安全标识明显，网络计算功能齐全，实验指导教师经验丰富。根据所讲课程的特点，积极采用多媒体教学、课堂讨论、师生互动等教学方法和手段。编制了"冶金工程概论"、"钢冶金学"、"钢铁厂设计原理"等课程的多媒体教学课件。长期订阅的中文期刊有《金属学报》、《钢铁》、《钢铁研究学报》、《炼铁》、《炼钢》、《特殊钢》、《中国冶金》、《矿冶工程》、《铁合金》、《钢铁钒钛》等60种，长期订阅的外文期刊有《Chemical Journal of Chinese Universities》、《Metallurgical and Materials Transactions，A：Physical Metallurgy and Materials Science》、《Mineral Processing & Extractive Metallurgy（Section C of the Transactions of the Institution of Mining & Metallurgy》等30多种，对促进专业教学和科学研究地起到了重要的作用。

7. 网络教学

在重庆科技学院校园网上建立了"冶金传输原理"、"金属学及热处理"网络课程，积极组织任课教师编制本门课程的课件，建立了精品课程网站，教学内容全部上网；网上内容包括：课程信息，主讲教师档案，课程的教学大纲，多媒体课件，国内外相关冶金企业工厂介绍，钢铁冶炼视频等。在教学中经常和熟练地使用多媒体课件，使用效果良好，部分教师的讲课视频录像上网。学生和老师利用互联网交流学习中存在的问题。学生利用互联网提问题，谈感受，老师进行网上答疑，和学生网上交流。师生之间利用互联网不仅谈学习，还进行思想交流。

8. 交流与合作

冶金工程专业围绕专业建设与师资队伍建设，积极创造条件，配合重钢环保搬迁和四川民营钢铁企业发展建立全方位的实质性合作；同时，不断扩大对外交流合作的规模和领域，提高交流合作的层次，与发达国家大学（如日本、韩国等）相关学院建立国际合作关系提高学院在国内外的知名度和学术地位。只有通过相互交流，才能相互促进、相互提高。目前，每年交换生 3~4 人。通过到国外高校访问、进修、讲学，大大提高了教师队伍的水平，学习和吸取了大量最新的知识，了解和接触了当代最新的实验设备，增强了动手能力和实践能力，学到许多新的教学观点和教学方法，提高了外语水平。2007 年以来接受攻读材料与冶金工程学士的韩国交换生 10 余人。

近年来，团队带头人多次参加冶金工程专业教学研讨会及冶金高校院长论坛。长期与重庆大学、北京科技大学、东北大学等国内著名冶金院校进行学科建设、教学体系建设等方面的交流。本教学团队还为四川金广实业、重庆钢铁股份公司、四川德胜钢铁等企业培训了大量的工程技术及管理人才。

（六）教学改革成果应用推广情况

1. 教改成效

（1）冶金工程专业 2010 年获批国家第六批特色专业建设点。

（2）"冶金传输原理" 2010 年被评为重庆市精品课程，已在冶金工程专业的教学中得到应用。

（3）承担了重庆科技学院《冶金工程概论》多媒体课件的教改项目，获得了 2009 年度重庆市优秀多媒体课件三等奖。

（4）教改项目本科生课外科技创新意识和创新能力培养的实践性教学改革重点突破了学生传统常规教学培养模式的束缚，在加强学生理论基础知识学习的同时，重点突出了课外实践、创新实验的重要性，把教学核心转向为实践性，坚持让学生参与并承担课题研究，使"产、研、学"相结合联合培养的机制有效运作起来，逐渐培养学生的动手能力、实践能力及科技创新能力，为其深入开展科学研究或走向工作岗位奠定了基础。获得全国大学生"挑战杯"创业大赛银奖铜奖 1 项，全国大学生"挑战杯"课外学术科技创新竞赛三等奖 2 项。

（5）教改项目"冶金工程专业应用型人才工程实践能力培养的研究与实践"已在相关院校冶金专业推广应用。

（6）"创新炼铁工程环境和实践教学模式，提高学生工程实践能力"的市级教学成果在原冶金部属院校和市内高校的工科专业的教学改革中推广，对提高学生的工程实践能力，培养高素质的应用型高级专门人才发挥了积极的作用，论文在全国中文核心期刊上发表，介绍了我们的经验和做法，受到广泛的赞誉和好评。

（7）大学生创新精神与实践能力培养的教学成果，论文在《中国高教研究》上发表，介绍我们培养大学生创新精神与实践能力的做法，其他院校纷纷来向我们学习和取经。

2. 人才培养质量及社会评价

冶金工程专业坚持以学生为主体，注重多样性、开放性、应用性、创新性和复合性的人才的培养。在冶金专业发展的过程中，已产生了武钢股份副总经理邹继新、湘钢副总经理唐卫红、四川三洲核能总经理陈勇、川威钢铁公司总经理袁勇等企业高管。

近四年来，冶金工程专业本科生平均就业率在 97% 以上。在冶金工程专业培养出的本科生中，有 90% 以上进入了全国的钢铁和有色冶金企业，如攀枝花钢铁集团公司、重庆钢铁集团公司、南京钢铁公司、鞍山钢铁集团公司、川威钢铁公司、宝钢新疆八一钢铁公司、江苏张家港钢铁集团公司等企业。他们在与同类院校的竞争中，显示了扎实的专业基础知识和能够吃苦耐劳、敢为人先的奋斗精神。我校冶金工程专业培养出的众多学生中有的是国家、省市劳动模范、五一劳动奖章获得者；有的是单位各级领导和技术骨干，是单位不可或缺的中坚力量，在各自的工作岗位上为国家、地区、单位和行业都作出了积极的贡献。特别是在西南地区大中型钢铁企业技术和管理骨干中，冶金工程专业的毕业生占有较大比例，为西部经济建设和发展起到了积极的推动作用。社会各用人单位对冶金工程专业的毕业生在工作中所表现出来的优良品质和工作业绩给予了充分的肯定：《中国冶金报》、《重庆日报》于2006年和2008年以"冶金专业立足优势育人——冷门专业毕业生供不应求"为题，对冶金工程专业人才培养的重点以及培养的人才在企业供不应求进行了积极的报道。重庆钢铁股份人力资源处处长罗建说，重庆科技学院和我们联合对大学生进行工程能力的培养，是我们合作的一个重要方面。企业需要的人才是既要有扎实的理论基础，更要实践动手能力，到企业很快就能发挥作用，科技学院的学生就具有这样的素质。

（七）教学改革论文（限10项）

论文（著）题目	期刊名称、卷次	时　间
"冶金传输原理"课程的教学改革与实践	教育与职业，2009年No.3（全国中文核心期刊）	2009年3月
传统工艺性专业实验室建设的探索	教育与职业，2009年No.1（全国中文核心期刊）	2009年1月
高素质创新人才培养探索	中国成人教育，2006年No.4（全国中文核心期刊）	2006年4月
专业基础实验在创新能力培养中的作用	实验室研究与探索，2009年No.9（全国中文核心期刊）	2009年9月
冶金工程特色专业的建设与实践	教育与职业，2009年No.6（全国中文核心期刊）	2009年6月
专业实验室教学与科研平衡发展探索	实验室研究与探索，2006年No.12（全国中文核心期刊）	2006年12月
高校产学研结合教育模式初探	教育与职业，2009年No.5（全国中文核心期刊）	2009年5月
工艺性专业应用型人才实验教学改革的研究与实践	教育与职业，2010年No.33（全国中文核心期刊）	2010年11月
大学生科技创新能力培养的探索与实践	教育与职业，2010年No.35（全国中文核心期刊）	2010年12月
提高大学课堂教学质量的途径探析	教育与职业，2011年No.3（全国中文核心期刊）	2011年1月

四、培养青年教师、接受教师进修工作

（一）培养青年教师情况

教师不仅要传授知识，开启学生智慧，同时要塑造学生的灵魂，用先进的思想和高尚的道德情操教育和陶冶学生。因此，本教学团队要求青年教师具有"爱党爱国、献身教育"，"教书育人、为人师表"，"治学严谨、勇于探索"，"执教廉洁、品行端正"的良好师德；具有扎实的基础理论知识和深入、系统的专业知识；具有较高的教育理论水平和丰富的教学实践经验。此外，为了加强团队的后续力量，提高青年教师的业务能力，团队制定了相应的制度和计划，并实施了全面系统的培训措施，团队建设具有可持续性。通过对青年教师的培养，不断提高他们的思想道德水平和业务水平。

青年教师的培养制度：（1）坚持每两周一次的教学方法研究活动，内容包括教学内容、教学方法、教学手段的改革研究等；（2）每学年度考核教师综合素质，树典型、学先进、促进步；（3）建立并坚持了同行教师的听课制度和系主任听课制度，便于全体教师互相及时了解和商讨解决日常教学工作中存在的问题；（4）举办新知识、新技术系列讲座、举办学术研讨会、外聘专家学者作学术报告等。

青年教师的培养采取的具体措施如下：（1）领导重视，以身作则，做出表率。学院领导每学期召开座谈会，对青年教师的教学方法、经验进行传授与讨论，积极引导青年教师提升业务水平。（2）加强高校教师职业道德规范的学习，提高认识。团队邀请学院领导及督导组成员对青年教师传授思想道德上的规范，培养他们良好的教学风范。（3）积极开展教学方法研究活动，为青年教师指定导师，加强老教师与青年教师之间的交流与沟通，帮助和鼓励青年教师提高教学质量。团队规定每名青年教师在正式上讲台之前必须接受 1～2 年的助课，并对助课情况进行每学期的考核，达标后才能讲课。（4）分期分批推荐和选派学科带头人、骨干教师、青年教师到国内外进修、访问、接受新知识、新技术，了解学科前沿知识，开阔视野，提高学术水平。鼓励和支持青年教师在职攻读博士学位，提高学历层次。自 2004 年起，教学团队每年派遣 1～2 名青年教师赴重庆大学、北京科技大学等国内冶金高校进行为期 3～6 个月的进修，另外，安排骨干教师前往日本东北大学等做访问学者。（5）组织教师积极参加国内外各种形式的学术交流活动。团队每学年派遣 5～6 名青年教师参加国内外的学术交流活动，提升其教学能力并增长见识。（6）积极开展教学方法研究活动，推进教改进程，不断提高教学质量。团队每 2 周进行 1 次教学法活动，尤其重视青年教师教学法的交流与改进。（7）加强师资队伍的管理和考核，树典型、学先进，促进教师自身素质的全面提高。（8）选派青年教师到工厂实践，并通过带学生的认识实习、生产实习和毕业实习等措施，使青年教师有机会了解生产实际，提高他们的实践能力。每年派遣青年教师前往四川德胜钢铁公司、四川金广实业公司等企业进行现场实习和现场学习。（9）建立领导、同行专家听课制度，及时了解和解决青年教师在日常教学工作中存在的问题。系主任、督导组以及教师同行经常去教师了解青年教师的教学情况，对其存在的问题提出建议，帮助其改进教学方法。（10）聘请来自冶金企业的现场专家到校兼职授课，同时通过高水平人才的引进，进一步提升教师队伍的整体水平。

通过上述措施，青年教师的教学水平、实际工作能力均有很大的提高，青年教师正逐渐成为"冶金工程专业教学团队"的骨干力量。

（二）接受教师进修工作

本教学团队通过制定接受教师进修学习的管理规定和采取有力措施，为外校教师进一步提高、深造提供机会，主要措施有：

（1）接受兄弟院校专业教师的进修与培训。本团队不仅注重本教学团队教师的培养，同时也积极接纳外校教师的进修与培训，加强教师之间的交流。冶金工程学科每年要接收 3～4 名外校教师到学院进修，这些外校的老师主要通过听教学团队老师的课程以及参加教学团队的项目来提高自身的能力，并在教材编写、精品课建设以及网络资源的开发与运用等方面传授经验，将更多的精力投入到教学和科研方面。目前已接受和培养了包括唐山科技职业技术学院等院校的多名教师培训。

（2）注重校内外青年教师学术交流。为提高青年教师的教学能力、科研能力，本团队还为校内外的青年教师提供了多种交流机会，促进与国内外同行的学术交流，加强联系。

（3）接受外校邀请介绍教学改革与研究经验。由于本教学团队在特色专业建设、网络资源等方面具有一定成效和丰富经验，因此经常接到其他兄弟院校的邀请，为其介绍精品课程、网络资源建设等方面的经验。

五、科研情况

（一）科研项目（限 5 项）

项目名称	经费/万元	项目来源	起止时间
巫山高磷铁矿低温高效除磷技术的研究	10	重庆市自然科学基金重点项目	2009～2011
耐腐蚀新型软磁合金的研究	10	重庆市科技攻关项目	2005～2008
氮化钒铁的研制	15	攀枝花钢铁集团公司	2006～2008
降低炼钢厂钢铁料消耗的技术攻关	28	四川德胜钢铁公司	2010～2011
$1350m^3$ 高炉及二期烧结系统优化的技术研究	55	四川德胜钢铁公司	2010～2011

（二）科研转化教学情况

遵循科研为教学服务的原则，积极探索将科研转化教学的新途径。实行产学研一体化办学模式，以教学促科研，以科研提高教学水平，以开发和产业化取得的效益来促进教学科研的发展，把科研优势引入实验教学，将一批科研特色成果转化为本科教学内容。促进了本科教学、科研水平的提高。依托这些科研项目，主要从以下五个方面将科研转化为教学：

（1）将科研成果引入各教学模块的综合实验中。使学生直接接触最新的技术、工艺和观念，大力提高学生的专业素养。已开设的综合性创新性实验见下表。

序号	项 目 名 称	实验类型	实验要求	面向专业	项目来源
1	粉矿的毛细水含量测定	综合	选做	冶金工程	过程提炼
2	粉矿的吸附水含量测定	综合	选做	冶金工程	过程提炼
3	钢中氧、氮分析实验	综合	选做	冶金工程	设备开发
4	渣/金反应平衡实验	综合	选做	冶金工程	设备开发
5	V-Ti 铁水的纯净度实验	综合	选做	冶金工程	成果转换
6	矿粉在微波炉中的碳热还原	综合	选做	冶金工程	设备开发
7	陶瓷烧结实验	综合	选做	冶金工程	过程提炼
8	金属化学物（Mg_2Si）的微波合成	综合	选做	冶金工程	成果转换
9	特种矿粉的还原富集	综合	选做	冶金工程	成果转换
10	矿石热爆裂实验	综合	选做	冶金工程	过程提炼
11	不定型耐火材料的导热系数测定	综合	选做	冶金工程	设备开发
12	烧结矿中铁酸钙的矿相分析	综合	选做	冶金工程	过程提炼
13	碱金属对焦炭热性能的影响实验	综合	选做	冶金工程	成果转换
14	焦炭反应性钝化实验	综合	选做	冶金工程	成果转换
15	煤的爆炸性测定	综合	选做	冶金工程	设备开发
16	粉体的粒度组成测定	综合	选做	冶金工程	设备开发
17	煤的发热量测定	综合	选做	冶金工程	过程提炼
18	煤的可磨性指数测定	综合	选做	冶金工程	过程提炼
19	煤的反应性测定	综合	选做	冶金工程	过程提炼
20	煤粉灰熔性测定	综合	选做	冶金工程	过程提炼
21	软磁耐蚀合金的熔炼制备	综合	选做	冶金工程	成果转换
22	磁钢 Al-Ni-Co 的冶炼成型	综合	选做	冶金工程	成果转换
23	烧结混合料制粒工艺特性	综合	选做	冶金工程	过程提炼
24	烧结抽风风机调频实验	综合	选做	冶金工程	成果转换
25	烧结矿落下、转鼓实验	综合	选做	冶金工程	过程提炼

续表

序号	项目名称	实验类型	实验要求	面向专业	项目来源
26	高磷铁矿脱磷实验	综合	选做	冶金工程	成果转换
27	转炉高磷钢渣除磷	综合	选做	冶金工程	成果转换
28	轻烧白云石的反应活性测定	综合	选做	冶金工程	过程提炼
29	Ansys对钢的凝固过程的有限元仿真	综合	选做	冶金工程	成果转换
30	煤粉燃烧烟气成分测定分析	综合	选做	冶金工程	设备开发
31	煤粉燃烧速率测定	综合	选做	冶金工程	设备开发
32	锌焙砂浸出实验	综合	选做	冶金工程	过程提炼
33	块煤的冶金性能测定	综合	选做	冶金工程	成果转换

在实验教学中不断更新实验项目，将教师科研项目和学生的创新项目进行提炼，形成了一系列的创新性实验项目。这些项目有的是科研成果转换形成的，有的是来自科研过程中提炼，还有的是针对新设备开发出来。在33项创新性实验项目中，有12项是科研或创新项目成果转化而来的，有13项是在研究过程中提炼出来的，还有8项是对新设备开发出来的。

（2）学生参加科研项目。在本科毕业设计中引入生产实际的科研课题，使学生在大学毕业参加工作前就充分体验将来可能从事的科研工作，从而在团队精神、工程意识、科研作风和工作态度等多方面给予良好的培养。

（3）科研成果融入教材。已出版具有本专业科研特色的应用型教材12部、专著1部。

（4）通过科研项目不断增添实验设备。购置的一批科研用设备，现已承担本科和校外（重庆大学和昆明理工大学）研究生的实验工作。

（5）科研促进教学水平的提高。由于有大量中青年教师主持或参与各类科研项目，使科研与教学相辅相成，以科研提高教学水平，同时使也使青年教师专业素质不断提高。

六、团队建设及运行的制度保障

团队建设及运行的制度保障主要从以下四个方面进行：

（1）团队成员的考核、评价体系：

1）三年内完成一批较高水平教学研究成果，力争再申报成功1项市级重点或重大教改项目，力争获1项重庆市教学成果奖。

2）每年发表一定数量的教学研究论文，三年内发表核心期刊教学研究论文5~8篇。

3）三年内培养和力争产生2名校级教学名师和1名重庆市级教学名师。

4）研究的成果在冶金工程专业的人才培养中推广应用。

5）举办一次冶金专业方面的全国性教学研讨会，学科水平明显提高，扩大冶金工程专业在国内的影响。

（2）团队内部的激励、约束机制：

1）实行明确的责任制度，加强对团队工作的领导。

2）实行积极的激励措施，调动人的积极性，本专业教师发表一篇教学研究论文给予100元的论文奖励，核心期刊教学研究论文给予500元的奖励。

3）教学研究成果应用到人才培养中，根据应用情况给研究人员奖励。

4）每年根据工作任务完成情况，对团队人员发放适当补贴。

5）对团队中人员积极性不高，参与工作少的及时调整。

（3）学术交流：

1）派员积极参加国内本专业教学研讨学术会，广交朋友。

2）聘请国内知名专家来学校作学术报告，进行学术交流。

3）支持有论文被国际会议录用的论文作者参加国际工程教育研究会议。

（4）经费管理。根据重庆市教委、重庆市财政局《关于实施重庆市普通高等学校教学质量与教学改革工程的意见》和《重庆科技学院本科教学团队建设实施办法》，在教学团队建设周期，根据学校年度划拨的团队经费，专项用于本科教学团队建设，其中50%为课程建设费，其余的作为岗位津贴费、教学研讨活动费等。按照立项资助的方式，对课程建设单独立项，每门课程资助0.3万~0.5万元，并进行验收。

七、团队今后建设计划

（一）团队建设指导思想

贯彻落实教育部"高等学校本科教学质量与教学改革工程"的精神，以教学为中心，以学科建设为龙头、以专业建设为依托、以课程建设为切入点、以冶金工程专业系列课程教学工作和教学改革为主线，大力发展和稳定本科教育，通过国家级、省级和学校各类重大的教学改革项目和重大科研项目的带动，开展教学研究和教学团队建设，精心打造一流教师队伍、一流教学内容、一流教学方法、一流教材和一流教学管理，培养一批具有创新能力和发展潜力的中青年教学骨干，建成高水平的教师队伍，全面提高冶金工程系列课程的教育教学质量。

（二）团队建设目标

1. 整体目标

重庆科技学院冶金工程专业紧紧围绕国民经济、科技和社会发展对高素质人才的需求，结合我国冶金工业尤其是西部冶金工业的发展实际，利用我校冶金工程学科优势、产学研优势及完善的人才培养模式，将始终坚持以"重基础、宽口径、应用型、高素质"人才培养模式为依托，努力建成"以学科建设为龙头，以本科教学为中心，全力打造特色专业"的办学特色。通过教学团队的建设和发展，以此来带动特色专业人才培养目标建设、课程体系和教学内容建设、教师培养与使用机制建设和实践教学基地建设，积极推进特色专业建设与人才培养的紧密结合，以适应我国经济、社会发展的需要。五年内将重庆科技学院冶金专业建设成为以知识传授和研究相结合，以培养学生工程实践能力、创新与创业能力为核心的专业体系；形成师资力量强、人才培养模式科学、课程体系与教学内容合理、教学方法与手段先进、教学管理规范、人才培养质量高，达到国内先进，具有显著特色的本科专业。培养满足冶金工程发展所需要的应用型、高素质、强能力的工程技术人员。

2. 具体目标

（1）人才培养改革目标。积极探索并改革人才培养方案，努力构建与经济社会发展需要相适应的特色课程体系；加强与冶金及相关企业的合作、加大力度研究冶金及相关产业和领域的发展趋势和人才需求，形成有效机制，以此来吸引冶金产业、行业和用人部门共同研究课程计划，制定出与生产实践、社会发展需要相适应的特色专业培养方案和课程体系。

（2）教学与课程改革目标。坚持以学生为本，通过教学内容与课程体系的改革，增加相关教学内容和课程，加强本专业与其他相关专业之间的交叉与融合，对教学内容进行整合，促进课程与实践教学体系创新。努力加强冶金工程系列新教材的建设，认真实施"十二五"重庆科技学院冶金工程系列教材出版计划，计划出版《冶金工程专业实习实训》、《冶金工程专业实验》等实习实训教材。不断更新教学内容，将最新科研成果和前沿科学技术引入课程教学，充分反映冶金及相关产业和领域的新发展、新要求；深化教学方法改革，积极实施启发式、讨论式教学，突出创新能力的培养和学生个性的发展；大力推进双语教学和教学手段的现代化，加强国外优秀教材的引进和使用，努力提升双语教学质量，促进网络与计算机技术等现代教育技术和手段的应用和普及，不断完善课程多媒体课件；继续增加专业课程或专业选修课程采用双语教学门次；建立完整的冶金工程系列课程网络教学系统和虚拟实验室，推行网络教学和远程教育；以培养学生实践能力、创新能力和提高教学质量为宗旨，重点开展实践教学体系改革，建设市级以上精品课程 2～3 门，建设冶金工程系列课程和实验教学的系列立体化教材。跟踪国际先进教学经验和科学前沿，探索双语教学模式，力争建设市级双语教学示范课程 1 门。实施教学制度创新，建立健全学分制条件下的教学运行机制、管理制度和教学工作评估制度，进一步完善有利于学生自主设计、自主学习的教学质量监控与保障体系。改革考试、考核办法。认真实施《学院领导听课制度实施细则》、《本科专业毕业设计质量标准》、《学院本科教学学期教学检查规程》等教学运行及监控文件，进一步完善大基础平台下的多特性模块教学质量监控体系。

（3）教师培养和使用机制目标。通过丰富教师培养方式和使用机制，不断加强特色专业的教师队伍建设，逐步建立起本专业专任教师到国内外同类院校及冶金相关产业和领域学习交流，以及国内外同类院校及冶金相关产业和领域的人员到本专业进行培训、交流和深造的常规机制，努力建立起一支专业基础扎实、教学经验丰富、了解社会需求又有爱岗敬业精神的高水平专、兼结合的教师队伍。建立完善的团队合作机制，通过大团队建设与合作，力争在 5～10 年内培养国家教学名师 1 人，市级和校级教学名师 1～3 人。造就一支国家、重庆市教学名师领衔、中青年教授为中坚、教学与科研相通融的师资队伍，力争成为市级教学团队。

（4）实践教学目标。本专业目前设有以教学为主的校级"本科实验教学示范中心"和创新实验等专业实验室，承担着本专业和相近专业本科生和研究生的实验教学和科研任务。将采用集中优势，优势组合，进一步加强实践性教学环节的改革与实践，加强专业实验室以及本专业相关实验室的建设，完善本专业开放实验项目，力争将"本科实验教学示范中心"建设成为西南地区冶金工程专业人才培训基地。同时，进一步加强本专业教学实习基地和产学研基地以及毕业生就业基地的建设，通过多种渠道，不断加强冶金工厂、冶金企业以及社会等实践教学基地的建设和实践实习有效机制的建设。努力建立起更为全面的特色专业、用人单位和行业三个部门共同参与的学生综合考评评价机制。切实提高本专业实践课程的教学质量，促进创新型、应用型人才的培养。

（三）建设方案

（1）人才培养目标建设方案。为实现冶金特色专业与生产实践的紧密结合，寻找到一个最佳的切入点，对原有课程进行重组和整合，以提高课程的综合化及系统化程度；按照适应钢铁冶金、有色金属冶金两个方向"重基础、宽口径"的要求，将实行两个专业方向同时开课，由学生自己选定一个方向的课程进行学习，接下来的一个学期还可以再选另一个专业的课程学习。这样，每一个学生至少可以涉足两个专业方向的课程学习。此外，还要求学生必须选修一些相关交叉学科的课程，以丰富扩充学生的知识覆盖面，满足冶金工程向材料制备方向适当延伸的需求。

（2）课程教学内容目标建设方案。根据国内外冶金行业科研和产业的新发展新要求，结合专业主干课的设置，组织本专业同行专家或学术带头人编写符合办学思路的冶金工程特色专业系列实训教材，重点完成 2～3 本系列新教材的编写，同时力争能够在国内其他同类高校的相关专业中推广应用；通过国外交流、校企合作等途径，加大力度引入和使用适合本专业特点的外语原版教材，增加双语教学的课程设置门数，努力提高双语教学质量。

（3）教师培养和使用机制目标建设方案。充分利用冶金工程学科建设优势和已形成的学科建设平台优势并结合特色专业平台建设，积极创造条件，加快本专业学科带头人和青年教师的培养和成长，促进专业教师团队的形成；通过承担国家自然科学基金项目、重庆市科技攻关以及重庆市自然基金重点项目等课题的研究工作，提高本专业专任教师的理论水平；充分利用校企合作平台，加强专任教师工程实践能力和业务素质的培养；鼓励专任教师出国深造、国内进修以及在职攻读学历，不断提高自身的专业水平；通过高水平人才的引进，进一步提升教师队伍的整体实力；通过联合培养方式，积极接纳国内同类院校及冶金相关产业和领域人员的培训、交流和深造。

（4）实践教学目标建设方案。冶金工程特色专业的基础实践教学体系包括实验教学和军事训练，社会实践教学体系包括社会服务和社会调查，教学实习体系包括毕业实习、生产实习、金工实习和认识实习，综合实践教学体系则包括毕业设计、课程设计和课外科技活动。其中，军事训练旨在加强学生思想素质和作风的训练，社会实践旨在加强学生适应社会能力的培养，在实验教学中将加大综合性、设计性实验的开设和加强学生动手能力的训练，而综合实践则是旨在加强学生自主创新能力和创新思维的培养。

（5）合作与交流机制建设方案。继续加强与北京科技大学、重庆大学、重庆中冶赛迪等国内著名高校和设计、研究院所的联系和交流，采取措施，努力创造条件，鼓励广大教师参加教学和学术会议，与相关院所、企业进行合作交流。积极选派青年教师出国留学、参加国际学术会议。充分利用学科、专业、区域特色和优势，进一步加强与韩国昌原大学等高校建立全方位的实质性合作；继续接受相关国家的交换生。同时，不断扩大对外交流合作的规模和领域，提高交流合作的层次，与发达国家大学（如日本、加拿大等）相关学院建立国际合作关系提高学院在国内外的知名度和学术地位。继续承担国内相关企业、高职院校的进修学习任务。

（四）预期成果

（1）构建以教学为中心，以学科建设为龙头，以专业建设为依托，以课程建设为切入点，大力发展和稳定本科教育，积极发展专业学位研究生教育，冶金工程专业特色鲜明、具有一定示范作用的应用型人才工程素质培养体系。对冶金工程专业原有课程进行重组和整合，制定出一套定位准确而又切合实际的与生产实践、社会发展需要相结合的人才培养方案和课程体系，并在教学中得以应用。

（2）完成《冶金实习实训》、《冶金工程实验》等2～3本冶金工程特色专业系列实践教材的编写和出版，并在教学中得以应用；加大力度引入和使用适合本专业特点的外语原版教材1～2本，增加双语教学课程设置门数。

（3）建立起一支知识结构、年龄结构、职称结构和学缘结构更为合理的教师队伍。通过建设，使博士教师比例达到30%以上，硕士教师比例达到90%以上，省部级学术技术带头人、中青年学术骨干比例达到30%以上。此外，每位30岁以下的专任教师在冶金企业中的工程实践时间在半年以上。

（4）实践教学体系按照基础实践、社会实践、教学实习和综合实践四个模块进行建设，保证学生实践实习时间在半年以上，逐步建立起与冶金工程特色专业相适应的实践教学质量组织、质量过程、质量制度和质量评估的有效机制、保障体系以及学生综合考评的评价机制。

（5）发表相关教改论文10～15篇，申报并争取获省级教学成果奖1～2项，申报并力争获得国家级教学成果奖1项，申报并争取获得省级精品课程1～2门，申报并争取获国家级精品课程1门，申报并争取获评省级教学名师1人，构建全面考查学生综合素质的考核体系。

（6）继续加强与国内著名高校和研究院所的联系和交流，鼓励教师参加合作与交流。每年参加国际国内冶金工程专业教学和学术会议1～3次，充分利用学科、专业、区域特色和优势，进一步加强与国外高校建立全方位的实质性合作，接受、培训、培养相关技术人员和留学生10～20人。

八、评价、推荐意见

（一）教务部门评价意见

冶金工程专业是国家特色专业建设点；冶金工艺类专业应用型本科人才培养模式创新实验区是重庆市批准的首批创新人才培养模式实验区，"冶金传输原理"是重庆市本科精品课程，钢铁冶金学科是我校重点建设的学科之一，冶金工程教学团队师资力量强，背靠强大的冶金行业，行业优势明显；该团队老中青结合，师资队伍职称、学历、年龄结构较合理，团队成员长期工作在教学、科研第一线，兢兢业业，治学严谨，教书育人，深受学生爱戴，是一支在市内具有一定影响的高水平教学团队。该团队不断进行教学改革，近年来在教学、科研、教改和教材建设中取得了显著成绩，发表了30多篇教育研究论文（其中教育类核心期刊10篇）；获得1项国家优秀教学成果二等奖、1项省（部）级优秀教学成果二等奖，2项省（部）级优秀教学成果三等奖，团队教师近5年已出版了国家和冶金行业"十一五"规划教材12本；积极投身科学研究，成果突出，获得省（部）级科技进步一等奖1项、技术发明和科技进步三等奖4项，发表了100多篇专业论文，被SCI、EI收录近30篇。团队带头人具有较高的学术造诣，品德高尚，治学严谨，有团结协作精神和较好的组织协调及管理能力，在团队中有较强的凝聚力。团队建设项目目标明确、改革思路清晰、方案可行。

经审核，申报材料真实，同意推荐申报2011年重庆市高等学校市级教学团队。

（公章）

负责人（签字）　　　　　　2011 年 5 月 10 日

学科专业：自动化

手机：13608335626

个人电子信箱：shijinliang@ tom. com

（二）学校推荐意见

冶金工程专业是我校的国家级特色专业建设点，是我校面向冶金行业办学的主体专业之一。冶金工程专业教学团队老中青结合，师资队伍职称、学历、年龄结构合理；教学、科研成绩突出，团队的任务目标明确，思路清晰，建设方案可操作性强，同意学校教学指导委员会的意见，推荐申报2011年重庆市高等学校市级教学团队。

校长（签字）　　　　　　2011 年 5 月 10 日　　　　　　（公章）

第九章　冶金工程专业建设的成绩

冶金工程专业建设的成绩主要有以下几方面：

（1）获得的国家、重庆市质量工程项目。具体情况见表9-1。

表9-1　获得的国家、重庆市质量工程项目

序号	质量工程项目名称	项目负责人	批准部门	批准文号	备注
1	2010年国家特色专业建设点	吕俊杰	教育部	教育部教高函〔2010〕15号	
2	2011年国家第二批卓越工程师教育计划试点专业	吕俊杰	教育部	教育部教高函〔2012〕7号	
3	国家工程实践教育中心（共建高校：重庆科技学院）	申报完成人：吕俊杰	教育部等23部委	教育部教高函〔2012〕8号	建设单位：重庆钢铁股份公司
4	2007年重庆市首批特色专业建设点	吕俊杰	重庆市教委	渝教高〔2008〕3号	
5	2009年重庆市冶金工艺类应用型本科人才培养模式创新实验区	朱光俊	重庆市教委	渝教高〔2009〕81号	
6	2010年重庆市本科精品课程"冶金传输原理"	朱光俊	重庆市教委	渝教高〔2010〕14号	
7	2011年重庆市本科冶金工程教学团队	吕俊杰	重庆市教委	渝教高〔2011〕46号	
8	2011年重庆市冶金工程实验教学示范中心	朱光俊	重庆市教委	渝教高〔2012〕11号	
9	2012年重庆市本科教学工程专业综合改革试点	吕俊杰	重庆市教委	渝教高〔2012〕20号	

（2）获得的省部级科技奖励。具体情况见表9-2。

表9-2　获得的省部级科技奖励

序号	获奖项目名称	获奖人及排序	获奖等级	颁奖部门	获奖时间	获奖人员部门
1	出钢精炼用复合添加剂研究	任正德第1；雷亚第2；杨治明第3	重庆市科技进步三等奖	重庆市人民政府	2002年	冶金工程系

序号	获奖项目名称	获奖人及排序	获奖等级	颁奖部门	获奖时间	获奖人员部门
2	蓄热式热风炉优化节能烧炉	梁中渝第1；朱光俊第2	重庆市科技进步三等奖	重庆市人民政府	2006年	冶金工程系
3	耐腐蚀新型软磁合金的研究	雷亚第2；杨治立第3；张明远第5	重庆市技术发明三等奖	重庆市人民政府	2008年	冶金工程系
4	金属熔体热力学和流固反应动力学的新模型研究	高逸锋第4	云南省自然科学一等奖	云南省人民政府	2009年	冶金工程系
5	达钢进口矿替换关系的应用研究	万新第2；张明远第5	四川省科技进步三等奖	四川省人民政府	2010年	冶金工程系
6	通过引射器掺混焦炉煤气提高热风炉送风温度技术研究	杜长坤第2；万新第5	四川省科技进步三等奖	四川省人民政府	2011年	冶金工程系
7	连铸生产200方马氏体不锈钢技术及产品开发	周书才第2	四川省科技进步三等奖	四川省人民政府	2012年	冶金工程系
8	高温冶金炉渣和金属液微小黏度测量系统	施金良第1；贾碧第2	重庆市科技进步二等奖	重庆市人民政府	2010年	冶金检测与装备工程技术研究中心
9	全自动安全高效的烧结杯系统	贾碧第1；施金良第2	重庆市科技进步三等奖	重庆市人民政府	2010年	冶金检测与装备工程技术研究中心
10	穿孔阳极铝电解超低能耗技术研究及应用	任正德第2；尹建国第4；张生芹第6	重庆市科技进步三等奖	重庆市人民政府	2012年	冶金工程系

（3）出版的冶金工程专业系列教材。冶金工程专业教师在"十一五"、"十二五"期间出版了冶金工程专业行业规划教材14部（其中主编11部、副主编3部）。

1)《炼铁学》，主编梁中渝，冶金工业出版社，2009.3；

2)《炼钢学》，主编雷亚，冶金工业出版社，2010.11；

3)《传输原理》，主编朱光俊，冶金工业出版社，2009.7；

4)《冶金热工基础》，主编朱光俊，冶金工业出版社，2007.7；

5)《冶金原理》，主编韩明荣，冶金工业出版社，2008.7；

6)《炼铁设备及车间设计》，主编万新，冶金工业出版社，2007.11；

7)《炼钢设备及车间设计》，主编王令福，冶金工业出版社，2007.12；

8)《炼铁厂设计原理》，主编万新，冶金工业出版社，2009.9；

9)《炼钢厂设计原理》，主编王令福，冶金工业出版社，2009.11；

10)《冶金工程实验教程》，主编张明远，冶金工业出版社，2012.1；

11)《冶金工程概论》，主编杜长坤，冶金工业出版社，2012.4；

12)《炉外处理》，副主编杨治立，冶金工业出版社，2008.12；

13)《铁矿粉烧结原理与工艺》，副主编袁晓丽，冶金工业出版社，2010.7；

14)《连续铸钢》，副主编周书才，冶金工业出版社，2007.12。

（4）获得的省（部）级教改立项。冶金工程专业教师近几年共获得省（部）级的教学改革研究项目6项，其中重点项目3项、一般项目3项，目前已经结题5项。具体情况见表9-3。

表9-3　省（部）级教改立项项目一览表

序号	项目名称	项目来源/项目编号	项目负责人	立项时间	备注
1	冶金工程专业卓越工程师教育改革的研究与探索（重点项目）	重庆市教育委员会/112084	吕俊杰	2011年	正在进行
2	应用型本科人才工程实践能力培养的研究与实践（重点项目）	重庆市教育委员会/102119	朱光俊	2010年	已结题
3	冶金工程专业办学特色的研究与实践	重庆市教育委员会/0903041	吕俊杰	2009年	已结题
4	钢铁冶金学科培育及应用型冶金工程特色专业建设的研究与实践（重点项目）	中国冶金教育学会/YZG09026	吕俊杰	2009年	已结题
5	工艺性专业应用型人才培养创新体制建设与实践	重庆市教育委员会/0634152	吕俊杰	2006年	已结题
6	面向市场　突出特色——冶金工程品牌专业建设的研究与实践	重庆市教育委员会/0634192	朱光俊	2006年	已结题

（5）发表的核心期刊教学研究论文。冶金工程专业于2004年9月招生，近几年全系教师共发表教育类全国中文核心期刊教育教学研究论文15篇。具体情况见表9-4。

表9-4　发表的核心期刊教学研究论文

序号	论文名称	发表刊物	第一作者	发表时间	备注
1	"冶金传输原理"课程的教学改革与实践	教育与职业	朱光俊	2009.3	全国中文核心期刊

序号	论 文 名 称	发表刊物	第一作者	发表时间	备注
2	传统工艺性专业实验室建设的探索	教育与职业	万新	2009.1	全国中文核心期刊
3	高校产学研结合教育模式初探	教育与职业	吕俊杰	2009.5	全国中文核心期刊
4	冶金工程特色专业的建设与实践	教育与职业	杨治立	2009.6	全国中文核心期刊
5	专业基础实验在创新能力培养中的作用	实验室研究与探索	韩明荣	2009.9	全国中文核心期刊
6	工艺性专业应用型人才实验教学改革的研究与实践	教育与职业	张明远	2010.11	全国中文核心期刊
7	大学生科技创新能力培养的探索与实践	教育与职业	吴明全	2010.12	全国中文核心期刊
8	提高大学课堂教学质量的途径探析	教育与职业	朱光俊	2011.1	全国中文核心期刊
9	专业实验室教学与科研平衡发展探索	实验室研究与探索	万新	2006.12	全国中文核心期刊
10	高素质创新人才培养探索	中国成人教育	吕俊杰	2006.4	全国中文核心期刊
11	应用型本科人才工程实践能力培养的研究与思考	学术探索·理论研究	朱光俊	2011.4	全国中文核心期刊
12	改革冶金工程课程考试方式提高学生创新能力	扬州大学学报（人文社会科学版）	张生芹	2011.02	全国中文核心期刊
13	应用型冶金工程专业卓越工程师教育计划的探索	教育与职业	吕俊杰	2012.05	全国中文核心期刊
14	校企联合应用型本科人才培养机制探析	教育与职业	朱光俊	2012.09	全国中文核心期刊
15	冶金工程专业卓越工程师教育培养学生工程能力的实践教学改革	教育与职业	张明远	2012.11	全国中文核心期刊

（6）发表的非核心期刊教学研究论文。冶金工程专业于2004年9月招生，近几年全系教师在国内公开发行的非核心期刊和国际会议发表的教育教学研究教改论文39篇。具体情况见表9-5。

表 9-5　发表的非核心期刊教学研究论文

序号	论 文 名 称	发表刊物	第一作者	发表时间	备注
1	课程考试改革的调查研究与实践	中国冶金教育	朱光俊	2005.2	
2	冶金工程品牌专业建设的目标	中国冶金教育	朱光俊	2006.2	
3	日本东北大学本科人才培养的启示	中国冶金教育	朱光俊	2008.12	
4	日本东北大学本科教学与管理	重庆科技学院学报（社会科学版）	朱光俊	2009.4	
5	更新教育观念，培养应用型本科人才	中国冶金教育	朱光俊	2009.8	
6	"热工基础"精品课程建设的探索与实践	中国冶金教育	吕俊杰	2006.12	
7	对我校的发展思路与办学特色的思考	重庆科技学院学报（社会科学版）	吕俊杰	2005.12	
8	产学研结合，培养高素质应用型冶金专业人才的实践	中国冶金教育	吕俊杰	2006.8	
9	转变教育观念，办出应用型本科教育特色	中国冶金教育	吕俊杰	2007.10	
10	强化实践与创新，努力培养高素质应用型工程技术人才	中国冶金教育	吕俊杰	2009.8	
11	建立"双赢"校企合作机制探索"订单式"人才培养新模式	重庆科技学院学报（社会科学版）	吕俊杰	2010.3	
12	全国冶金工程专业人才培养的现状与思考	中国冶金教育	吕俊杰	2010.6	
13	应用型冶金工程人才培养方案的思考	中国冶金教育	杨治立	2008.2	
14	提高冶金工程专业毕业设计（论文）质量的思考	重庆科技学院学报（社会科学版）	杨治立	2009.4	
15	应用型冶金工程专业基础课教学改革探讨	重庆科技学院学报（社会科学版）	韩明荣	2009.3	
16	冶金原理课程教学中注重对学生能力培养的探讨	中国冶金教育	韩明荣	2009.8	

续表9-5

序号	论 文 名 称	发表刊物	第一作者	发表时间	备注
17	冶金工程专业培养高素质创新人才的探索与实践	中国冶金教育	杜长坤	2005.12	
18	以创新加快培养应用型冶金人才	中国冶金报	杜长坤	2008-03-22	B3版
19	冶金工程专业本科毕业设计（论文）的探索	中国冶金教育	任正德	2009.8	
20	树立和落实科学发展观　实现学院跨越式发展	中国冶金教育	吴明全	2006.8	
21	冶金工程本科专业物理化学课程教学改革的思考	中国冶金教育	张生芹	2009.8	
22	"自主学习"教学模式在"物理化学"课程教学中的应用	中国冶金教育	张生芹	2010.2	
23	冶金工程专业本科毕业设计模式与创新人才培养	重庆科技学院学报（社会科学版）	周书才	2009.7	
24	工科专业课课堂教学改革浅析	中国冶金教育	袁晓丽	2009.8	
25	深化实习教学规范化，努力培养高素质的冶金专业人才	中国冶金教育	张倩影	2010.8	
26	"冶金工程专业英语"课程的教学改革	中国冶金教育	杨艳华	2010.8	
27	冶金工程特色专业建设的机遇与挑战	重庆科技学院学报（社会科学版）	石永敬	2010.2	
28	冶金原理实验的改革与实践	中国冶金教育	邓能运	2010.2	
29	案例教学法在钢铁厂设计原理课程教学中的应用	中国冶金教育	张倩影	2011.10	
30	中国铁合金行业人才培养的现状与思考	铁合金	吕俊杰	2011.10	
31	冶金工程专业青年教师工程实践能力的培养	中国冶金教育	杨艳华	2011.10	
32	实施产学研合作，适应行业发展需求	中国冶金教育	朱光俊	2011.02	
33	因材施教　打造特色　提高质量　培养高素质应用型人才	重庆科技学院学报（社会科学版）	吕俊杰	2012.05	

续表9-5

序号	论 文 名 称	发表刊物	第一作者	发表时间	备注
34	加强实习实训教学　提高工程实践能力	重庆科技学院学报（社会科学版）	杨治立	2012.05	
35	冶金工程专业应用型本科人才培养模式的改革与实践	中国冶金教育	朱光俊	2012.04	
36	在专业基础课程教学中培养学生的工程能力和创新能力	2012，2nd International Conference On EEM	韩明荣	Hongkong, September 4~5	英文发表，收入论文集
37	"冶金物理化学"开放式实验教学与学生创新能力培养	重庆科技学院学报（社会科学版）	张生芹	2012.02	
38	冶金工程专业实习教学体系改革与实践	重庆科技学院学报（社会科学版）	周雪娇	2012.09	
39	案例教学法在"钢冶金学"中的应用	重庆科技学院学报（社会科学版）	周书才	2012.08	

附　录

附录一　冶金工程专业实验班管理办法

（试行）

冶金工程专业是国家特色专业建设点，也是重庆市冶金工艺类专业应用型本科人才培养模式创新实验区的试点专业之一。长期的办学实践，积累了丰富的办学经验，为国家和社会培养了一大批优秀专业人才。为了更好地办出冶金特色，打造专业品牌，我院决定从 2010 级起组建冶金工程专业创新实验班，实验班仅开设钢铁冶金方向。

1. 实验班学生的组成

实验班学生的组成是在冶金工程专业新生进校后，组织学生报名，择优选择。原则上根据高考的数学和英语成绩（成绩由招生就业处提供）优秀的新生中进行选拔，必要时可以进行相关科目的考试，并由冶金工程系组织多名教师对报名学生进行面试后确定，实验班的规模在 35 名左右。

2. 实验班的实施

为保障实验班的教学质量，具体将采取以下几项措施保证试点的运行：

（1）计划与大纲制定

针对实验班的培养目标，专门制定冶金工程专业实验班人才培养方案，重新编写主要课程的理论教学和实践教学大纲，教材选用国内 211 或 985 院校的冶金工程专业使用的同专业版本教材。

（2）师资保障

为切实保障实验班的教学质量，学院将选派教学经验丰富、教学效果好、师德高尚的教师承担实验班基础课和专业课的教学工作。

（3）辅导员配备

为了确保实验班的日常管理及思想教育宣传工作到位，形成良好的学习氛围，学院将选拔思想过硬又懂专业、具有硕士研究生以上学历的专业教师担任班级辅导员。

（4）导师配备

为激发实验班学生的学习热情，引导学生积极向上健康成长，学院将选派业务过硬、热心指导学生的具有副高以上职称的专业教师担任实验班的导师。

（5）激励措施

1）实验班学生与普通班学生一样，参加学校各类评优评先及奖学金的申请和评定，严格按学校标准进行。

2）设置实验班学习优秀奖学金，每学期必修课考试课程平均成绩在 90 分（或学分绩点 4.0）以上的奖励 200 元，85 分（或学分绩点 3.5）以上的奖励 100 元。

3）英语四级考试 500 分以上的奖励 350 元，450 分以上的奖励 150 元，英语六级通过考试给予单独奖励，标准另定。

4）优先推荐出国留学（韩国交换生及研究生）。

5）优先推荐就业和向国内大学推荐研究生。

6）学生科研助理优先选拔，参加教师的科研工作。经学院院长批准，可参加校内外有关学术会议。

7）有关实验室优先对实验班学生开放，使他们能够顺利进行必要的实验环节，若需要专门的材料费可单独预算，报学院批准。

8）实验班班级活动费为普通班级的 2 倍（由学院学生工作经费支付）。

（6）资金保障

为进一步提高实验班授课教师的积极性，使教师全身心投入实验班的教学工作，争取学校和教务处的资金支持，设置实验班专项运行基金。对承担实验班课程（理论与实践环节）的教师按学生人数系数 1.3 进行课时补贴或工作量计算；辅导员和导师津贴按普通班人数的 1.3 倍发放或核算工作量；对参与实验班教学管理、大纲制定、教学改革、考研辅导等给予专项奖励。

（7）退出机制

根据学生的学习成绩与表现，在实验班引入有效退出机制。一学年中期末考试不及格科目达 3 科及以上，或本人因学习压力大，自愿选择退出者，可从实验班调整到普通班。本调整原则上在前两年实施。

3. 实验班的管理

为确保实验班的正常运行，确实办出实效，解决实验班办学过程中可能出现的问题，学院成立以院长为组长，教学副院长、负责学生工作的副书记为副组长，专业负责人、系正副主任、专业导师、专业辅导员组成的工作小组协调相关工作，定期研究工作并对实验班的人才培养进行总结，工作小组每学期专门对实验班的工作研究不少于两次，实行组长负责制。

冶金与材料工程学院

2010 年 6 月 20 日

附录二　冶金工程专业卓越试点班管理办法

（试行）

　　冶金工程专业是国家特色专业建设点，也是国家第二批卓越工程师教育实施计划试点专业之一。长期的办学实践，积累了丰富的办学经验，为国家和社会培养了一大批优秀专业人才。为了更好地办出冶金特色，打造专业品牌，我院决定从 2011 级起组建冶金工程专业卓越工程师教育计划试点班。根据卓越工程师教育计划原申报方案，本试点班仅开设钢铁冶金方向。

一、试点班学生的组成

　　试点班学生的组成是在冶金工程专业新生进校第一学期的期末考试后组织学生自愿报名，择优选拔。原则上根据第一学期考试成绩排序进行（具体见《卓越工程师教育计划组班选拔办法》），必要时可以进行相关科目的考试，并由冶金工程系组织多名教师对报名学生进行面试后确定，试点班的规模每届在 40 名左右。

二、试点班的实施

　　为保障试点班的教学质量，具体将采取以下几项措施保证试点的运行：
　　（1）计划与大纲制定
　　针对试点班的培养目标，专门制定冶金工程专业卓越工程师教育计划人才培养方案，重新编写相关课程的理论教学和实践教学大纲，教材选用国内冶金工程专业使用的教材，最好选用适宜应用型冶金工程本科的专业教材。
　　（2）师资保障
　　为切实保障试点班的教学质量，学院将选派教学经验丰富、教学效果好、师德高尚的教师承担试点班基础课和专业课的教学工作。
　　（3）辅导员配备
　　为了确保试点班的日常管理及思想教育宣传工作到位，形成良好的学习氛围，学院将选拔思想过硬、具有硕士研究生以上学历的教师担任班级辅导员。
　　（4）导师配备
　　为激发试点班学生的学习热情，引导学生积极向上健康成长，学院将选派业务过硬、热心指导学生的具有副高以上职称的专业教师担任试点班的导师。
　　（5）激励措施
　　1）试点班学生与普通班学生一样，参加学校各类评优评先及奖学金的申请和评定，严格按学校标准进行。

2）设置试点班学习优秀奖学金，每学期必修课考试课程平均成绩在 90 分（或学分绩点 4.0）以上的奖励 200 元，85 分（或学分绩点 3.5）以上的奖励 100 元。该学期凡有科目补考或考查不合格（笔试成绩低于 60 分）者取消学习优秀奖学金评选资格（英语考试除外）。

3）英语四级考试 500 分以上的奖励 350 元，450 分以上的奖励 150 元，英语六级通过考试给予单独奖励，每人 600 元。

4）优先推荐出国留学（国外交换生及研究生）。

5）优先推荐就业和向国内大学推荐研究生。

6）学生科研助理优先选拔，参加教师的科研工作。经学院院长批准，可参加校内外有关学术会议。

7）有关实验室优先对试点班学生开放，使他们能够顺利进行必要的实验环节，若需要专门的材料费可单独预算，报学院批准。

8）试点班班级活动费为普通班级的 2 倍（由学院学生工作经费支付）。

（6）资金保障

为提高试点班授课教师的积极性，使教师全身心投入试点班的教学工作，根据学校的资金投入，设置卓越工程师教育计划试点班专项运行基金。对承担试点班课程（理论与实践环节）的教师按学生人数系数 2.0 进行课时补贴或工作量计算；辅导员和导师津贴按普通班人数的 2.0 倍发放或核算工作量；对参与试点班教学管理、计划大纲制定、教学改革、考研辅导等给予专项奖励。

（7）退出机制

根据学生的学习成绩与表现，在试点班引入有效退出机制。一学年中期末考试不及格科目达 2 科及以上，或本人因学习压力大，自愿选择退出者，可从试点班调整到普通班。本调整原则上在前两年实施。

三、试点班的管理

为确保试点班的正常运行，力求办出实效，解决试点班办学过程中可能出现的问题，学院成立以院长为组长，教学副院长、负责学生工作的副书记为副组长，专业负责人、系正副主任、专业导师、专业辅导员组成的工作小组协调相关工作，定期研究工作并对试点班的人才培养进行总结。每学期召开一次学生座谈会和任课教师座谈会，听取教师和学生对试点班的意见和建议，工作小组每学期专门对试点班的工作研究不少于两次，实行组长负责制。

冶金与材料工程学院

2012 年 5 月 2 日

附录三　关于选拔 2012 级冶金工程卓越工程师教育 "人才培养试点班" 的通知

冶金与材料工程学院自 2011 年起实施"冶金工程卓越工程师试点班"培养计划，该班实行因材施教，培养具备冶金工程学科的基础知识与应用能力，能够从事与冶金工业相关领域的科学研究、教学、技术开发、设计制造、试验研究、生产技术管理和经营等方面的工作，适应市场经济发展的富有创新精神和创新意识，具有深厚的人文素养和宽广的国际视野的高素质拔尖创新人才。现将有关事宜通知如下。

一、选拔原则

1. 冶金工程试点班学生的选拔本着自愿、公平、公正、公开的原则，选拔对冶金工程专业具有强烈的学习和研究兴趣、思维活跃、创新意识浓厚、自主学习和动手能力强、有意继续攻读硕士学位的学生进入"冶金工程卓越工程师试点班"，每年选拔 40 人左右。

2. 冶金工程卓越工程师试点班学生的选拔范围：2012 级普通全日制理工科本科新生。

3. 试点班学生选拔程序如下：

（1）学生本人书面申请并提交知识、能力和素质的证明材料；

（2）申报材料审查并初选；

（3）学校组织的第一学期期末考试；

（4）专家组提出拟录人选，考察学生的综合素质和能力，评估学生的发展潜能，择优录取；

（5）学院审批并公布名单。

4. 符合下列条件之一者可优先遴选进入：

（1）期末成绩排在专业期末成绩前 20% 者；

（2）在学科竞赛、专利申请、论文或作品发表方面突出，专家组认为有发展潜力的，高中阶段获得科技竞赛省级以上奖励者。

5. 新生在入学一学期后组织考核遴选，经学院批准的学生进入冶金工程卓越工程师培养试点班学习。

二、选拔条件及时间安排

1. 条件：第一学期专业考试成绩排名前 50 名的 2012 级冶金工程新生，其中数学单科成绩不低于 75 分，英语单科成绩不低于 75 分。

2. 招生人数：40 名左右。

3、考核方式与科目：笔试。

4. 时间安排如下表：

内容	时　间	备　　　　注
报名	1 月 10～16 日	学院接受学生咨询、网上公布咨询电话，学生填写申请表交所在学院
审核	1 月 19～20 日	学生所在学院审核、填写汇总表，并将表格报冶金与材料学院
初选	1 月 21～22 日	冶金与材料学院对报名学生进行初步筛选
面试	1 月 26 日	由专家对学生进行面试考核
公布	1 月 29 日	最终通过考核学生名单上网公布并报教务处备案

5. 注意事项

（1）在籍 2012 级冶金工程本科学生均可报名。需填写重庆科技学院"冶金工程卓越工程师教育计划试点班"选拔申请表（学校冶金学院网站可下载）。

（2）审查：由冶金与材料学院进行初步审查，由工作小组负责选拔工作，确定入选名单。

（3）入选名单上报教务处，经批准后按校内办法办理组建班级相关手续。

（4）学生必须如实填写报名表，如有弄虚作假者，一经发现，取消录取资格，并按学校有关规定处理。

（5）咨询电话：65023736。

冶金与材料工程学院

二○一二年十一月五日

重庆科技学院

2012 级"冶金工程卓越工程师教育试点班"选拔报名表

姓　名		性　别		民　族	
学　号		学院及专业			
联系电话		生源地（省）		寝室号	
是否应届	是　否	身份证号			
期末成绩	总成绩：_____（其中，数学：_____ 英语：_____） 专业排名：_____名				
高中获奖情况 （获奖时间、比赛或 奖项名称、获奖等 级）					
承　诺	本人自愿申报参与"冶金试点班"的选拔评审，如通过选拔进入到"试点班"学习，本人承诺严格按照学校"冶金工程卓越工程师人才学生管理办法"和"卓越工程师人才培养计划本科培养方案"进行后续学习。 　　　　　　　　　　　　　　　本人签名： 　　　　　　　　　　　　　　　日　　期：				
辅导员意见	学生在校综合表现情况： 　　　　　　　　　　　　　　辅导员签名： 　　　　　　　　　　　　　　日　　　期：				
系推荐意见	 　　　　　　　　　　　　　　系主任签名： 　　　　　　　　　　　　　　日　　　期：				
选拔评审组意见	 　　　　　　　　　　　　　　组长签名： 　　　　　　　　　　　　　　日　　　期：				

附录四　全国高校冶金工程专业
（冶金技术专业）设置情况

据不完全统计，进入 2004 年以来新增加 30 多所有冶金工程（原专业代码 080201，2012 年新修订后的专业目录代码为 080404）或冶金技术（专业代码：550102）的本、专科院校，全国普通高等学校设置有冶金工程本科和冶金技术专科的学校有 61 所，具体情况如下：

序号	学校名称	所在地（省、区、市）	学校类别	办学层次	备　注
1	东北大学	辽宁沈阳市	985、211	本-硕-博	
2	北京科技大学	北京市	211	本-硕-博	
3	中南大学	湖南长沙市	985、211	本-硕-博	
4	重庆大学	重庆市	985、211	本-硕-博	
5	上海大学	上海市	211	本-硕-博	
6	辽宁科技大学	辽宁鞍山市		本-硕-博	
7	昆明理工大学	云南昆明市		本-硕-博	
8	武汉科技大学	湖北武汉市		本-硕-博	
9	江苏大学	江苏镇江市	重点大学	本-硕-博	
10	辽宁科技学院	辽宁本溪市		本、专科	原本溪冶金高专，2004 年升本
11	四川大学	四川成都市	985、211	本-硕	
12	湖南工业大学	湖南株洲市		本科	
13	河北联合大学	河北唐山市		本-硕	原河北理工大学合并
14	江苏科技大学	江苏镇江市		本-硕	原镇江船舶学院
15	河南科技大学	河南洛阳市		本-硕	原洛阳工学院合并
16	重庆科技学院	重庆市		本科	原重庆钢专，2004 年合校升本

序号	学校名称	所在地（省、区、市）	学校类别	办学层次	备　注
17	兰州理工大学	甘肃兰州市		本-硕	
18	攀枝花学院	四川攀枝花市		本科	
19	河北科技大学	河北石家庄市		本科	
20	河北工业大学	天津市		本科	
21	内蒙古科技大学	内蒙古包头市		本-硕	
22	西安建筑科技大学	陕西西安市		本-硕	
23	贵州师范大学	贵州贵阳市		本、专科	
24	贵州大学	贵州贵阳市	211	本-硕	原贵州工业大学并入
25	江西理工大学	江西赣州市		本-硕	
26	太原理工大学	山西太原市	211	本-硕	
27	青海大学	青海西宁市	211	本-硕	
28	红河学院	云南红河州		本科	
29	安徽工业大学	安徽马鞍山市		本-硕	
30	太原科技大学	山西太原市		本-硕	
31	南京工业大学	江苏南京市		本科	
32	北京科技大学天津学院（独立学院）	天津市		本科	
33	佳木斯大学	黑龙江佳木斯市		本科	2011 年设置冶金工程专业
34	长春师范学院	吉林长春市		本科	2011 年设置冶金工程专业
35	苏州大学	江苏苏州市	211	本科	2011 年设置冶金工程专业
36	内蒙古工业大学	内蒙古呼和浩特市		本科	2004 年设置冶金工程专业
37	江苏大学京江学院（独立学院）	江苏镇江市		本科	2011 年设置冶金工程专业

续表

序号	学校名称	所在地 （省、区、市）	学校类别	办学层次	备　注
38	山东理工大学	山东淄博市		本-硕	2011 年设置冶金工程专业
39	桂林理工大学	广西桂林市		本-硕	2011 年设置冶金工程专业
40	青岛理工大学	山东青岛市		本科	2012 年设置冶金工程专业
41	湖南工业大学科技学院（独立学院）	湖南株洲市		本科	2012 年设置冶金工程专业
42	六盘水师范学院	贵州六盘水市		本科	2012 年设置冶金工程专业
43	昆明工业职业技术学院	云南昆明市		专科	
44	山西工程职业技术学院	山西太原市		专科	原太原冶金工业学校升格
45	吉林电子信息职业技术学院	吉林省吉林市		专科	
46	河北工业职业技术学院	河北石家庄市		专科	
47	昆明冶金高等专科学校	云南昆明市		专科	
48	四川机电职业技术学院	四川攀枝花市		专科	
49	内蒙古机电职业技术学院	内蒙古呼和浩特市		专科	
50	邢台职业技术学院	河北邢台市		专科	
51	江西冶金职业技术学院	江西新余市		专科	
52	甘肃钢铁职业技术学院	甘肃嘉峪关市		专科	
53	山东日照职业技术学院	山东日照市		专科	

序号	学校名称	所在地 （省、区、市）	学校类别	办学层次	备　注
54	天津冶金职业技术学院	天津市		专科	
55	首钢工学院	北京市		专科	
56	安徽工业职业技术学院	安徽铜陵市		专科	
57	安徽冶金科技职业学院	安徽马鞍山市		专科	
58	唐山科技职业技术学院	河北唐山市		专科	
59	辽宁冶金职业技术学院	辽宁本溪市		专科	
60	山东工业职业学院	山东淄博市		专科	
61	大兴安岭职业学院	黑龙江省加格达奇		专科	

后记：感想与感谢

重庆科技学院的冶金专业创办于 1951 年，到 2013 年已有 62 年了。1979 年 9 月我 16 岁考入东北工学院（今东北大学）学习钢铁冶金专业四年，1983 年 7 月大学毕业后从事冶金工程专业也快 30 年了，大学毕业先后在原冶金工业部重庆钢铁设计研究院（今中冶赛迪工程技术股份有限公司）和原兵器工业部六二研究所（今中国兵器工业五九研究所）工作两年，于 1985 年 9 月考入原北京钢铁学院（今北京科技大学）脱产攻读钢铁冶金专业硕士研究生三年，1988 年 7 月从北京科技大学研究生毕业来原重庆钢铁专科学校任教，到 2013 年 7 月研究生毕业也将满 25 年。从设计院到研究所，后来到高校从事教育工作，教书育人、培养人才是我无悔的正确的选择。

学校从中专、专科到本科，名字从重庆钢铁工业学校、重庆钢铁专科学校、重庆钢铁高等专科学校、重庆工业高等专科学校更迭为重庆科技学院，历经几代人的努力，现在终于取得了一点点成绩，冶金工程专业成为了国家级特色专业建设点，成为了国家卓越工程师教育计划试点专业，拥有了重庆市冶金工程教学团队、精品课程、实验教学示范中心、专业综合改革试点、人才培养模式创新实验区等，一路走来，历经了千辛万苦。

我要感谢学校严欣平校长、干勤和施金良副校长，感谢教务处李文华处长、杨治明和黄志玉副处长给予的鼓励与支持！要感谢众多冶金企业对重庆科技学院冶金工程专业办学的支持（如：重庆钢铁（集团）有限责任公司、攀钢集团公司、四川德胜钢铁公司、四川达州钢铁公司、四川川威钢铁公司、四川金广实业（集团）股份有限公司、河南安钢（集团）信阳钢铁公司、中冶赛迪工程技术股份有限公司等），感谢重庆市教委领导和高教处徐辉处长、莫堃老师的大力支持！感谢冶金工程系的全体教师，正因为有他们的共同努力，才使得冶金工程专业有今天，朱光俊院长、杜长坤书记、任正德正处级调研员、符春林副院长、万新副院长、杨治立主任、实验中心张明远主任等做了大量的工作，感谢他们的辛勤付出！

本书经集体讨论后由我统稿，国家特色专业建设点、国家卓越工程师教育培养计划、国家工程实践教育中心、冶金工程教学团队、冶金工程专业综合改革试点五个质量工程项目申报由我负责完成；冶金工艺类专业应用型本科人才培养模式创新实验区、"冶金传输原理"精品课程、冶金工程实验教学示范中心三个质量工程项目申报由朱光俊负责完成，我与杨治立共同完成了本书序言的撰写，杨治立完成了国家卓越工程师教育计划申报方案中人才培养计划的制定，参与申报的人员主要有杨治立、万新、杜长坤、夏文堂、张明远、韩明荣、杨艳华、张倩影、高逸锋、梁中渝等老师。宋美娟、阳辉老师部分参与了冶金工艺类专业应用型本科人才培养模式创新实验区的申报工作。

本书中质量工程项目的建设方案（申报书）均保持了当时申报的定稿版，尽管后来冶金系的人员发生了变动，个人的职称和职务变化均以申报时的情况为准。

当完成本书书稿的时候，喜讯传来，由我领衔申报的"依托行业，突出应用，建设冶金工程国家特色专业的研究与实践"项目获得重庆市第四届（2013 年）教育教学成果一等奖，让我喜出望外！本专业从1987 年"抓好生产实习，使学生毕业后尽快地适应生产实际的需要"项目获得冶金工业部教学成果三等奖（庞福如、雷亚、郑沛然），1993年"实行实习规范化，努力提高学生的实践能力"项目获得四川省高等学校第二届教学成果二等奖（雷亚、吕俊杰、庞福如）、1998 年"产学合作，提高炼铁专业学生工程实践能力的探索与实践"项目获得国家冶金工业局教学成果二等奖（杜长坤、贾碧、万清国、万新）、2005 年"创新炼铁工程环境和实践教学模式，提高学生工程实践能力"获得重庆市第二届高等教育教学成果三等奖（贾碧、施金良、张明远等），我和我的团队成员为这个来之不易的教学成果一等奖整整奋斗了 20 年，从1993 年到2013 年我们付出了太多太多！人生通常只有4 个20 年，为一个专业的发展，为能够实现获得一个省（部）级的教学成果一等奖，我们一直在努力，执着地、默默无闻地去追求着！而在此期间，正是中国高等教育大发展，从精英教育到大众化教育，高等学校的数量和学生人数急剧增加（截至2012 年底，重庆市有67 所高校，本科层次的高校27 所，在校学生89 万人，高等教育毛入学率达到34%），教学成果奖每四年评选一次，评奖尤其是获得一等奖越来越难！获奖的此刻，让我热泪盈眶！获奖的当夜，让我兴奋与激动，彻夜难眠！

我们深知取得成绩的不易：我们虽然办冶金专业很早，曾是我国冶金中专教育的发源地，但我们原来是中专（1951 年至1984 年）、后来是专科（1985 年1 月至2004 年5 月）、2004 年5 月才与重庆石油高等专科学校合校组建为重庆科技学院。办学层次低，办本科时间短，制约了学校和冶金专业的发展。

感谢冶金工业出版社谭学余社长、任静波总编辑的厚爱和支持，才使得本书得以尽快出版。

感谢国内冶金院校的同行们！感谢与我所有共事者对我的全部宽容！感谢我夫人重庆医科大学附属第一医院心内科主任罗素新教授多年来对我工作的支持和对本书出版给予的关心与鼓励！

感谢谢枭鹏先生对本书出版给予的支持和多年来对我工作的无私帮助。

最后，我还要感谢我的两位同事张倩影和高绪东，他们先后作为系教学秘书，为专业的建设作了大量的、细致的工作。

由于编者水平所限，书中不足之处，恳请广大读者谅解和批评！

2012 年 11 月 8 日党的十八大胜利召开，描绘了中国未来发展的美好蓝图。站在新的起点上，中国钢铁工业 7 亿吨钢的生产和对应用型冶金工程专业人才的需求，需要我们重庆科技学院的冶金同仁们不断的努力，去为实现中国钢铁强国梦作出我们这一代人应有的贡献。

吕俊杰

2013 年 1 月 30 日于重庆西郊